한반도
잠자리
곤충지

김종문 Jong-moon Kim
1968년생. 목사로 종교인 활동을 하고 있으며, 2006년 이후 잠자리 관찰과 사진 촬영 등 잠자리 생태 연구를 하고 있다.

송양근 Yang-keun Song
1978년생. 삼성 에버랜드 특화 동물의 곤충 파트에서 근무하였다. 현재는 자영업을 하고 있으며, 2001년부터 잠자리 생태 사진의 촬영과 표본 연구를 하고 있다.

이준호 Jun-ho Lee
1979년생. 생태환경복원 업종에 종사하고 있고, 2009년 이후 천안 지역에서 잠자리 관찰과 사진 촬영 등 생태 연구를 하고 있으며, 잠자리와 관련한 학위 논문이 있다.

김성수 Sung-soo Kim
1957년생. 경희여자고등학교에서 교사 생활을 하였고, 2007년 이후 곤충 연구에 전념하고 있다. 나비와 나방, 잠자리의 연구를 하고 있으며, 여러 저서와 논문이 있다.

한반도 잠자리 곤충지

초판인쇄 | 2020년 7월 10일
초판발행 | 2020년 7월 17일

지 은 이 | 김종문, 송양근, 이준호, 김성수
펴 낸 이 | 고명흠
펴 낸 곳 | 푸른행복

출판등록 | 2010년 1월 22일 제312-2010-000007호
주　　소 | 경기도 고양시 덕양구 통일로 140(동산동)
　　　　　삼송테크노밸리 B동 329호
전　　화 | (02)356-8402 / FAX (02)356-8404
E-MAIL | bhappylove@daum.net
홈페이지 | www.munyei.com

ISBN 979-11-5637-113-7 (96490)

※ 이 책의 내용을 저작권자의 허락없이 복제, 복사, 인용, 무단전재하는 행위는 법으로 금지되어 있습니다.
※ 잘못된 책은 바꾸어 드리겠습니다.
※ 이 도서의 국립중앙도서관 출판예정도서목록(CIP)은 서지정보유통지원시스템 홈페이지(http://seoji.nl.go.kr)와
　국가자료종합목록 구축시스템(http://kolis-net.nl.go.kr)에서 이용하실 수 있습니다.
　(CIP제어번호: CIP2020024560)

한반도 잠자리 곤충지

The Damselflies and Dragonflies of Korean Peninsular

김종문, 송양근, 이준호, 김성수 공저

푸른행복

머리말 Preface

잠자리는 오래전에 나타난 고생물군인 동시에 현생 생물군이다. 지구상에서 이토록 번성할 수 있었던 이유는 뭘까? 아마 잠자리의 끈질긴 적응력 때문일 것이다.

전 대륙에 걸쳐 6,200종 이상의 잠자리가 분포하고 있으며, 한반도에는 아직 논란거리지만 과학적인 데이터와 실체가 없는 종을 빼면 현재 110종이 기록되어 있다. 고유종은 1종(노란배측범잠자리)뿐이다. 한반도 주변의 일본에 180여 종, 러시아 극동 지역에 80여 종(러시아 전체 152종), 몽골에 35여 종, 타이완에 150여 종, 중국 해남도에 140여 종, 중국에 500여 종 이상, 인도에 480여 종의 잠자리가 기록되어 있다. 한반도의 잠자리 종 수가 여러 연구자들의 노력에도 불구하고 많지 않은 이유는 잠자리의 다양성이 풍부한 열대 지방에서 떨어져 있기 때문이다. 하지만 북한 지역에서 더 조사한다면 중국 동북부와 러시아 극동 지역의 한랭종들이 발견될 수 있고, 기후 온난화로 남부 지방에서 열대와 아열대의 종들이 늘어날 것으로 예상된다.

우리 잠자리의 분류는 그동안 일본인 학자의 자료에 영향을 많이 받았다. 따라서 일부 동정이 어려운 종들을 일본에 분포하는 종과 같다고 오해한 측면이 적지 않다. 여전히 한반도에서 서식하는지의 여부가 뚜렷하지 않은 몇몇 종이 있으며, 특히 북한 지역의 정보가 어두워 한반도 잠자리상은 덜 확립되었다.

이 책에서는 여러 기록문들이 논리(분류)의 근거가 충분한지를 살피는 데 주안점을 두었다. 만약 근거(논리적 설명, 구체적인 표본 등)가 없거나 부족하면 이를 가려내어 뒤에서 따로 설명하였다. 물론 이 종들이 한반도에 전혀 분포하지 않는다고 단정하기 어렵지만 실체가 없이 우리 목록에 포함되는 것 또한 옳지 못하다. 여기에서는 '과학적인 해석에 추측이 아니라 실체적이고 논리적인 근거가 따라야 한다'는 명제를 바탕으로 하였음을 밝힌다.

이 밖에 한반도에 사는 잠자리 종의 학명을 분류학의 입장에서 재정리하고, 각 종의 형태와 생태, 분포 등을 설명하였다. 우리 이름의 참 의미를 살폈다. 또한 각 종마다 간단한 영문 설명을 붙여 국외 연구자에게도 도움이 되도록 하였다.

여기에 실린 표본들은 직접 국내에서 채집한 것이 대부분이지만 일본 쓰쿠바시의 '국립과학박물관(National Museum of Nature and Science Department of Zoology)'에서 찾아본 과거 북한 지역의 표본들과 이승모 선생의 국외의 표본 자료도 일부 포함되어 있다.

끝으로 이 책을 만드는 데에는 돌아가신 두 분의 역할이 컸다. 먼저 일본 학자인 Syoziro Asahina (1913~2010) 씨는 과거 우리 잠자리의 분류학 체계를 잡았던 점과 특별히 의도치 않았겠지만 우리 잠자리를 살펴볼 수 있도록 일본의 국립과학박물관에 보관해 주신 점에 감사드린다. 다음으로 이승모 선생님(1925~2008)은 생전의 많은 조언과 참고문헌, 표본들을 주셨던 점에 대해서도 감사드린다. 아울러 여러 조언과 러시아 잠자리 생태 사진을 제공해주신 Oleg Kosterin 박사(Institute of Cytology & Genetics SB RAS)와 Vladimir Onishko 박사, 일본에서의 정보와 여러 문헌 등을 제공하고, 분류에 대한 의견 교환을 해 주신 Akihiko Sasamoto 박사께도 감사드린다. 한라별왕잠자리의 생태 사진을 보내주신 Hideto Kita 씨께도 감사드린다. 이 밖에 일본 국립과학박물관의 큐레이터 Utsugi Jinbo 박사와 Takuya Kiyoshi 박사께 감사를 드린다.

무엇보다 이 책을 완성하는 데 역할이 크신 푸른행복 편집부 여러분께 감사를 드린다.

대표 저자 씀

차례 Contents

머리말	4
일러두기	10
Summary	12
연구사	13
한반도 잠자리상의 성립과 구분	16
한국 잠자리 목록	17
종 설명	21

실잠자리아목 Zygoptera

청실잠자리과 Family **Lestidae** Calvert, 1901 … 23

묵은실잠자리 *Sympecma paedisca* (Brauer, 1877)	24
가는실잠자리 *Indolestes peregrinus* (Ris, 1916)	26
청실잠자리 *Lestes sponsa* (Hansemann, 1823)	29
큰청실잠자리 *Lestes temporalis* Selys, 1883	30
작은청실잠자리 *Lestes japonicus* Selys, 1883	32

물잠자리과 Family **Calopterygidae** Selys, 1850 … 35

물잠자리 *Calopteryx japonica* Selys, 1869	36
검은물잠자리 *Atrocalopteryx atrata* (Selys, 1853)	38

밤풀실잠자리과 Family **Plathcnemididae** Tillyard et Fraser, 1938 … 40

밤풀실잠자리 *Platycnemis phyllopoda* Djakonov, 1926	41
자실잠자리 *Pseudocopera annulata* (Selys, 1863)	43
큰자실잠자리 *Pseudocopera tokyoensis* (Asahina, 1948)	46

실잠자리과 Family **Coenagrionidae** Kirby, 1890 … 48

청동실잠자리 *Nehalennia speciosa* (Charpentier, 1840)	49
노란실잠자리 *Ceriagrion melanurum* Selys, 1876	51
연분홍실잠자리 *Ceriagrion nipponicum* Asahina, 1967	53
새노란실잠자리 *Ceriagrion auranticum* Fraser, 1922	55
참실잠자리 *Coenagrion johanssoni* (Wallengren, 1894)	57
북방실잠자리 *Coenagrion lanceolatum* (Selys, 1872)	59

북방청띠실잠자리	*Coenagrion hastulatum* (Charpentier, 1825)	60
큰실잠자리	*Coenagrion hylas* (Trybom, 1889)	62
시골실잠자리	*Coenagrion ecornutum* (Selys, 1872)	62
큰등줄실잠자리	*Paracercion plagiosum* (Needham, 1930)	65
등검은실잠자리	*Paracercion calamorum* (Ris, 1916)	67
대륙등줄실잠자리	*Paracercion v-nigrum* (Needham, 1930)	69
등줄실잠자리	*Paracercion hieroglyphicum* (Brauer, 1865)	72
작은등줄실잠자리	*Paracercion melanotum* (Selys, 1876)	74
끝빨간실잠자리	*Mortonagrion selenion* (Ris, 1916)	77
작은실잠자리	*Aciagrion migratum* (Selys, 1876)	79
알락실잠자리	*Enallagma cyathigerum* (Charpentier, 1840)	81
푸른아시아실잠자리	*Ischnura senegalensis* (Rambur, 1842)	83
북방아시아실잠자리	*Ischnura elegans* (Vander Linden, 1820)	85
아시아실잠자리	*Ischnura asiatica* (Brauer, 1865)	87

잠자리아목 Anisoptera

왕잠자리과 Family Aeshnidae Burmeister, 1839 — 91

한라별왕잠자리	*Sarasaeschna pryeri* (Martin, 1909)	92
개미허리왕잠자리	*Boyeria maclachlani* (Selys, 1883)	94
한국개미허리왕잠자리	*Boyeria karubei* Yokoi, 2002	96
긴무늬왕잠자리	*Aeschnophlebia longistigma* Selys, 1883	99
큰긴무늬왕잠자리	*Aeschnophlebia anisoptera* Selys, 1883	100
잘록허리왕잠자리	*Gynacantha japonica* Bartenev, 1910	102
도깨비왕잠자리	*Anaciaeschna martini* (Selys, 1897)	104
황줄왕잠자리	*Polycanthagyna melanictera* (Selys, 1883)	106
하늘별박이왕잠자리(환원)	*Aeshna mixta* Latreille, 1805	109
애별박이왕잠자리	*Aeshna caerulea* (Ström, 1783)	111
참별박이왕잠자리	*Aeshna crenata* Hagen, 1856	113
별박이왕잠자리	*Aeshna juncea* (Linnaeus, 1758)	115
먹줄왕잠자리	*Anax nigrofasciatus* Oguma, 1915	118
남방왕잠자리	*Anax guttatus* (Burmeister, 1839)	119
왕잠자리	*Anax parthenope* (Selys, 1839)	121

측범잠자리과 Family Gomphidae Rambur, 1842 — 123

부채측범잠자리	*Sinictinogomphus clavatus* (Fabricius, 1775)	124
어리부채측범잠자리	*Gomphidia confluens* Selys, 1878	126
장수측범잠자리	*Sieboldius albardae* Selys, 1886	127
쇠측범잠자리	*Davidius lunatus* (Bartenev, 1914)	129

가시측범잠자리	*Trigomphus citimus* (Needham, 1931)	**132**
검은측범잠자리	*Trigomphus nigripes* (Selys, 1887)	**133**
넓은배측범잠자리(마아키측범잠자리)	*Anisogomphus maacki* (Selys, 1872)	**135**
호리측범잠자리	*Stylurus annulatus* (Djakonov, 1926)	**137**
어리측범잠자리	*Shaogomphus postocularis* (Selys, 1869)	**139**
자루측범잠자리	*Burmagomphus collaris* (Needham, 1930)	**142**
노란배측범잠자리	*Asiagomphus coreanus* (Doi et Okumura, 1937)	**144**
산측범잠자리	*Asiagomphus melanopsoides* (Doi, 1943)	**146**
노란측범잠자리	*Lamelligomphus ringens* (Needham, 1930)	**148**
고려측범잠자리	*Nihonogomphus ruptus* (Selys, 1858)	**150**
북방측범잠자리	*Ophiogomphus obscurus* Bartenev, 1909	**152**

장수잠자리과 Family Cordulegastridae Calvert, 1893 — **155**

장수잠자리	*Anotogaster sieboldii* (Selys, 1854)	**156**

산잠자리과 Family Macromiidae Needham, 1903 — **159**

산잠자리	*Epophthalmia elegans* (Brauer, 1865)	**160**
노란잔산잠자리	*Macromia daimoji* Okumura, 1949	**162**
잔산잠자리	*Macromia amphigena* Selys, 1871	**164**
만주잔산잠자리	*Macromia manchurica* Asahina, 1964	**166**

청동잠자리과 Family Corduliidae Selys, 1871 — **168**

청동잠자리	*Cordulia aenea* (Linnaeus, 1758)	**169**
언저리잠자리	*Epitheca marginata* (Selys, 1883)	**171**
작은북방잠자리	*Somatochlora arctica* (Zetterstedt, 1840)	**173**
북방잠자리	*Somatochlora alpestris* (Selys, 1840)	**174**
밑노란북방잠자리(개칭)	*Somatochlora graeseri* Selys, 1887	**175**
삼지연북방잠자리	*Somatochlora viridiaenea* (Uhler, 1858)	**178**
백두산북방잠자리	*Somatochlora clavata* Oguma, 1913	**179**
참북방잠자리	*Somatochlora exuberata* Bartenev, 1910	**181**

잠자리과 Family Libellulidae Selys, 1840 — **184**

나비잠자리	*Rhyothemis fuliginosa* Selys, 1883	**185**
진주잠자리	*Leucorrhinia dubia* (Vander Linden, 1825)	**186**
두점배고추잠자리	*Sympetrum fonscolombii* (Selys, 1840)	**189**
작은고추잠자리	*Sympetrum darwinianum* (Selys, 1883)	**190**
들깃동고추잠자리	*Sympetrum risi* Bartenev, 1914	**192**
깃동고추잠자리(깃동잠자리)	*Sympetrum infuscatum* (Selys, 1883)	**194**

붉은고추잠자리 *Sympetrum flaveolum* (Linnaeus, 1758)	**196**
검은고추잠자리 *Sympetrum danae* (Sulzer, 1776)	**198**
고추잠자리 *Sympetrum depressiusculum* (Selys, 1841)	**199**
대륙고추잠자리 *Sympetrum striolatum* (Charpentier, 1840)	**202**
산깃동고추잠자리 *Sympetrum baccha* (Selys, 1884)	**204**
애기고추잠자리 *Sympetrum parvulum* (Bartenev, 1912)	**206**
두점박이고추잠자리 *Sympetrum eroticum* (Selys, 1883)	**208**
흰얼굴고추잠자리 *Sympetrum kunckeli* (Selys, 1884)	**211**
노란띠고추잠자리 *Sympetrum pedemontanum* (Müller, 1766)	**213**
긴꼬리고추잠자리 *Sympetrum cordulegaster* (Selys, 1883)	**215**
하나고추잠자리(하나잠자리) *Sympetrum speciosum* Oguma, 1915	**217**
노란고추잠자리(노란잠자리) *Sympetrum croceolum* (Selys, 1883)	**219**
큰노란고추잠자리 *Sympetrum uniforme* (Selys, 1883)	**220**
날개잠자리 *Tramea virginia* (Rambur, 1842)	**222**
남색이마잠자리 *Brachydiplax chalybea* Brauer, 1868	**224**
노란허리잠자리 *Pseudothemis zonata* (Burmeister, 1839)	**226**
어리밀잠자리 *Deielia phaon* (Selys, 1883)	**228**
꼬마잠자리 *Nannophya koreana* Bae, 2020	**230**
붉은배잠자리 *Crocothemis servilia* (Drury, 1773)	**232**
된장잠자리 *Pantala flavescens* (Fabricius, 1798)	**234**
배치레잠자리 *Lyriothemis pachygastra* (Selys, 1878)	**236**
밀잠자리 *Orthetrum albistylum* (Selys, 1848)	**239**
홀쭉밀잠자리 *Orthetrum lineostigma* (Selys, 1886)	**241**
중간밀잠자리 *Orthetrum internum* McLachlan, 1894	**243**
큰밀잠자리 *Orthetrum melania* (Selys, 1883)	**245**
넉점박이잠자리 *Libellula quadrimaculata* Linnaeus, 1758	**247**
대모잠자리 *Libellula angelina* Selys, 1883	**249**
잘못 기록된 종과 의문종, 채집 기록이 적은 종, 나그네종에 대한 해설	**252**

부록 Appendix

잠자리의 한살이	**262**
기후변화 모니터링에 알맞은 잠자리	**269**
잠자리의 보호	**272**
생김새 설명	**278**
용어 해설	**282**
참고문헌	**284**

일러두기

- 한반도의 잠자리는 2아목 12과 110종이며, 이 중 남한에는 2아목 11과 98종이 분포한다.
- 책 제목은 일본식 한자인 '도감'이라고 하지 않고, 우리 식의 곤충지(昆蟲誌)를 택하였다. 이 이름은 이승모(2001)의 책 제목이기도 하고, 국립생물자원관에서도 '생물지'로 쓰이고 있다.
- 큰긴무늬왕잠자리와 애측범잠자리, 만주잔산잠자리의 일부의 설명만 빼고 어른벌레를 대상으로 삼았다.
- 북한에 분포하거나 희귀한 일부의 종은 표본을 구하기 어려워 본문에서 형태와 생태 등의 설명을 싣지 못했다. 다만 이런 종들 중에서 일부를, 러시아 학자와 일본 학자의 도움으로 주변 나라의 생태 자료를 실었다.
- 배 길이(abdomen length)와 뒷날개 길이(hindwing length)는 각 종마다 평균값을 표시하였다(Abdomen length and hindwing length are averaged for each species.).
- 무늬를 나타내는 표현에 반문, 점무늬, 선무늬, 줄무늬, 조 등이 있다. 이 중에는 일본식 용어가 포함되어 있다. 이 책에서는 무늬(반문, 얼룩), 점(점무늬), 선(선무늬), 줄(줄무늬, 띠무늬, 조)로 정리하였다. 선과 줄은 애매하지만 굵기의 차이로 예를 들면 실잠자리의 어깨선과 뒷머리선 등이 있고, 산잠자리의 배의 줄 등이 있다.
- 색을 표현함에 있어 기본 5색은 우리말로 통일하였다. 백색은 '희다, 흰색'으로, 흑색은 '검다, 검은색'으로, 황색은 '노랗다, 노란색'으로, 녹색은 '푸르다, 풀색, 푸른색'으로, 청색은 '파랗다, 파란색'으로 하였다.
- 몸 부위를 설명할 때, 보통 등(背部)과 배(腹部), 옆(側面)으로 나타내는데, 이때 우리말과 한자가 섞여 쓰이면 소통에 어려움이 따른다(예: 등 背와 배). 따라서 여기에서는 각각을 위, 아래, 옆으로 표시하였다.
- 생식기(부속기)는 사진을 실었는데, 만약 더 자세히 보려면 Asahina (1989a, 1989b, 1990a, 1990b)와 이승모(2001)의 그림을 참고하기 바란다. 다만 분류학 면에서 문제가 되는 종들은 직접 그리거나 일부 문헌에서 발췌하였다.
- 우리 이름은 대부분 조복성(1958)이 처음 지었는데, 이보다 앞서 오래전부터 불렀던 몇몇의 이름도 있었다. '고추잠자리, 마당잠자리, 왕잠자리, 물잠자리, 실잠자리' 등이 그것이다. 이 이름은 어떤 종을 특정한 것이 아니라 일반화한 이름이었다. 여기에서는 조복성과 이승모 등 여러 학자들의 의견들을 살피고 가장 합리적인 이름을 택했으며, 섞여 쓰이는 여러 이름도 함께 나타냈다. 또 각 종마다 이와 관련한 의미도 찾아내었다. 또 학명의 의미도 포함하였다.

  어리장수잠자리(장수잠자리과가 아님)처럼 과(family)가 다른 경우는 말할 것도 없고, 같은 속(genus)끼리는 되도록 어미가 통일되도록 하였다.

  대형으로, 맹수와 다름없는 잠자리 이름에 붙은 '좀'과 '붙이'는 피했다. 또 맞춤법에 어긋나거나 중복의 의미도 피했다. 이름을 바꾸는 것이 아니라 과학적이고 합리적인 기왕의 이름 중에서 찾은 것이다. '검정'은 '검은'으로, '북'은 '북방', '남'은 '남방'으로 통일하였다.

  본문에서 이름을 지은 사람을 언급하지 않은 경우는 모두 조복성(1958)이 지은 것이다.
- 문헌 속의 표본이 남아있지 않거나 분류에 대해 논리적 설명이 빈약한 종들에 관해서는 뒤에서 따로 설명하였고, 목록에 넣는 것을 보류하였다. 물론 앞으로 확실한 근거가 생길 경우, 이를 추가해야 한다.
- 상위 분류군은 Dijkstra et al. (2013)과 Carle과 Kjer, May (2015)에 따랐다. 일반적 형태 용어는 Hamada와 Inoue (1985)를 따랐다. 동종이명은 'World catalogue of Odonata' (Steinmann, 2018)와 Asahina (1989, 1990), 이승모(2001, 2006) 등을 참고하였다.

- 학명에서 명명자에 괄호가 있으면 현재 원 기재와 다른 속을 적용하는 경우이다.

  Sarasaeschna pryeri (Martin, 1909)

  (Martin이 처음 기재를 할 당시의 속은 *Sarasaeschna*가 아니라 *Jagoria*이었다.)

- '표본 사진'은 암수를 기준으로 하였다. 또 성숙과 미숙 개체를 넣으려고 노력하였고, 일부 종에서 색 변이를 소개하려고 많은 표본을 실었다. 다만 국내에서 구하지 못한 표본은 외국 학자들에게 협조를 얻어 실었다.

- '생태 사진' 항은 잠자리가 앉는 통상의 모습보다 의미 있는 행동에 초점을 맞추었다.

- 분포 지도에서 구체적인 기록이 있는 지역은 붉은 점으로 표시하였고, 비록 기록이 없지만 충분히 서식할 것으로 보이는 지역은 종에 따라 붉게 나타내었다.

- 다음은 영문 해설에서 약자와 현 상황(status)에 대한 설명이다(In the English commentary, the abbreviation and current status are explained below.).

  1. The abreviation of AL is abdomen length, HL is hindwing length.
  2. The 'Status' column of English commentary shows the current abundance of dragonflies and damselflies in the Korean peninsula.

     Quite common Easily observed and is accessible. Sometimes seen in the form of a swarm.

     Common Sufficient population to be observed.

     Rare A sparse population and not enough to be observed.

     Very rare Only a few individuals have been found as they are confined to specific localities.

     Less common The population is not stable due to some environmental factors.

     Unknown No specific data is available or not surveyed as the species is not yet accessible.

- 이 책의 정리는 다음과 같이 담당하였다.

  김종문 – 생태, 환경 / 송양근 – 표본 / 이준호 – 분포 / 김성수 – 분류와 형태, 어원

- 사진을 제공하신 분(Photographic credits)은 다음과 같다.

  Mr. Kiyoshi, Dr. Shigeo Eda – Asahina portrait

  Dr. Oleg Kosterin – *Aeshna caerulea*, *Somatochlora alpestris*, *Sympetrum flaveolum*, *Sympetrum danae*, *Nehalennia speciosa*, and *Coenagrion hastulatum*.

  Dr. Vladimir Onishko – *Cordulia aenea*, *Somatochlora arctica*, *Sympetrum flaveolum*, *Lestes sponsa*, *Coenagrion hastulatum*, *Coenagrion hylas*, *Coenagrion ecornutum*, and *Enallagma cyathigerum*.

  Dr. Akihiko Sasamoto – *Anax guttatus*, *Aciagrion migratum*, *Leucorrhinia dubia*, *Aciagrion migratum*, and *Paracercion sieboldii*.

  Dr. Hideto Kita – *Sarasaeschna pryeri*, *Anaciaeschna martini*, *Somatochlora viridiaenea*, and *Aciagrion migratum*.

Summary

This book deals with a total of 110 species of order Odonata under 12 families, grouped in 2 suborders ever recorded in the Korean peninsula, including some immigrants from southern areas that have migrated across the sea. So far, 98 species of dragonflies under 11 families are confirmed to distribute in the southern area of the demilitarized zone of the Korean peninsula.

Specimens were based on the individuals that were collected in South Korea, while geographical and individual variations in some species have also been included..

The records of dragonfly and damselfly in North Korea are based mainly on bibliographical literatures published before 1950s, and at the same time, taxonomic reviews have been made on the unconfirmed lists written by some North Korean researchers. Fortunately, we were able to include some North Korean specimens that have been kept for over 50 years at 'The National Museum of Nature and Science Department of Zoology' in Tsukuba, Japan.

Explanations are provided with identification keys of species, families and suborders with detailed pictorial keys for some species. The photos of each species and genitalia are also included. The dots on the map indicate the distribution of the species based on three records. The blue dots indicate species with previous records while the red dots lined in blue are for both previous and recent records. The red dots or an entire region colored in red show the records that the authors have recently found.

We have designated the most appropriate scientific names for Korean population based on the latest version of World Odonata List. The origins of Korean name for each species are explained.

The species that do not have enough taxonomic or logical evidences are mentioned separately at the end of this book, and would be withheld to the list of Korea's dragonflies until concrete evidences of their occurrence are to be found.

A description for invalidation for the specific name *Boyeria jamjari* Jung, 2011 is given. *Aeshna caerulea* (Ström, 1783), already recorded by Doi (1943) is included. Also, *Nihonogomphus minor* Doi, 1943, which has been treated as a dubious species, is corrected as *Nihonogomphus ruptus* (Selys, 1858).

Taking the above information into consideration, we expect that this book would serve as an indispensable guide for the understanding of dragonflies from the Korean peninsula.

연구사
History of Research

잠자리에 관심이 높아지면서 한반도 잠자리를 기록한 학자와 문헌, 표본 등 역사에도 눈길이 간다. 석주명이 자세히 발표했던 나비 연구사와 달리 시대별로 연구 내용을 다뤘던 잠자리의 종합서가 적다. 다행히 Asahina (1989, 1990)와 이승모(1996, 2001, 2006)가 국내 문헌을 정리한 적이 있었는데, 이를 일반인들이 알기 어려워 자세하게 설명하려고 한다.

체계를 갖춘 우리 '잠자리의 연구사'를 처음 정리했던 학자는 일본인 아사히나(Asahina)라고 할 수 있다. 그는 한반도와 이웃 국가의 잠자리 문헌과 표본들을 직접 살핀 후, 이 연구사를 1989년에 썼다. 그가 이를 위해 얼마나 노력했는지를 알아보기 위해 그의 연구사를 아래에 거의 그대로 우리말로 옮겨 보았다. 이 내용의 시점은 1940년 전후의 학자들의 자료를 대상으로 한 것이었다.

박물관 　　　　채집품 　　　　보관 중인 애별박이왕잠자리 표본

〈일본인 잠자리 학자 Asahina의 채집품이 보관된 일본과학박물관〉

한반도 잠자리는 Sélys (1890)가 '*Calopteryx virgo japonica* Selys'라는 종을 기록한 것이 처음이다. 다음은 Martin (1906)이 기록한 '*Macromia fraenata* Martin'의 1종이 있었고, Ris (1909~1916)의 기록 중에 여러 종이 있었다.

일본인으로는 이치가와(Ichikawa, 1905)가 제주도에서 4종을 기록하였다. 이후 小態桿(1915, 1922)이 5종과 4종을 각각 기록하였다. Ris (1916)는 2종, Lacoix (1920)는 1종, 오카모토(Okamoto, 1924)는 제주도에서 11종, Lieftinck (1929)은 1종, Needham (1930)은 3종을 기록하였으나 이들 모두 단편으로, 전체를 합쳐야 기껏 20종에 이르지 못했다.

1911년부터 1943년까지 한국에서 교사로 근무했던 도이[Doi, H. (土居 寬暢), 1885~1949]는 1928년경부터 경성(서울)의 과학박물관에서 겸직하였다. 그는 나비와 여러 곤충류의 기록문 외에 1932년부터 1943년 사이에 잠자리에 대한 여러 보고문을 냈다. 이 중에는 신종들도 포함되어 있었다.

이 사이, 마사키(正木十二郞, 1936)는 한반도 연안의 작은 섬에서 조사한 자료를 내놓았고, 오쿠무라(奧村定一, 1937)는 3 신종과 1 미기록종을 기록하였다. Asahina (1934)는 금강산과 함경남도의 산지(山地)에서 채집한 43종의 목록을 발표하였다. 독일인 Erich Schmidt (1938, 1948)는 1종의 실잠자리를 발표하였다.

나는 1942년에 경성(서울)에서 도이(Doi)와 만나 그의 잠자리 표본들을 살펴보고 오동정된 개체들에 대해 충고한 적이 있었다. 이후 도이(Doi, 1943)가 개정 목록을 발표했으나 방문 당시 직접 보지 못한 의문종들이 여전히 포함되어 있었다.

한국전쟁 이후 조복성(1958)이 새롭게 1종(꼬마잠자리)을 더하여 86종의 목록을 냈으나 그 내용은 도이(Doi, 1943)와 다름없다.

이후 특별한 기록이 없었고, 일부 일본인 학자(枝重 夫也, 宮崎 俊行)가 1986년에 발표한 보고문이 있을 뿐이었다.

아사히나가 조사했던 한반도의 표본 자료

한반도에서 채집된 가장 오래된 잠자리 표본은 러시아 대공 Nikolai Michailowitsch Romanoff에 고용된 채집가인 Alfred Otto Herz (1852~1905)가 채집한 표본들 중에 있었다. 그는 1884년에 나비목을 채집할 목적으로 6월부터 8월까지 Pung-Joan, Kimwah (김화), Pung-Tung 등지에 방문하였는데, 아마 경원선 철도가 지나가는 서울과 원산 사이인 것으로 보인다. 그가 채집한 잠자리 표본들은 위에서 언급한 Sélys에게 기증되어, 오늘날 벨기에의 브뤼셀박물관(Institute royal des Science naturelles de Belgique)에 보관되어 있다. 그 표본들 중에서 다음 7종을 확인하였다. *Agrion lanceolatum* 1♂1♀, *Calopteryx japonica* 2♂2♀, *Gomphus coreanus* 2♀, *Nihonogomphus ruptus* 1♀, *Macromia fraenata* 1♂, *Sympetrum frequens* 5♀, *Sympetrum risi* 2♂1♀ (Asahina, 1953).

또 Herz가 채집했던 것으로 보이는 표본들을 영국의 대영박물관의 Maclachlan의 표본들 중에서 찾았다 (Asahina, 1953). 이 표본들은 아마 벨기에의 Sélys에게서 빌려온 것으로 보인다. 다음 8종이다(*Ceriagrion melanurum* 1♂, *Ischnura asiatica* 1♀, *Lestes japonica* 1♀, *Calopteryx japonica* 1♂1♀, *Calopteryx atrata* 1♀, *Trigomphus nigripes* 1♂, *Orthetrum albistylum speciosum* 1♀, *Sympetrum frequens* 1♂1♀).

이 Herz의 표본들 중에서 'Coree, Herz'라고 라벨이 붙여진 것만 확인했는데, 아마 앞의 Sélys와 Martin, Ris의 재료들도 모두 Herz가 채집한 표본들로 생각한다.

Herz보다 앞서 영국의 나비목 연구자인 John Henry Leech (1862~1900)는 한국을 방문하여 채집한 표본들 중에 잠자리 2마리가 대영박물관에 보관되어 있었다. 이밖에 잠자리와 관련된 채집지 3곳을 소개한다.

Hon Ella Scarlett Collection, 1900년 8월 서울, 제물포(인천)
G.B. Fletcher Collection, 1897 Douglas Inlet, Genzan (원산)
Sanki Ichikawa Collection, 1905 Quelpart Is. (제주도), Fusan (부산), Mokpho (목포)

파리 자연사박물관(Musée Histoire Naturelle, Paris)의 Lacroix의 표본들 중에는 'Ir. de Quelpart (제주도), Corée'에서 채집했던 '*Anax dubius* Lacroix'가 의심종이었으나 1953년에 이 박물관을 방문하여 실제 확인해보니, 왕잠자리 (*Anax parthenope julius*)임을 알았다.

내가 조사한 표본들은 1939년에 처음 보고된 것들부터, 故 석주명이 보내준 많은 표본들(1944년 이전), 長田 武正, 平尾 經信, 故 土居 寬暢, 金遠熙의 표본들과 이밖에 제2차 세계대전 이후의 미승우, 조도연, 上野 俊一, 白水 隆(제주도 표본) 등의 소수의 표본들도 살폈다. 故 尾花 茂, 井上 清의 호의로 부산 근방의 이준민, 김창환에게서 제공받은 표본들도 살펴보았다. 끝으로 枝重夫, 宮崎 俊行의 최근 발표 자료도 보았다.

경북대 이창언 등에게서 한국의 잠자리에 대해 문의하다 보니 일본 학자들의 발표 논문과 기록들을 다시 검토할 필요성을 절감하여 지금에 이르게 되었다.

표본 자료를 가장 많이 제공해준 故 석주명 씨께 감사하고, 김장희, 조도연, 미승우, 이준민, 김창환, 佐藤健八朗, 平尾 經信, 故 土居 寬暢, 長田 武正, 白水 隆, 上野 俊一, 故 安松 京三, 故 尾花茂, 枝重夫, 宮崎 俊行 씨께도 감사한다.

Asahina가 한반도 잠자리에 이토록 관심을 갖고 살펴보게 된 계기는 아마 일본의 잠자리상(相)은 성립 배경이 되는 동북아시아 지역에서 먼저 밝혀져야 확실해질 것으로 기대했던 것 같다. 특히 한반도의 상황이 중요하다고

보았다. Asahina는 생전 논문 수가 632편이나 되었고, 그 중 잠자리에 관한 논문이 376편이었다.

따라서 우리나라 잠자리의 연구는 엄밀히 말한다면 일본인 Doi (1943)가 초석을 쌓았고, Asahina (1989, 1990)가 거의 완성했다고 본다.

그러면 잠자리를 연구했던 우리나라 학자는 누가 있었을까?

조복성(1958, 1969)의 단 두 차례의 기록이 가장 앞서지만, Asahina (1989a)의 지적처럼 그 성과가 잠자리의 이름을 우리말로 바꾸고, 꼬마잠자리를 새로 기록했을 뿐, Doi (1943)의 목록 그대로이다. 불모지나 다름없던 잠자리 연구는 이승모의 성과(1996, 2001, 2006)가 독보적이다. 그는 어색한 우리의 잠자리 이름을 현대식으로 고치고, 각 종의 학명이 바뀌는 과정을 파악했으며, 생식기 그림과 동종이명을 정리하면서 종의 정립에 힘썼다. 게다가 체계가 잡힌 잠자리 도감(2001)을 펴내기도 하였다. 하지만 그의 연구는 부족한 정보와 표본들로 인해 한계도 있었다. 한 차례의 김정환(1998)과의 일명 '잠자리 논쟁'이 있었는데, 이 과정이 오히려 그의 부족한 면을 보여주는 반증이기도 하다.

조복성(1905~1971)   Syoziro Asahina(1913~2010)   이승모(1925~2008)

〈잠자리 학자〉

2010년대 이후, 생물자원관에서 생물지(2011, 2012)들이 나왔으나 우리 잠자리를 완전히 파악하는 데 고민을 더 했으면 하는 아쉬움이 남는다. 또 정광수(2007) 등의 소수의 연구자들이 애벌레(수채)를 포함한 잠자리의 생태 연구를 하고 있다. 점차 잠자리 마니아들이 늘어나고, 새로운 종들이 속속 발견되는 등 우리나라 잠자리상(相)이 완성되고 있다. 하지만 아직도 몇몇 종들은 한반도의 서식 여부가 확실하지 않으며, 북한 지역의 정보가 어두워 완전히 이해하기까지 시간이 더 필요하다.

북한에서의 연구는 홍롱태(1991) 등 극소수 학자에 따른다. 최근 Seehausen과 Fiebig (2016)가 북한의 12지역을 방문하여 채집한 658개체를 정리하여, 43종의 신뢰할 만한 목록을 발표하였다. 이들이 잠자리를 채집한 지역 중에는 북극권의 종이 채집되는 해발 1,700m 이상의 백두용암대지의 넓은 고산 습지가 있는 대택(大澤) 등 백두산 인근이 포함되지 않은 아쉬운 점이 있다. 하지만 북한의 여러 지역에서 어떤 잠자리가 어떻게 분포하는지의 실상을 잘 보여준다.

지금 한반도에는 기후 변화 등에 따라 일부 특수 환경에만 사는 잠자리가 멸종될 위험에 처해 있다. 게다가 남방계 종들이 새로 이입하는 등 연구의 새로운 장이 펼쳐지고 있다.

한반도 잠자리상의 성립과 구분
Formation and Separation of Odonata Fauna of Korean Peninsula

한반도의 잠자리는 극동아시아 지역에 기반을 둔 종들이 대부분이며, 분포지리학상 구북구 만주아구에 속한다. 한반도 북부의 백두산과 개마고원 등의 고지대에는 유럽에서 시베리아, 사할린, 일본의 북해도에 분포하는 종들과 공통종이 산다. 이와 달리 한반도 남부와 제주도의 낮은 지역에서는 동양구계의 일부 종들이 들어와 있다.

한반도는 대륙과 한 번도 떨어졌던 적이 없었지만 특수한 환경의 하천에 서식하여 종 분화가 일어났을 것으로 추측되는 측범잠자리들 중에서 노란배측범잠자리만이 유일하게 고유종에 속할 뿐이다. 또한 개체와 지역에 따른 변이의 폭이 적다.

한반도의 잠자리상의 성립의 시초는 신생대 제3기 후반의 선신세에 이루어진 것으로 보인다. 이후, 지금부터 150만 년 전인 제4기 초에 한랭한 기후가 되면서 육지화가 이루어지

〈잠자리 분포 경계선〉

게 되고, 일본과 중국, 타이완이 우리나라와 이어지거나 떨어졌다. 이는 빙기와 간빙기가 수차례 반복되면서 일어난 현상이었다. 해수면의 높이가 200m 정도 높거나 낮아지면서, 이에 따라 새로운 잠자리의 이입과 정착, 멸종이 이루어졌으며, 지금의 잠자리상이 결정된 것으로 보인다.

결국 한반도는 대륙과 떨어졌던 지사가 없고, 제주도와 울릉도 등 여러 섬들도 비교적 가까운 시기에 만들어졌으므로, 구북구, 특히 러시아 극동 지역과 중국 동북부 지역에 서식하는 종들과 공통종들이 많다고 해석된다.

한편 제주도에 서식하는 종들 중, 한라산의 높은 지역에서는 참별박이왕잠자리와 밑노란북방잠자리, 백두산북방잠자리 같은 구북구 종들이, 낮은 지대에는 동남아시아를 기반을 둔 동양구 종들이 산다. 이밖에 일본과의 공통종인 한라별왕잠자리와 작은실잠자리가 살고 있다는 점에서 볼 때, 일본이 제주도와 이어졌던 시기가 있었고, 이때 이입했던 것으로 추측할 수 있다.

제주도보다 면적이 작은 울릉도는 빗물이 땅속으로 스며드는 화산암 지대로, 하천이 발달하지 못해 잠자리상이 빈약하다. 2015년 글쓴이 중 한 사람인 김성수가 3~11월까지 매달 조사한 결과, 왕잠자리와 밀잠자리, 된장잠자리 등에 불과하였다.

분포지리학상 흥미를 끄는 종류는 한국개미허리왕잠자리라 할 수 있다. 이 종은 한반도 중부와 중국 남부, 베트남 북부, 라오스 북부에 나뉘어 분포하고 있다. 이는 한반도가 과거에 중국 남부와 연결된 적이 있었던 것을 의미한다. 나비에서도 큰수리팔랑나비가 이런 유형에 속하며, 넓게 해석하면 제주도의 왕자팔랑나비도 같은 유형이다.

한반도 잠자리의 성격을 규정할 수 있는 경계선을 다음처럼 나눌 수 있다. 극한랭종 분포선 북쪽은 함경북도와 양강도의 고지대에 해당하며, 진주잠자리와 시골실잠자리, 애별박이왕잠자리, 붉은고추잠자리 등 구북구의 극지에 분포하는 종들과 공통종이 많다. 한랭과 온난종 구분하는 분포선은 한랭종이 서식하는 백두대간, 고위도의 북한 지역과 온난종이 서식하는 나머지 지역을 나눈다. 제주도 한라산은 800m 이상과 이하로 한랭과 온난종의 분포가 나뉜다.

한국 잠자리 목록
Check-list of Odonata of the Korean peninsula

잠자리는 곤충강(Class Insecta), 유시아강(Subclass Pterygota), 잠자리목(Order Odonata)에 속한다. 잠자리목의 분류는 Tillyard와 Fraser (1938~1940), Fraser (1957)에 따라 날개맥 구조를 기초로 체계를 갖춘 이래, 최근 DNA를 이용한 계통 분류의 방식 때문에 새롭게 해석되고 있다. 여기에서는 'World Odonata List'를 근거로 최근의 학자들의 의견이 반영된 한반도 개체군에 대한 분류식을 찾았다. 아래의 목록은 현재, 국내에서 한번이라도 기록이 있던 목록이다. 북한에만 분포하는 종은 '북', 적색목록이나 멸종위기종은 '적' 또는 '멸', 고유종은 '고', 나그네종은 '나'라고 목록에 표시하였다. 과거에 기록된 적이 있으나 그 실체가 의심되거나 모호한 종들은 이 책의 뒷부분에서 설명하였다.

Order Odonata Fabricius, 1793 잠자리목

Suborder **Zygoptera** Selys, 1854 실잠자리아목
Family **Lestidae** Calvert, 1901 청실잠자리과

001	*Sympecma paedisca* (Brauer, 1877)	묵은실잠자리
002	*Indolestes peregrinus* (Ris, 1916)	가는실잠자리
003	*Lestes sponsa* (Hansemann, 1823)	청실잠자리 북
004	*Lestes temporalis* Selys, 1883	큰청실잠자리
005	*Lestes japonicus* Selys, 1883	작은청실잠자리

Family **Calopterygidae** Selys, 1850 물잠자리과

006	*Calopteryx japonica* Selys, 1869	물잠자리
007	*Atrocalopteryx atrata* (Selys, 1853)	검은물잠자리

Family **Platycnemididae** Tillyard et Fraser, 1938 밤풀실잠자리과

008	*Platycnemis phyllopoda* Djakonov, 1926	밤풀실잠자리
009	*Pseudocopera annulata* (Selys, 1863)	자실잠자리
010	*Pseudocopera tokyoensis* (Asahina, 1948)	큰자실잠자리

Family **Coenagrionidae** Kirby, 1890 실잠자리과

011	*Nehalennia speciosa* (Charpentier, 1840)	청동실잠자리 북
012	*Ceriagrion melanurum* Selys, 1876	노란실잠자리
013	*Ceriagrion nipponicum* Asahina, 1967	연분홍실잠자리
014	*Ceriagrion auranticum* Fraser, 1922	새노란실잠자리
015	*Coenagrion johanssoni* (Wallengren, 1894)	참실잠자리
016	*Coenagrion lanceolatum* (Selys, 1872)	북방실잠자리
017	*Coenagrion hastulatum* (Charpentier, 1825)	북방청띠실잠자리 북
018	*Coenagrion hylas* (Trybom, 1889)	큰실잠자리 북
019	*Coenagrion ecornutum* (Selys, 1872)	시골실잠자리 북
020	*Paracercion plagiosum* (Needham, 1930)	큰등줄실잠자리
021	*Paracercion calamorum* (Ris, 1916)	등검은실잠자리
022	*Paracercion v-nigrum* (Needham, 1930)	대륙등줄실잠자리

023	*Paracercion hieroglyphicum* (Brauer, 1865)	등줄실잠자리
024	*Paracercion melanotum* (Selys, 1876)	작은등줄실잠자리
025	*Mortonagrion selenion* (Ris, 1916)	끝빨간실잠자리
026	*Mortonagrion hirosei* Asahina, 1972	점박이끝빨간실잠자리 나?
027	*Aciagrion migratum* (Selys, 1876)	작은실잠자리
028	*Enallagma cyathigerum* (Charpentier, 1840)	알락실잠자리 북
029	*Ischnura senegalensis* (Rambur, 1842)	푸른아시아실잠자리
030	*Ischnura elegans* (Vander Linden, 1820)	북방아시아실잠자리
031	*Ischnura asiatica* (Brauer, 1865)	아시아실잠자리

Suborder **Anisoptera** Selys, 1840 잠자리아목
Family **Epiophlebiidae** Muttkowski, 1911 옛잠자리과

| 032 | *Epiophlebia sinensis* Li et Nel, 2011 | 백두산옛잠자리 북 |

Family **Aeshnidae** Burmeister, 1839 왕잠자리과

033	*Sarasaeschna pryeri* (Martin, 1909)	한라별왕잠자리
034	*Boyeria maclachlani* (Selys, 1883)	개미허리왕잠자리
035	*Boyeria karubei* Yokoi, 2002	한국개미허리왕잠자리
036	*Aeschnophlebia longistigma* Selys, 1883	긴무늬왕잠자리
037	*Aeschnophlebia anisoptera* Selys, 1883	큰긴무늬왕잠자리
038	*Gynacantha japonica* Bartenev, 1909	잘록허리왕잠자리
039	*Anaciaeschna martini* (Selys, 1897)	도깨비왕잠자리
040	*Polycanthagyna melanictera* (Selys, 1883)	황줄왕잠자리
041	*Aeshna mixta* Latreille, 1805	하늘별박이왕잠자리
042	*Aeshna caerulea* (Ström, 1783)	애별박이왕잠자리 북
043	*Aeshna crenata* Hagen, 1856	참별박이왕잠자리
044	*Aeshna juncea* (Linnaeus, 1758)	별박이왕잠자리
045	*Anax nigrofasciatus* Oguma, 1915	먹줄왕잠자리
046	*Anax guttatus* (Burmeister, 1839)	남방왕잠자리
047	*Anax parthenope* (Selys, 1839)	왕잠자리

Family **Gomphidae** Rambur, 1842 측범잠자리과

048	*Sinictinogomphus clavatus* (Fabricius, 1775)	부채측범잠자리
049	*Gomphidia confluens* Selys, 1878	어리부채측범잠자리
050	*Sieboldius albardae* Selys, 1886	장수측범잠자리
051	*Davidius lunatus* (Bartenev, 1914)	쇠측범잠자리
052	*Trigomphus citimus* (Needham, 1931)	가시측범잠자리
053	*Trigomphus nigripes* (Selys, 1887)	검은측범잠자리
054	*Anisogomphus maacki* (Selys, 1872)	넓은배측범잠자리
055	*Stylurus annulatus* (Djakonov, 1926)	호리측범잠자리
056	*Shaogomphus postocularis* (Selys, 1869)	어리측범잠자리
057	*Burmagomphus collaris* (Needham, 1930)	자루측범잠자리
058	*Asiagomphus coreanus* (Doi et Okumura, 1937)	노란배측범잠자리 고
059	*Asiagomphus melanopsoides* (Doi, 1943)	산측범잠자리

060	*Lamelligomphus ringens* (Needham, 1930)	노란측범잠자리
061	*Nihonogomphus ruptus* (Selys, 1858)	고려측범잠자리
062	*Ophiogomphus obscurus* Bartenev, 1909	북방측범잠자리

Family **Cordulegastridae** Calvert, 1893 장수잠자리과
| 063 | *Anotogaster sieboldii* (Selys, 1854) | 장수잠자리 |

Family **Chlorogomphidae** Needham, 1903 독수리잠자리과
| 064 | *Chlorogomphus brunneus* Oguma, 1926 | 독수리잠자리 나 |

Family **Macromiidae** Needham, 1903 산잠자리과
065	*Epophthalmia elegans* (Brauer, 1865)	산잠자리
066	*Macromia daimoji* Okumura, 1949	노란잔산잠자리 멸II, EN
067	*Macromia amphigena* Selys, 1871	잔산잠자리
068	*Macromia manchurica* Asahina, 1964	만주잔산잠자리

Family **Corduliidae** Selys, 1871 청동잠자리과
069	*Cordulia aenea* (Linnaeus, 1758)	청동잠자리 북
070	*Epitheca marginata* (Selys, 1883)	언저리잠자리
071	*Somatochlora arctica* (Zetterstedt, 1840)	작은북방잠자리 북
072	*Somatochlora alpestris* (Selys, 1840)	북방잠자리 북
073	*Somatochlora graeseri* Selys, 1887	밑노란북방잠자리
074	*Somatochlora viridiaenea* (Uhler, 1858)	삼지연북방잠자리
075	*Somatochlora clavata* Oguma, 1913	백두산북방잠자리
076	*Somatochlora exuberata* Bartenev, 1910	참북방잠자리

Family **Libellulidae** Selys, 1840 잠자리과
077	*Rhyothemis fuliginosa* Selys, 1883	나비잠자리
078	*Leucorrhinia dubia* (Vander Linden, 1825)	진주잠자리 북
079	*Sympetrum fonscolombii* (Selys, 1840)	두점배고추잠자리
080	*Sympetrum darwinianum* (Selys, 1883)	작은고추잠자리
081	*Sympetrum risi* Bartenev, 1914	들깃동고추잠자리
082	*Sympetrum infuscatum* (Selys, 1883)	깃동고추잠자리
083	*Sympetrum flaveolum* (Linnaeus, 1758)	붉은고추잠자리 북
084	*Sympetrum danae* (Sulzer, 1776)	검은고추잠자리 북
085	*Sympetrum depressiusculum* (Selys, 1841)	고추잠자리
086	*Sympetrum striolatum* (Charpentier, 1840)	대륙고추잠자리
087	*Sympetrum baccha* (Selys, 1884)	산깃동고추잠자리
088	*Sympetrum parvulum* (Bartenev, 1912)	애기고추잠자리
089	*Sympetrum eroticum* (Selys, 1883)	두점박이고추잠자리
090	*Sympetrum kunckeli* (Selys, 1884)	흰얼굴고추잠자리
091	*Sympetrum pedemontanum* (Müller, 1766)	노란띠고추잠자리
092	*Sympetrum cordulegaster* (Selys, 1883)	긴꼬리고추잠자리
093	*Sympetrum speciosum* Oguma, 1915	하나고추잠자리

094	*Sympetrum croceolum* (Selys, 1883)	노란고추잠자리
095	*Sympetrum uniforme* (Selys, 1883)	큰노란고추잠자리
096	*Tramea virginia* (Rambur, 1842)	날개잠자리 나
097	*Brachydiplax chalybea* Brauer, 1868	남색이마잠자리
098	*Pseudothemis zonata* (Burmeister, 1839)	노란허리잠자리
099	*Deielia phaon* (Selys, 1883)	어리밀잠자리
100	*Tholymis tillarga* (Fabricius, 1798)	점박이잠자리 나
101	*Nannophya koreana* Bae, 2020	꼬마잠자리 멸II
102	*Crocothemis servilia* (Drury, 1773)	붉은배잠자리
103	*Pantala flavescens* (Fabricius, 1798)	된장잠자리
104	*Lyriothemis pachygastra* (Selys, 1878)	배치레잠자리
105	*Orthetrum albistylum* (Selys, 1848)	밀잠자리
106	*Orthetrum lineostigma* (Selys, 1886)	홀쭉밀잠자리
107	*Orthetrum internum* McLachlan, 1894	중간밀잠자리
108	*Orthetrum melania* (Selys, 1883)	큰밀잠자리
109	*Libellula quadrimaculata* Linnaeus, 1758	넉점박이잠자리
110	*Libellula angelina* Selys, 1883	대모잠자리 멸II, EN

(전체: 110종, 고유종: 1종, 북한에만 분포: 12종, 멸종위기 II급: 3종, 나그네종: 4종)

종 설명
Species Description

　잠자리목(Odonata)은 덴마크의 파브리키우스(Johan Christian Fabricius)가 1793년에 창설하였다. 이후, 벨기에의 셀리(Edmond de Sélys Longchamps)는 겹눈이 작고 앞, 뒷날개가 같은 모양과 크기인 실잠자리아목(Zygoptera)과 겹눈이 크고 뒷날개가 앞날개보다 위아래 폭이 넓은 잠자리아목(Anisoptera)의 2아목을 1840년대에 창설하였다. 1889년 다시 셀리는 몸이 잠자리아목이지만 날개가 실잠자리아목처럼 보이는 중간 특징의 신종(옛잠자리)을 기재했으나 이를 잠자리아목에 두었다. 이후, 이 종과 가까운 화석 종들이 발견되고 자세히 검토되면서 Handlirsch (1906)가 옛잠자리아목(Anisozygoptera)이라는 3번째 아목을 창설하였다. 하지만 분자학 연구는 잠자리아목과 옛잠자리류를 자매 집단으로 묶고 있다(Hasegawa와 Kasuya, 2006; Carle et al., 2008).

　중생대에 번성했던 옛잠자리류는 1억 8천만년 동안 구북구 지역의 고지대에서 살아온 것으로 보인다(Carle, 2012). 일본과 히말라야(네팔, 인도(시킴), 부탄)에 각각 한 종씩 2종에, 최근 중국 서부(사천)에 1종, 중국 북부(헤이룽장성)와 한반도 북부(양강도 삼지연)에 분포하는 1종이 추가되어 모두 4종이 기록되어 있다.

　한편, 한반도에 서식했던 백악기 초기의 화석 잠자리(*Hemeroscopus baissicus* Pritykina, 1977)의 발견은 Ueda와 Kim, Aoki (2005)에 따른다. 공동 연구자이면서 대구 청구고 교사인 김태완은 일본 학자와 함께 경상남도 사천시 축동면 반용리의 경상계 지층에서 잠자리의 날개 화석을 처음 발견하였다. 이 화석 종은 앞날개 길이가 56mm, 뒷날개 길이가 45mm로 오래된 잠자리로는 작은 편이다. 이미 중국과 시베리아에서도 기록되어 있었다.

잠자리 2아목의 검색표

뒷날개는 앞날개와 거의 같으며, 네모방이 있다. ----------------------------- 실잠자리아목
뒷날개는 앞날개보다 뚜렷이 폭이 넓다. 세모방이 있다. -------------------------- 잠자리아목

실잠자리아목

Suborder Zygoptera Selys, 1840

실잠자리아목은 화석으로 보면 적어도 2억 5천만 년 전에 페름기 이전에 나타났다. 이 시기에 애벌레가 수생이었는지의 여부는 확실치 않다. 이후 중생대 지층에서 애벌레의 화석이 출토된다.

겹눈은 비교적 작고, 반구형으로 서로 떨어지며, 뒷머리가 넓게 노출된다. 앞, 뒷날개는 거의 같은 모양과 크기이며, 가로로 가늘고 길다. 앞, 뒷날개에는 길쭉한 네모방이 각각 있다. 날개의 매듭(nodus)은 뚜렷이 날개밑으로 치우쳐 위치한다.

몸은 가늘고 길며, 배는 거의 원통형에 가깝다. 수컷의 부생식기는 3마디로 이루어지고, 제2배마디 아래에 있다. 암컷은 산란관을 갖는다. 수컷의 배 끝에는 위부속기 2개, 아래부속기 2개가 있다.

천천히 날다가 몸을 수평 또는 비스듬하게 숙이면서 날개를 접고 앉으나 청실잠자리 등은 날개를 조금 펴고 앉는다.

애벌레는 몸이 가늘고 길며, 배 끝에 3개의 큰 꼬리아가미가 있다. 'Zygoptera'는 '합쳐진 날개'라는 뜻이다.

최근 분자 분석(Dijkstra et al., 2013)이 상당히 진척되어서 실잠자리아목의 과(family) 분류군이 단일계통으로, 27과로 분류된다. 하지만 7개 과가 더 있을 가능성도 있다고 보는 등 풀어야 할 과제도 남아 있다.

실잠자리아목(Zygoptera)의 과 검색표

1. a 매듭앞횡맥(Anp)은 2개 밖에 없다. -- 2
   b 매듭앞횡맥(Anp+Ans)은 6개 이상이다. ---------------------------- 물잠자리과(Calopterygidae)
2. a 제 4, 5 경맥(R4+5)은 아결절(Sn) 가까이에서 분기한다. ------------------------------ 3
   b 제 4, 5 경맥은 호맥(Arc)과 매듭의 중앙 또는 호맥에 기대어 분기한다. ---------- 청실잠자리과(Lestidae)
3. a 네모방(q)은 부등변으로, 외후각은 예각이 된다. ------------------- 실잠자리과(Coenagrionidae)
   b 네모방(q)은 거의 직사각형으로 외후각도 거의 직각이다. ---------- 방울실잠자리과(Platycnemididae)

실잠자리아목(Zygoptera)
청실잠자리과 Family Lestidae Calvert, 1901

실잠자리아목 중에서 중형으로, 날개밑의 홀쭉한 부분은 매듭의 절반까지 이어진다. 네모방은 실잠자리과와 같으며, 항각이 예리하게 뾰족하여 부등변의 띠 모양을 이룬다. 제3끼움맥(IR3)의 분기점은 매듭보다 뚜렷이 호맥(Arc)에 가까이 있다. 제3경맥(R3)과 제3끼움맥(IR3)이 이어져 기운맥(O)이 생긴다. 배 끝 위부속기가 크고, 장도리 모양인 점, 일부 종들이 날개를 반쯤 펴고 앉는 점이 일반 실잠자리들과 다르다. 전 세계에 150여 종이 분포한다. 우리나라에는 3속 5종이 분포한다.

몸은 금속성의 푸른색으로 광택이 있다. 성숙해지면 흰 가루가 덮인다. 일부는 어른벌레로 월동한다. 날개돋이는 '곧선형'으로 한다.

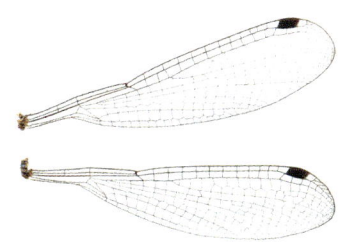

〈청실잠자리과의 날개맥〉

청실잠자리과(Lestidae)의 속 검색표

1. a 네모방은 폭이 좁고, 앞, 뒷날개에서 같은 모양이다. 중맥축(MA)는 호맥(Arc)의 중앙보다 뚜렷이 날개밑 쪽에서 나온다. 날개는 펴고 앉는다. -- Lestes
   b 네모방은 폭이 좁고, 뒷날개의 것이 앞날개보다 뚜렷이 길다. 중맥축(MA)는 호맥(Arc)의 중앙에서 나온다. 날개는 접고 앉는다. -- 2
2. a 앞날개의 깃무늬(pt)는 뒷날개의 것보다 깃무늬만큼 날개끝 쪽에서 나온다. ---------------- Sympecma
   b 앞, 뒷날개의 깃무늬(pt)는 거의 같은 위치에 있다. ---------------------------- Indolestes

Genus *Sympecma* Burmeister, 1839

Sympecma Burmeister, 1839, Handb. Ent. 2: 824.
   Type species: *Agrion fusca* Vander Linden, 1820.

묵은실잠자리 *Sympecma paedisca* (Brauer, 1877)

Sympycna paedisca Brauer, 1877, Bull. Mosc. 9: 247. Type locality: South Russia.
Sympecma fusca: Doi, 1932: 69.
Sympecma paedisca: Asahina, 1939: 197; Asahina, 1989a: 14.

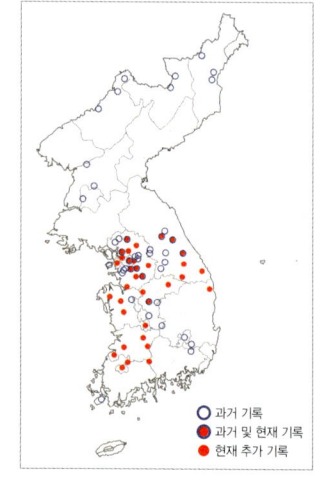

형태 배 길이 29mm, 뒷날개 길이 22mm 안팎으로 눈뒷무늬는 없고, 뒷머리 뒷가장자리를 따라 옅은 갈색 줄이 있다. 날개가슴 가운데에 굵은 구릿빛 띠가 있고 옆으로 조금 튀어나온 부분이 있다. 어깨선에 물결모양의 무늬가 있다. 날개는 전연을 따라 옅은 갈색을 띤다. 암수의 무늬는 거의 같고, 생식 활동이 시작되면서 겹눈의 일부가 파란색으로 변한다.

생태 산지의 수생식물이 무성한 못과 농경지, 저수지에서 산다. 어른벌레로 월동하고, 이듬해 3~5월에 알을 낳는다. 이후 7월부터 늦가을까지 보인다. 이어진 채로 암컷이 식물의 줄기 속에 알을 낳는다. 가을에 산지에서 낮게 날아다니는 것을 흔하게 볼 수 있다.

분포 한국(전국에 분포하나 경기도와 강원도 산지에 흔하다.), 일본, 중국(북부, 동북부), 몽골, 러시아, 유럽

어원 우리 이름은 '색이 오래 되었다'와 '어른벌레로 겨울을 나고 해를 넘기는'이라는 뜻으로 보이는데, 일본 이름은 뒤의 뜻이다. 종 이름(*paedisca*)은 '어린이'라는 뜻으로 유럽의 닮은 종 'S. fusca보다 작다'는 데에서 유래한다. 속 이름(*Sympecma*)은 '날개를 접는'이라는 뜻으로 앉을 때 날개를 반쯤 펴는 청

〈♂ 경기 용인〉

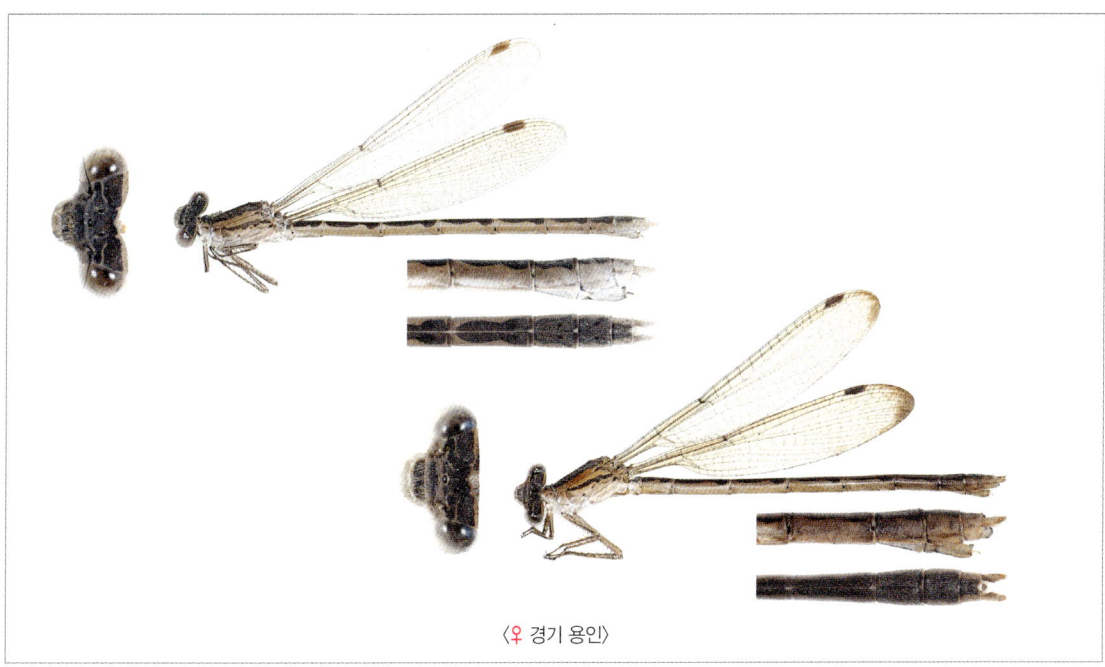

〈♀ 경기 용인〉

실잠자리류의 습성과의 비교 때문에 붙여졌다.

분류 Doi (1932)는 함경북도 나남(청진)과 양강도 혜산진, 자강도 강계, 황해도 개성, 재령에서 채집한 개체로 처음 기록하였다.

Siberian Winter Damsel

Size AL: 29mm, HL: 22mm.

Flight period March to November (univoltine). Hibernates as an adult.

Habitat Variety of still waters of about neutral pH.

Distribution Korea, Japan, China (N, NE), Mongolia, Russia, Europe.

Status Quite common.

▲ 수컷(경기 고양, 2015. 4. 27)

▲ 암컷(서울 은평구, 2017. 10. 26)

▲ 짝짓기(경기 용인, 2018. 4. 30)

▲ 알 낳기(경기 고양, 2014. 4. 24)

Genus ***Indolestes*** Fraser, 1922

Indolestes Fraser, 1922, Mem. Dept. Agric. India 7: 57.

Type species: *Indolestes indicus* Fraser, 1922.

가는실잠자리 *Indolestes peregrinus* (Ris, 1916)

Lestes gracilis peregrinus Ris, 1916, Suppl. Ent. Berlin 5: 15. Type locality: Japan.
Sympecna sp.: Doi, 1932: 69.
Ceylonolestes gracilis: Doi, 1943: 168.
Ceylonolestes gracilis peregrinus: Asahina, 1950: 143.
Indolestes gracilis: Lee, 2001: 19.
Indolestes peregrinus: Asahina, 1989a: 14.

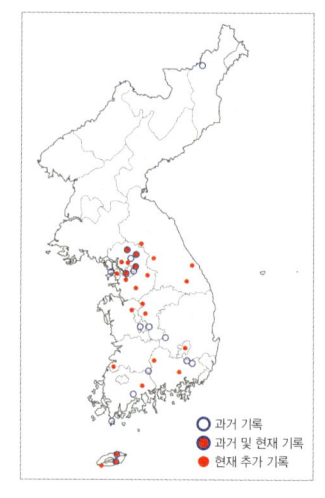

형태 배 길이 30mm, 뒷날개 길이 20mm 안팎으로 뒷머리에는 무늬가 없다. 날개가슴 가운데의 구릿빛 띠는 가느다랗고, 튀어나온 부분은 크다. 어깨선에 2, 3개의 작은 점이 있다. 옅은 갈색이던 몸 색이 성숙해지면 파란색으로 변하며, 특히 수컷에서 더 뚜렷해진다.

생태 평지와 산지에서 수생식물이 무성한 못과 농경지, 습지에서 산다. 어른벌레로 월동하고, 이듬해 3~6월에 알을 낳는다. 이후 7월부터 늦가을까지 보인다. 물가를 떠나 주변 산으로 흩어져 월동한다. 이어진 채로 암컷이 식물의 줄기 속에 알을 낳는다.

분포 한국(중부 이남, 제주도), 일본, 중국 중부

어원 우리 이름은 '몸이 가늘다'라는 뜻이다. 종 이름(*peregrinus*)은 '여행하는'이라는 뜻이다. 속 이름(*Indolestes*)은 '인도의 청실잠자리'라는 뜻이다.

분류 Doi (1932)는 경상남도 운문산에서 채집한 개체를 *Sympycna* sp.로 기록하였다가 다시 Doi (1943)가 이 개체와 경기도 소요산과 봉은사, 경상북도 청도와 유천에서 채집한 개체들을 더해 *Ceylonolestes gracilis*로 기록했던 것이 우리나라 최초이다. 종 *gracilis*는 종 *peregrinus*가 분리되기 전의 이름이었다.

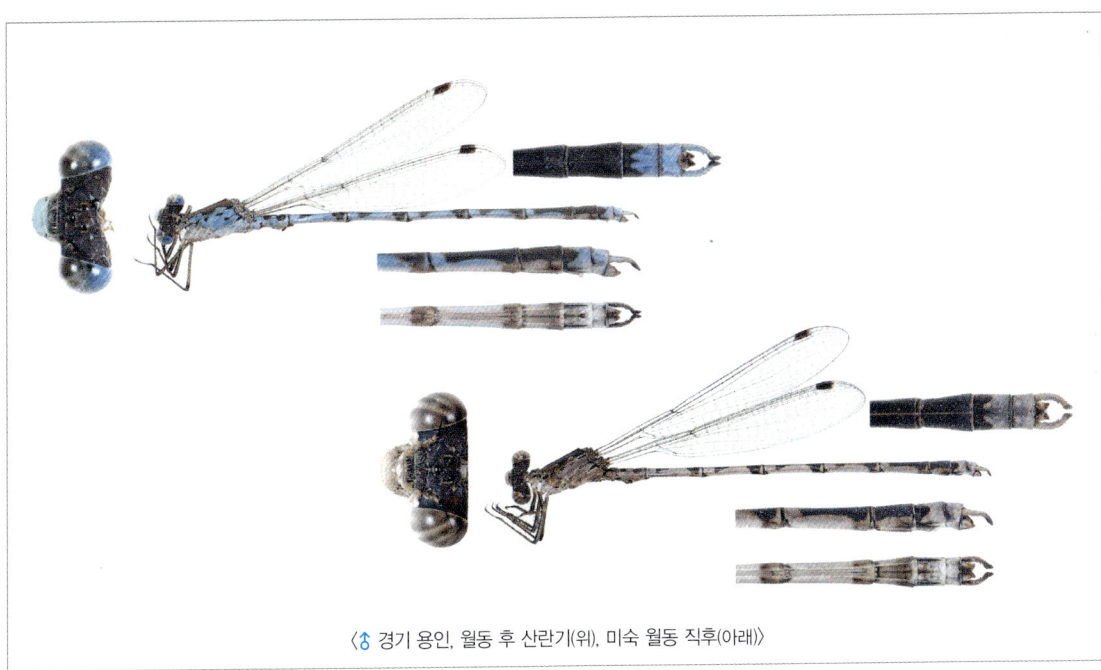

〈♂ 경기 용인, 월동 후 산란기(위), 미숙 월동 직후(아래)〉

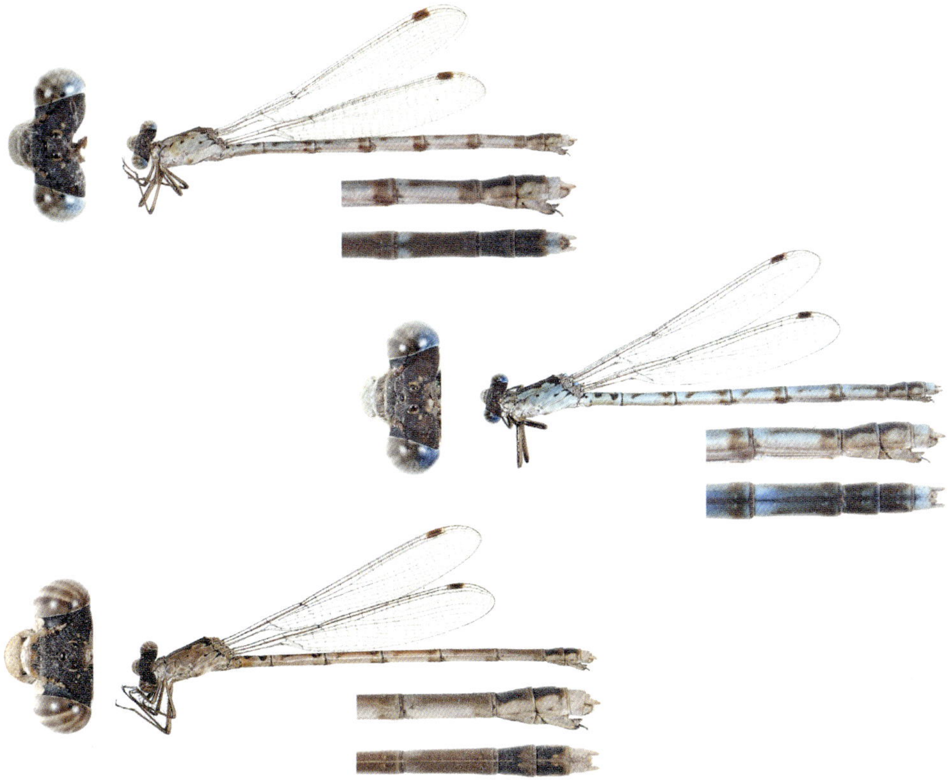

〈♀ 경기 용인, 월동 후 산란기(위, 중간), 미숙 월동 직후(아래)〉

Blue Winter Damsel

Size AL: 30mm, HL: 20mm.

Flight period March to late October (univoltine). Hibernates as an adult.

Habitat Still waters like marsh or ponds.

Features This species has a light blue shade in spring and summer, while it turns light gray in late fall and winter.

Distribution Korea, Japan, China (C).

Status Common.

▲ 수컷(서울 마포, 2018. 5. 1)

▲ 암컷(경기 용인, 2019. 4. 4)

▲ 짝짓기(경기 광주, 2014. 5. 13)

▲ 알 낳기(경기 용인, 2017. 5. 18)

Genus *Lestes* Leach, 1815

Lestes Leach, 1815, in Brewster's Edinb. Encyl. 9 (1): 137.

Type species: *Agrion barbara* Fabricius, 1798.

Lestes속의 종 검색표

1. a 날개가슴 옆에 금속성 풀색 부분은 제1가슴선보다 앞에 이르고, 윗부분이 뒤로 이어지지 않는다. ------ 작은청실잠자리
   b 날개가슴 옆에 금속성 풀색 부분은 윗부분이 뒤로 이어진다. --------------------------- 2
2. a 날개가슴 옆에 금속성 풀색 부분은 제2가슴선에 이른다. 날개가슴은 흰 가루가 없다. ------------ 큰청실잠자리
   b 날개가슴 옆에 금속성 풀색 부분은 제2가슴선에 이르지 않는다. 날개가슴은 흰 가루가 있다. --------- 청실잠자리

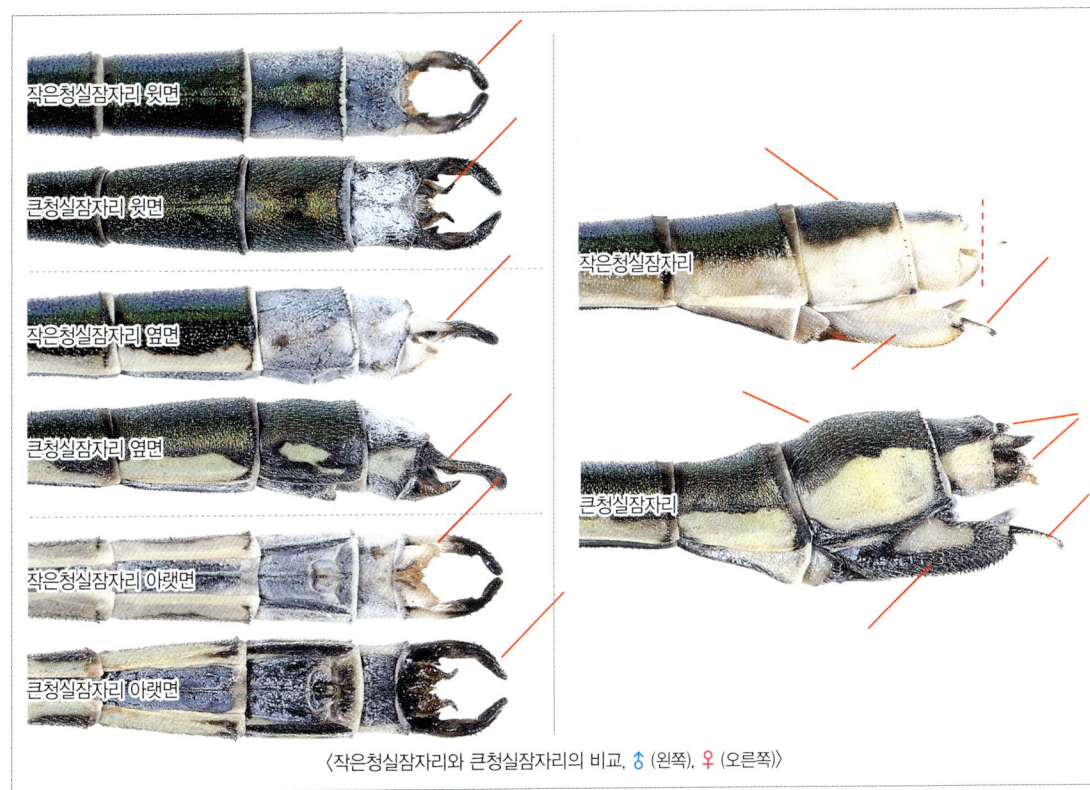

〈작은청실잠자리와 큰청실잠자리의 비교. ♂ (왼쪽), ♀ (오른쪽)〉

→ 청실잠자리 *Lestes sponsa* (Hansemann, 1823)

Agrion sponsa Hansemann, 1823, Wiede. Zool. Mag. 2 (1): 159. Type locality: Germany.
Lestes sponsa: Masaki, 1936: 271; Doi, 1936: 106; Asahina, 1937: 20; Doi, 1943: 168; Asahina, 1989a: 14.

형태 배 길이 29mm, 뒷날개 길이 22mm 안팎으로 몸의 윗부분은 금속성 풀색을 띠고, 그 아래로 옅은 노란색을 띤다. 수컷의 제9, 10배마디에는 흰 가루가 보인다. 날개가슴의 푸른 부분은 제2가슴선까지 이르지 않는다. 수컷의 배 끝 아래부속기는 편평한 숟가락 모양이고, 암컷의 산란판의 돌기는 배 끝을 넘지 않는다.

생태 높은 산지의 물풀이 무성한 습지에서 산다. 7~9월에 보인다. 특별한 생태 기록은 없다.

분포 한국(북부), 일본, 중국, 중동, 몽골, 러시아, 유럽, 아프리카 북부

어원 우리 이름은 '파란 실'이라는 뜻으로 일본 이름에서 유래한다. 종 이름 (*sponsa*)은 '약혼한 남자'라는 뜻으로, 암컷이 알을 낳을 때 곁에서 지키는 습성에서 유래한다. 속 이름(*Lestes*)은 라틴어로 '재빠른', 그리스어로 '강도'라는 뜻이다. 아마 포식성이 강한 습성 때문에 붙여진 것으로 생각한다.

분류 Masaki (1936)는 전라남도 자은도에서 채집한 개체로 처음 기록하였는데, 이승모(1996, 2001)는 잘못된 기록으로 여기고, 한반도 북부에만 분포하는 것으로 보았다. 현재 남한에서는 발견되지 않고 있다.

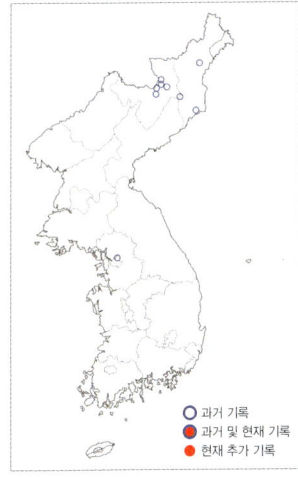

〈♂ 양강도 북계수〉

▲ 수컷(러시아 연해주, 2015. 8. 30)

▲ 수컷(러시아 연해주, 2018. 6. 28)

ENG **Emerald Spreadwing (Common Spreadwing)**

Size AL: 29mm, HL: 22mm.

Flight period July to September (univoltine).

Habitat Marshy sites of pools and ponds, still or very slow-flowing water.

Distribution Korea (N), Japan, China (C), Middle East, Mongolia, Russia, Europe, North Africa.

Status Unknown. This species inhabits North Korea.

Remarks *Lestes dryas* Kirby, 1890, had a collection record in North Korea, but there is not any concrete information to prove its collection such as photographs and meaningful records.

큰청실잠자리 *Lestes temporalis* Selys, 1883

Lestes temporalis Selys, 1883, Ann. Soc. Ent. Belg. 27: 129; Lee, 2002: 205. Type locality: Japan.

형태 배 길이 35~39mm, 뒷날개 길이 27mm 안팎으로 겹눈은 짙은 풀색이다. 몸의 윗부분은 넓게 금속성 풀색이고, 그 아래는 연두색이다. 어깨선에 옅은 줄이 없고, 성숙해도 수컷의 제10배마디 이외에 흰 가루가 없다. 날개가슴의 금속성 풀색은 윗부분이 길어져 제2가슴선까지 이른다. 깃무늬는 폭이 넓다. 수컷의 배 끝 아래부속기는 끝이 바깥으로 굽고 가늘어지며 뾰족하다. 암컷의 산란관은 크고, 제8, 9배마디가 굵어진다.

생태 나무로 둘러싸인 산지의 못에서 산다. 7월 말~10월에 보인다. 9월 이후 알을 낳는데, 암수가 이어지거나 암컷 홀로 물가의 살아있는 나무와 풀에 알을 낳는다.

♂ (위), ♀ (아래), 강원 정선

분포 한국(일부 내륙 지역), 일본, 러시아 극동 지역
어원 우리 이름은 이승모(2002)가 지은 것으로 '청실잠자리보다 크다'라는 뜻이다. 종 이름(*temporalis*)은 '잠깐'이라는 뜻이다.
분류 Lee (2002)는 강원도 설악산에서 채집한 개체로 처음 기록하였다.

🄴🄽🄶 **Large Emerald Spreadwing**
 Size AL: 35~39mm, HL: 27mm.
 Flight period Late July to October (univoltine).
 Habitat Marshy site surrounded by forests.
 Distribution Korea (inland), Japan, Russian Far East.
 Status Less common.

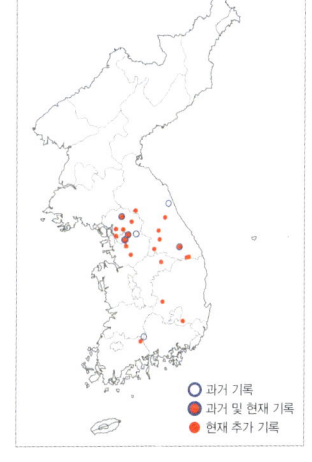

▲ 수컷(서울 마포, 2012. 9. 18)

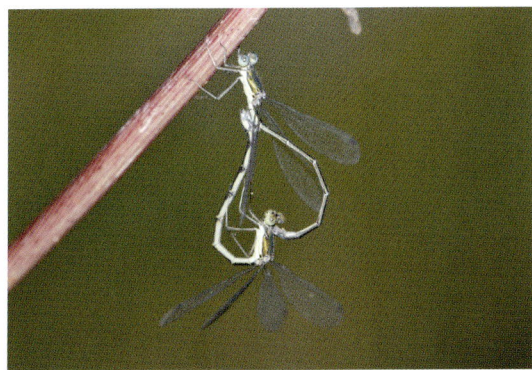

▲ 짝짓기(강원 정선, 2012. 9. 24)

▲ 알 낳기(경기 연천, 2011. 10. 3)

▲ 알 낳기(경기 연천, 2011. 10. 3)

→ 작은청실잠자리 *Lestes japonicus* Selys, 1883

Lestes japonica Selys, 1883, Ann. Soc. ent. Belg. 27: 130; Doi, 1943: 168; Asahina, 1950: 144; Asahina, 1989a: 13.
　Type locality: Japon, Yokohama.

형태 배 길이 29mm, 뒷날개 길이 20mm 안팎으로 겹눈은 파란색이다. 몸의 윗부분은 넓게 금속성 풀색이고, 그 아래는 옅은 하늘색이다. 어깨선에 옅은 줄이 나타난다. 성숙한 수컷의 제9, 10배마디 이외에는 흰 가루가 없다. 날개가슴의 금속성 풀색은 윗부분이 길어지지 않고 제1가슴선 이전에서 끝난다. 깃무늬는 짧다. 수컷의 배 끝 아래부속기는 짧다. 암컷의 산란관은 굵지 않다.

생태 평지와 산지에서 수생식물이 무성한 오래된 못과 습지, 농경지에서 산다. 보통 앞 종보다 해발이 낮은 지역의 확 트인 습지에서 산다. 6월 말~10월에 보인다. 암수는 짝짓기한 채로 또는 암컷 홀로 식물 속에 알을 낳는데, 앞 종과 달리 죽은 나무에도 낳는다.

분포 한국(중부, 남부), 일본, 중국, 러시아 극동 지역

어원 우리 이름은 '청실잠자리보다 작다'라는 뜻이다. 원래는 조복성(1958)이 '좀청실잠자리'라고 한 것을 이승모(1996)가 바꾼 것으로, 좀(작은 곤충)이 잠자리에 어울리지 않는다고 보았다. 또한 큰청실잠자리와 대비되는 이름이다. 종 이름(*japonicus*)은 '일본의'라는 뜻이다.

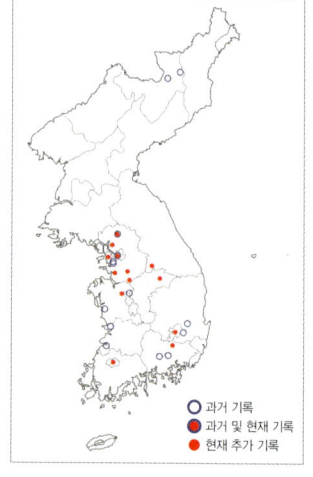

▲ 수컷(경기 연천, 2011. 10. 3)

▲ 짝짓기(서울 마포, 2015. 8. 31)

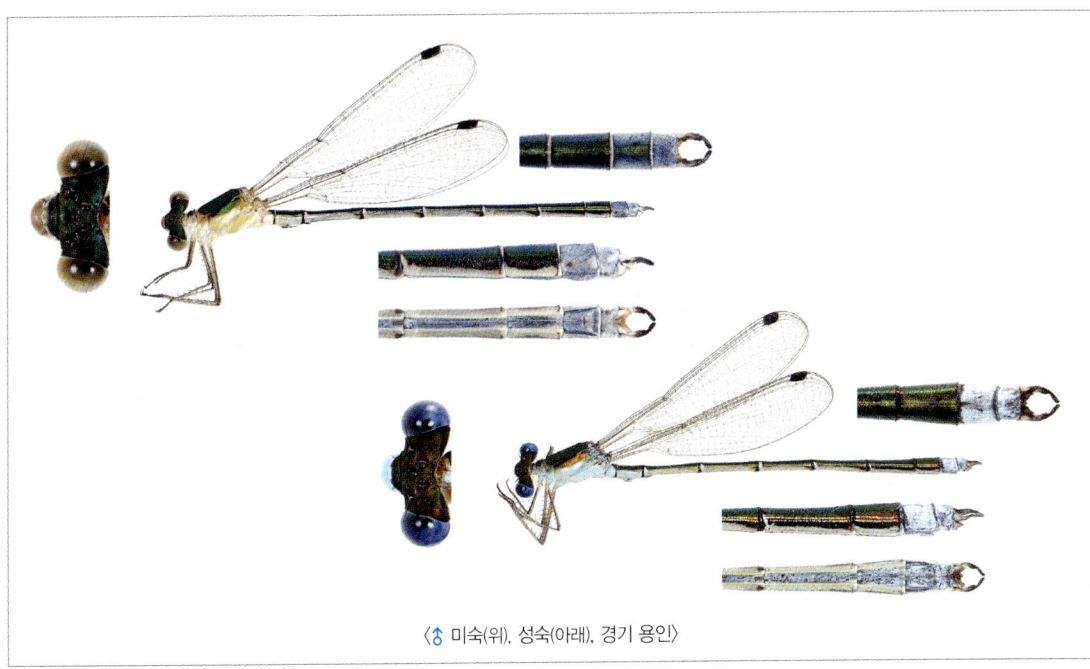

〈♂ 미숙(위), 성숙(아래), 경기 용인〉

〈♀ 미숙(위), 성숙(아래), 경기 용인〉

분류 Doi (1943)는 서울(태릉)에서 채집한 개체로 처음 기록하였다. 이후 Asahina (1989a)의 기록까지 합쳐 당시 이 종의 채집지는 서울(태릉)과 충청남도 대천뿐이었다. Ju (1993)가 함경북도에서 채집한 기록은 청실잠자리로 보인다.

ⓔⓝⓖ Japanese Emerald Spreadwing

Size AL: 29mm, HL: 20mm.

Flight period Late June to October (univoltine).

Habitat Shaded ponds.
Distribution Korea (C, S), Japan, China.
Status Common.

▲ 알 낳기(서울 마포, 2012. 9. 18)

▲ 알 낳는 암컷(서울 마포, 2012. 9. 18)

실잠자리아목(Zygoptera)
물잠자리과 Family Calopterygidae Selys, 1850

실잠자리아목 중에서 중, 대형으로, 날개맥이 잔 그물 모양이다. 날개가슴의 제1가슴선은 아래 절반에서 끝나지 않고 위까지 이르는 특징도 다른 과에서 볼 수 없다. 날개는 폭이 넓고, 네모방이 가늘고 긴 사각형이며, 중실과 거의 같은 크기이거나 조금 길다. 네모방에는 여러 개에서 20여 개까지의 횡맥이 있다. 매듭앞횡맥(Ans)도 수가 많다. 제4, 5경맥(R4+5)은 경분맥(Rs)의 연장선 위에 있다. 제2, 3경맥(R2+3)은 비대칭으로 분기하여 앞에서 크게 구부러지고, 제1경맥(R1)에 다가서 유합한다. 제3경협맥(IR3)은 직후 분기한다. 오세아니아구를 뺀 전 세계에 분포하며, 160여 종이 있다. 우리나라에는 2종이 분포한다.

몸은 금속성의 푸른색과 청동색으로 광택이 있다. 성숙해지면 흰 가루가 덮인다. 날개는 검다. 날개돋이는 물구나무와 곧선형의 '중간형'으로 한다.

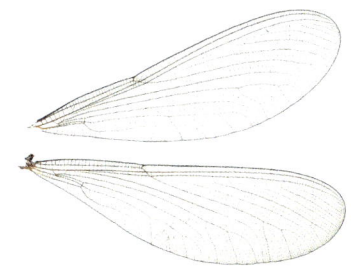

〈물잠자리과의 날개맥〉

물잠자리과의 종 검색표

날개는 폭이 넓고, 전연맥(C)은 금록색이다. 암컷은 흰 가짜깃무늬(위연문)가 있다. ------------------ 물잠자리
날개는 폭이 좁고, 전연맥은 검다. 암컷은 가짜깃무늬가 없다. ---------------------- 검은물잠자리

Calopteryx Leach, 1815

Calopteryx Burmeister, 1839, Handb. Ent. 2: 825.
  Type species: *Libellula virgo* Linnaeus, 1758.

물잠자리 *Calopteryx japonica* Selys, 1869

Calopteryx japonica Selys, 1869, Synopsis des Calopterygines, Add. 2: 3; Doi, 1932: 69; Lee, 2001: 9. Type locality: Japan.

Calopteryx virgo japonica: Selys, 1890: 118 (Corée).

Calopteryx virgo: Doi, 1937: 19; Lee, 2006: 7.

형태 배 길이 45mm, 뒷날개 길이 35mm 안팎으로 머리와 가슴, 배 위는 금속성 풀색을 띤다. 수컷은 제9, 10배마디 아래가 희다. 날개는 수컷에서 전체가 짙은 남색으로, 여기에 금록색 가로맥과 보라색의 횡맥이 어울려 날개를 펴고 접을 때 잘 반사된다. 전연맥(C)은 암수가 금록색이다. 암컷은 앞날개가 옅은 갈색, 앞날개 전연부와 뒷날개는 조금 짙은 갈색이 나타나고, 횡맥이 희다. 가짜깃무늬가 있다.

생태 평지와 산지에서 달뿌리풀 등 수생식물이 무성한 맑은 상류와 중류 지역에서 산다. 5~9월에 보인다. 성숙한 수컷은 물가의 풀 위에 잘 앉으며 다른 수컷들에게 텃세를 부린다. 암컷이 다가오면 수컷 배 아래의 흰 무늬를 치켜세우는 과시행동을 한다. 암컷은 홀로 물 밑 식물의 조직 속에 알을 낳는다. 때때로 몸이 물에 잠기기도 한다. 다음 종과 같은 곳에서 살기도 하는데, 그럴 경우 이 종 쪽이 더 이른 시기에 나타난다.

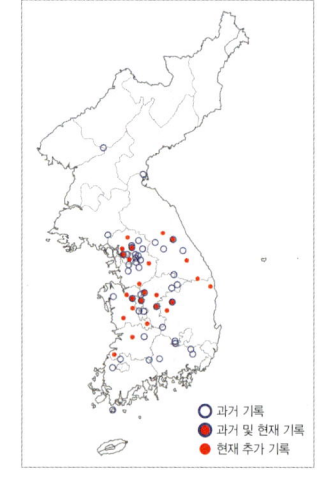

〈♂ (위), ♀ (아래), 경기 연천〉

분포 한국(내륙), 일본, 중국(중부, 북부, 동북부), 러시아 극동 지역, 시베리아 동부

어원 우리 이름은 '물에서 사는 잠자리'라는 뜻이고, 종 이름(*japonica*)은 '일본의'라는 뜻이다. 속 이름(*Calopteryx*)은 '아름다운 날개'라는 뜻이다.

분류 Sélys (1890)는 *Calopteryx japonica* Selys, 1869라는 이름으로 처음 기록하였는데, 우리 잠자리 기록 중 가장 최초이다. 이승모(2006)는 이 종을 유럽에 분포하는 *virgo* (Linnaeus, 1758)와 같다는 의견을 내놓았다. 원래 우리나라 개체군은 원 아종인 유럽 개체군(*virgo*)의 아종으로 취급되었다. 이후, 동북아시아 지역의 개체군을 형태와 무늬가 다르다는 근거로 아종이었던 *japonica* Selys, 1890을 승격하였다(Miyakawa, 1983).

Oriental Demoiselle

Size AL: 45mm, HL: 35mm.

Flight period May to September (univoltine).

Habitat Clean-water streams.

Distribution Korea (inland), Japan, China (C, N, NE), East Siberia.

Status Quite common.

Remarks *C. japonica* has pseudo-stigma on the edge of female's wings which is absent in *A. atrata*.

▲ 수컷(강원 철원, 2017. 5. 29)

▲ 암컷(강원 철원, 2016. 5. 23)

▲ 짝짓기(경기 연천, 2018. 6. 25)

▲ 알 낳기(강원 철원, 2017. 5. 29)

Atrocalopteryx Dumont, Vanfleteren, De Jonckheere et Weekers, 2005
   Atrocalopteryx Dumont, Vanfleteren, De Jonckheere et Weekers, 2005, Systematic Biology 54 (3, 1): 347.
      Type species: *Calopteryx atrata* Selys.

검은물잠자리 *Atrocalopteryx atrata* (Selys, 1853)

Calopteryx atrata Selys, 1853, Syn. Calopt.: 16; Ris, 1916: 5 (Corée); Okamoto, 1924: 52; Asahina, 1989a: 15; Lee, 2001: 11; Lee, 2006: 7. Type locality: China.
Agrion (Calopteryx) atrata: Ju, 1969: 6.
Atrocaloteryx atrata: Jung, 2012: 52.

형태 배 길이 48mm, 뒷날개 길이 39mm 안팎으로 머리와 가슴은 흑갈색으로 금록색 광택을 띤다. 배는 수컷이 금록색이고, 암컷이 흑갈색이다. 수컷의 배 끝 아래는 검을 뿐 다른 무늬가 없다. 날개는 수컷이 광택이 나는 검은색이고, 암컷이 갈색이며, 가짜깃무늬는 없다.

생태 수생식물이 무성하고 흐름이 느린 개울과 중, 하류의 강 주변에서 산다. 같은 장소에서 앞 종과 함께 살기도 하는데 이럴 경우 하류 쪽으로 이 종이 더 많은 편이다. 5~10월에 보인다. 날개돋이 후, 물가 주위의 숲 속에서 먹이사냥을 하고, 성숙해지면 다시 물가로 날아온다. 보통 수컷은 물가의 풀 위에 앉아 텃세를 부리고, 암컷을 쫓아다닌다. 암컷은 홀로 물 밑 식물의 줄기 속에 알을 낳는데, 이 때 몸이 물에 잠기기도 한다.

분포 한국(제주도, 한반도 내륙 각지), 일본, 중국, 러시아 극동 지역, 인도

어원 우리 이름은 '검은 날개를 가진 물잠자리'라는 뜻인데, 원래 조복성(1958)은 '검물잠자리'라고 하였다. 종 이름(*atrata*)은 '검다'라는 뜻이다. 속 이름 '*Atrocaloteryx*'은 '아름다운 검은 날개'라

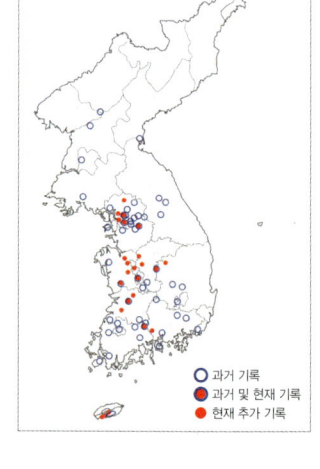

♂ (위), ♀ (아래), 경기 양평

는 뜻이다.

분류 Ris (1916)는 *Calopteryx atrata* Selys라는 이름으로 처음 기록하였다. 원래 이 종은 *Calopteryx*속이었으나 Dumont et al. (2005)이 유전자 분석을 통해 새로운 *Atrocalopteryx*속으로 옮겼다. 그 근거는 유전자의 차이 외에 다음의 형태 차이를 들었다. 1) 날개는 상대적으로 좁고 길며, 암수 모두 가짜깃무늬가 없다. 2) 뒷머리의 눈 뒤 혹(postocula tubercles)은 작거나 없다(*Calopteryx*는 뚜렷). 3) 날개의 R4+5의 분지 후의 IR2는 R4와 합쳐지지 않고, RA(Radius)와 나란하다.

한편 이 과에 담색물잠자리와 검은날개물잠자리, 일본물잠자리의 기록이 있었으나 모두 잘못이다. 자세한 설명은 본문 뒤에 있다.

ENG Black Demoiselle

Size AL: 48mm, HL: 39mm.

Flight period May to October (univoltine).

Habitat Clean-water streams. This species lives in more turbid water than *Calopteryx japonica*, but both can be found in the same sites.

Distribution Korea, Japan, China, India.

Status Quite common.

▲ 수컷(경기 연천, 2013. 8. 5)

▲ 암컷(서울 마포, 2016. 7. 26)

▲ 짝짓기(경기 연천, 2013. 8. 5)

▲ 알 낳기(경기 일영, 2009. 7. 30)

실잠자리아목(Zygoptera)
밥풀실잠자리과 Family **Platycnemididae** Tillyard et Fraser, 1938

실잠자리아목 중에서 중형으로, 청실잠자리과처럼 날개밑의 홀쭉한 부분이 매듭의 절반까지 이어진다. 네모방은 길고 장방형으로, 외후각이 뾰족하여 실잠자리과와 다르다. 제3경협맥(IR3)의 분기점은 실잠자리과처럼 매듭 가까이 있다. 겹눈은 작고 서로 떨어져 귀상어의 눈처럼 보인다. 다리는 가운데와 뒷다리의 넓적마디가 밥풀 모양의 편평한 부분이 있다. 구북구, 동남아시아, 아프리카, 마다가스카르에 분포하며, 150여 종이 분포한다. 우리나라에는 3종이 있다.
성숙해도 몸에 흰 가루가 덮이지 않는다. 날개돋이의 모습은 '곧선형'이다.

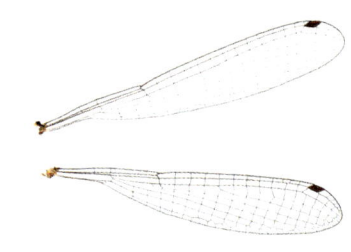

〈밥풀실잠자리과의 날개맥〉

밥풀실잠자리과(Plathcnemididae)의 속 검색표

깃무늬(pt)는 짧고, 1 소실에 이른다. 수컷 배 끝 위부속기는 아래부속기의 길이의 2/3 이상이다. 암컷의 앞가슴 뒷가장자리에는 뚜렷한 돌기가 있다. 더듬이 제2마디는 제3마디보다 짧다. ------------------------------ *Platycnemis*

깃무늬(pt)는 길고, 1.5 소실에 이른다. 수컷 배 끝 위부속기는 짧고 아래부속기의 길이의 1/2 이하이다. 암컷의 앞가슴 뒷가장자리에는 뚜렷한 구조물이 없다. 더듬이 제2마디는 제3마디와 같은 길이이거나 조금 길다. ---------------- *Pseudocopera*

Genus ***Platycnemis*** Charpentier, 1840

Platycnemis Charpentier, 1840, Libell. Europe Lipsiae: 21.

Type species: *Agrion lacteum* Charpentier, 1825.

밥풀실잠자리 Platycnemis phyllopoda Djakonov, 1926

Platycnemis phyllopoda Djakonov, 1926, Rev. Russ. Ent. 20: 231; Asahina, 1939: 197; Doi, 1943: 169; Asahina, 1989a: 13. Type locality: Nikolsk Ussuriski.

Copera marginipes: Doi, 1932: 69.

Copera foliacea: Doi, 1937: 20.

형태 배 길이 33mm, 뒷날개 길이 22mm 안팎으로 수컷의 가운데와 뒷다리에 밥풀 모양의 흰 구조물이 달려 있다. 뒷머리는 검고, 겹눈과의 사이에 가느다란 청백색 띠가 있다. 어깨선에서 보이는 청백색 선은 가늘다. 배의 윗부분은 흑갈색이고, 아래 부분이 푸른 기가 있는 흰색이다. 수컷은 아래부속기가 길며 옅은 갈색을 띤다. 암컷은 제8, 9배마디 부분이 굵어진다.

생태 평지와 산지에서 주변의 식생이 좋고 수생식물이 무성한 못과 소류지, 습지, 흐름이 조금 느린 하천 중류에서 산다. 5~9월에 보인다. 날개돋이 후, 물가를 떠나 멀지 않은 주위에서 먹이사냥을 하고, 성숙해지면 물가로 돌아온다. 수컷은 수시로 암컷을 쫓아다닌다. 수컷은 배 끝 부속기로 암컷의 앞가슴 등을 붙잡고 똑바로 선 자세로 암컷과 짝짓기 하며, 이 때 암컷은 식물의 줄기 속에 알을 낳는다.

분포 한국(전국), 중국 동북부, 러시아 극동 지역

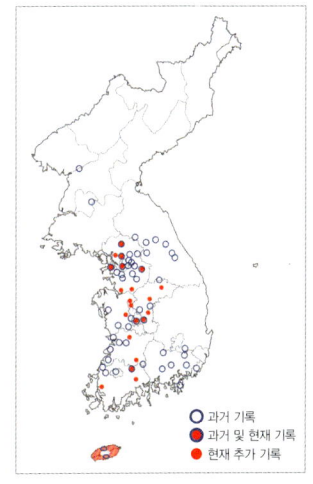

〈♀ 성숙(위), 미숙(아래), 경기 용인〉

⟨♂ 경기 용인⟩

어원 우리 이름은 '다리에 달린 밥풀 같은 구조물'을 뜻하며, 이승모(1996)가 지었는데, 원래는 조복성(1958)이 방울실잠자리라고 했다. 이승모 선생은 생전에 이 구조물을 방울보다 밥풀이 붙은 모습으로 보는 것이 더 어울린다고 말했던 기억이 난다. 여기에서도 이에 따른다. 종 이름(*phyllopoda*)은 'phyllo (나뭇잎 모양)와 poda (발)'의 합성어로, 다리의 구조물을 나타낸다. 속 이름(*Platycnemis*)은 'platy (편평한)와 cnemis (다리)'의 합성어이다.

분류 Doi (1932)는 평양과 서울, 경기도 삼성산, 경상북도 청도, 유천에서 채집한 개체들로 *Copera marginipes*를 기록했고, 다시 Doi (1937)가 *Copera foliacea*로 수정하였지만 모두 오동정이다. 따라서 우리나라 첫 기록은 Asahina (1939)라 할 수 있다.

▲ 짝짓기(경기 연천, 2018. 6. 25)

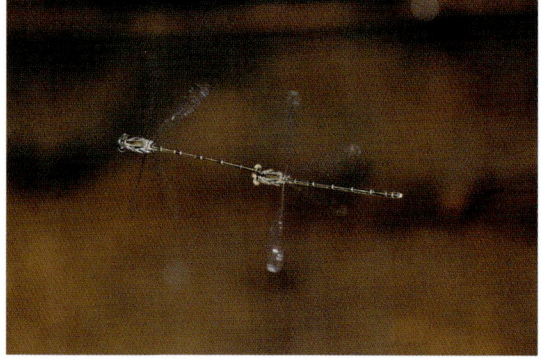
▲ 짝짓기 비행(경기 용인, 2017. 6. 15)

▲ 알 낳기(경기 용인, 2017. 6. 15)

▲ 짝짓기 무리(경기 광주, 2014. 5. 26)

ENG **Asiatic Featherleg**

Size AL: 33mm, HL: 22mm.

Flight period May to September (univoltine).

Habitat Slow-running or stagnant ponds.

Distribution Korea, China (NE), Russia (Ussuri).

Status Quite common.

Remarks Unlike the common name for this species (Featherleg), the meaning of its Korean name is 'grains of cooked rice on its legs.'

Genus *Pseudocopera* Fraser, 1922

Pseudocopera Fraser, 1922, Mem. Dep. Agric. Ind. 7, 56.

Type species: *Psilocnemis annulata* Selys, 1863.

***Pseudocopera*속의 종 검색표**

어깨선은 뚜렷하다. 배 위의 검은 무늬는 수컷은 제8배마디까지, 암컷은 제9배마디 앞부분에서 끝난다. -------- 자실잠자리

수컷의 어깨선은 없고, 암컷은 가늘다. 배 위의 검은 무늬는 수컷은 제9배마디까지, 암컷은 제10배마디까지 이른다. - 큰자실잠자리

〈자실잠자리와 큰자실잠자리의 비교〉

자실잠자리 *Pseudocopera annulata* (Selys, 1863)

Psilocnemis annulata Selys, 1863, Synopsis des Agrionines, Add. 4: 28; Ishida, 1996: 185. Type locality: "Shanghai (China)".

Copera annulata: Doi, 1943: 169; Asahina, 1989a: 13; Lee, 1996: 81; Jung, 2007: 248; Kim, 2011: 40.

형태 배 길이 36mm, 뒷날개 길이 22mm 안팎으로 뒷머리의 검은 무늬에는 옅은 색 부분이 보인다. 어깨선은 완전하며, 그 위의 뒷부분에 초승달 모양의 흰 부분이 있다. 제3~7배마디 위의 검은 무늬는 앞쪽에서 일정한 간격으로 끊어지고 이것이 줄자의 눈금처럼 보인다. 수컷의 배 끝 부속기는 청백색이고, 암컷은 이 부분의 색이 상대적으로 옅다.

생태 평지에서 나무그늘이 있으며 수생식물이 무성한 연못과 습지, 소류지, 방죽에서 산다. 6~9월 초에 보인다. 날개돋이 후, 물가를 떠나 먹이사냥을 한다. 수컷은 오전 중에 암컷을 쫓아다닌다. 수컷은 암컷과 짝짓기한 후 똑바로 선 자세가 되면 암컷은 수면 가까이의 줄기와 연잎 속에 알을 낳는다.

분포 한국(중부와 남부의 일부 지역), 일본, 중국(중부, 서부), 타이완, 인도차이나, 말레이시아, 인도네시아

어원 우리 이름은 '길이를 재는 자가 배에 있는'을 뜻하며, 이승모(1996)가 지었다. 원래는 조복성(1958)이 '넓적다리실잠자리'라고 하였다. 종 이름(*annulata*)은 '고리 무늬가 있다'라는 뜻이다. 속 이름(*Pseudocopera*)은 'pseud (가짜)와 copera (배 젓는 노를 갖춘)'의 합성어이다.

분류 Doi (1943)는 서울(태릉, 창동)에서 채집한 개체로 처음 기록하였다. 당시의 태릉과 창동은 행정구역상 경기도에 속했다. 원래 *Copera*속이었던 이 종과 다음 종은 Dijkstra et al. (2013)의 분자 연구에 따라 이 속(*Pseudocopera*)으로 옮겨졌다.

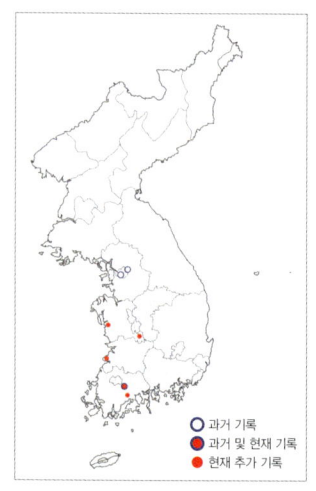

▲ 수컷(전남 화순, 2011. 8. 10)

▲ 암컷(충남 금산, 2019. 7. 24)

▲ 짝짓기(충남 금산, 2019. 7. 24)

▲ 알 낳기(충남 금산, 2019. 7. 24)

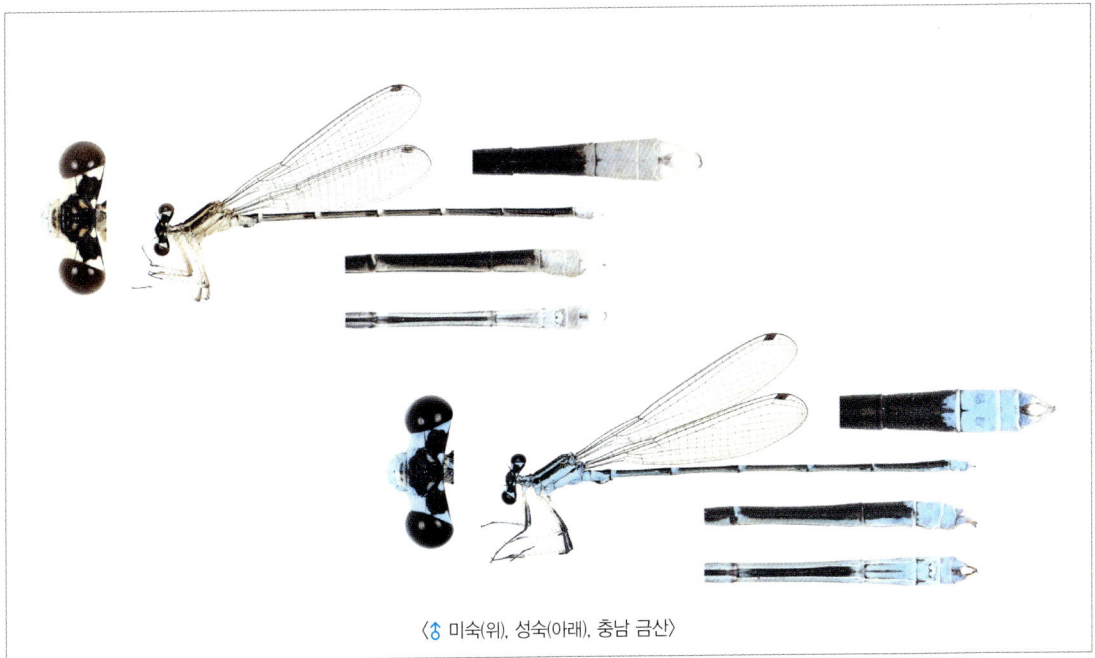

〈♂ 미숙(위), 성숙(아래), 충남 금산〉

〈♀ 미숙(위), 성숙(아래), 충남 금산〉

ENG White-kneed Featherleg

Size AL: 36mm, HL: 22mm.

Flight period June to early September (univoltine).

Habitat Large rivers, ponds, and lakes.

Distribution Korea (C, S), Japan, China (C, W), Taiwan, Indo-China, Malaysia, Indonesia.

Status Rare. It is a very common species in Japan but we were only able to find them in two colonies in Korea: Prov. Chungcheong and Jeolla.

큰자실잠자리 *Pseudocopera tokyoensis* (Asahina, 1948)

Copera tokyoensis: Asahina, 1948, Mushi 18: 103; Asahina, 1989a: 13; Lee, 2001: 55. Type locality: Japan.

형태 배 길이 37mm, 뒷날개 길이 23mm 안팎으로 자실잠자리와 닮았으나 어깨선은 거의 보이지 않고, 제9, 10배마디까지 검은색인 것이 다르다. 수컷의 배 끝 아래부속기는 뒷부분이 파란 기가 있는 흰색이고, 암컷은 끝까지 검다. 암컷의 배끝털은 희다.

생태 평지에서 갈대와 부들이 많고, 연 같은 부엽식물이 무성한 못과 습지에서 사는데, 갈대 사이의 조금 어두운 곳에 잘 모인다. 6~9월 초에 보인다. 수컷이 똑바로 선 자세로 암컷과 짝짓기 하며, 이 때 암컷은 수생식물의 잎 뒤에 알을 낳는데, 때때로 수컷과 떨어져 홀로 낳기도 한다.

분포 한국(중부, 남부의 일부 지역), 일본, 중국(양자강 유역), 러시아 극동 지역

어원 우리 이름은 '자실잠자리보다 크다'를 뜻하며, 이승모(1996)가 지었다. 종 이름(*tokyoensis*)은 '최초의 발견지인 일본 동경'을 뜻한다.

분류 Asahina (1948)는 서울 청량리에서 채집한 개체로 처음 기록하였다.

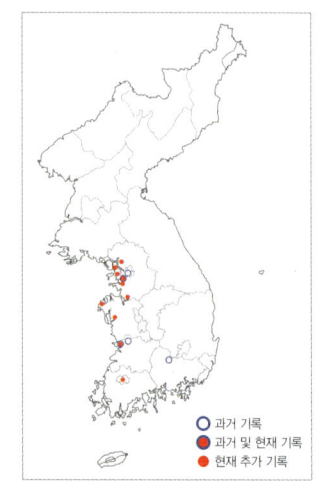

▲ 암컷(경기 파주, 2014. 7. 2)

▲ 짝짓기(경기 김포, 2014. 7. 10)

▲ 짝짓기 중 수컷의 정자 옮기는 과정(경기 김포, 2014. 7. 10)

▲ 알 낳기(경기 파주, 2014. 7. 2)

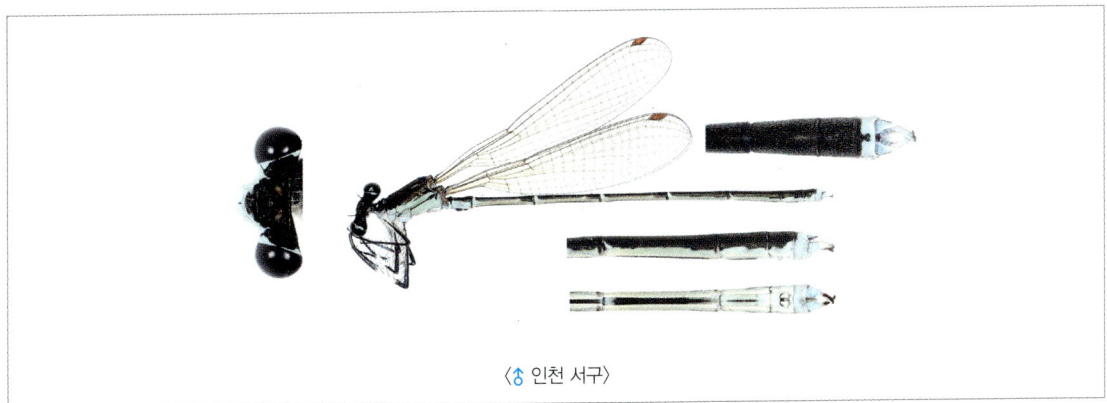

〈♂ 인천 서구〉

〈♀ 미숙(위), 성숙(아래), 인천 서구〉

ENG **Grand White-kneed Featherleg**

Size AL: 37mm, HL: 23mm.

Flight period June to early September (univoltine).

Habitat Shaded ponds and wetlands.

Distribution Korea (C, S), Japan, China (Yangtze River).

Status Rare.

실잠자리아목(Zygoptera)
실잠자리과 Family Coenagrionidae Kirby, 1890

실잠자리아목 중에서 소, 중형으로, 날개밑에 잎자루 모양의 부분은 밥풀실잠자리과와 청실잠자리과처럼 뚜렷하지 않다. 네모방은 외후각이 예리하고 뾰족한 부등변 띠 모양으로, 제3경협맥(IR3)의 분기점은 매듭 가까이 있다. 전 세계에 분포하고, 1,000여 종 이상이 알려져 있고, 우리나라에는 20종이 있다.

어른벌레는 색과 무늬로만으로도 쉽게 동정할 수 있다. 겹눈은 커서 머리의 대부분을 차지하고, 눈뒷무늬가 뚜렷하다. 수컷은 제8~10배마디에 파란색 무늬가 있다. 암컷은 미숙할 때 등적색이다가 성숙해지면 색이 더 짙어진다. 또 수컷과 닮은 색이거나 딴 색과 다른 무늬를 갖는 다형현상을 나타낸다. 날개돋이는 낮에 하며 곧선형으로 한다.

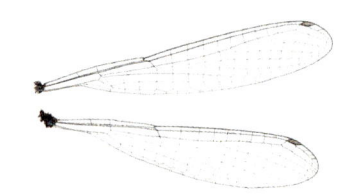

〈실잠자리과의 날개맥〉

실잠자리과(Coenagrionidae)의 속 검색표

1. a 몸은 금속광택이 있는 푸른색이다. ――――――――――――――――――――――――― Nehalennia
   b 몸은 금속광택이 있는 푸른색이 아니다. ――――――――――――――――――――――――― 2
2. a 전액에 뚜렷한 모난 부분이 있다. 날개가슴의 무늬는 뚜렷이 옅다. 배는 노란색, 황록색, 등적색이다. ―――― Ceriagrion
   b 전액에 뚜렷한 모난 부분이 없다. 날개가슴은 검은 줄이 있거나 무늬 없이 옅은 갈색이다. ―――――――― 3
3. a 눈뒷무늬가 없다. ―――――――――――――――――――――――――――――――― Mortonagrion
   b 눈뒷무늬가 있다. ―――――――――――――――――――――――――――――――――― 4
4. a 눈뒷무늬는 좌우가 이어진다. ――――――――――――――――――――――――――― Aciagrion
   b 눈뒷무늬는 좌우가 떨어진다. ―――――――――――――――――――――――――――――― 5
5. a 날개가슴의 제1가슴선 위 무늬가 숟가락 모양이거나 원형이지만 끊어진다. ――――――――――――― 6
   b 날개가슴의 제1가슴선 위 무늬는 커지지 않는다. ――――――――――――――――――――――― 7
6. a 수컷의 제2배마디의 검은 무늬는 앞 가장자리에서 없다. 암컷의 앞가슴 뒤로 돌출 부분이 있다. ――――― Coenagrion
   b 수컷의 제2배마디의 검은 무늬는 앞 가장자리까지 이른다. 암컷의 앞가슴 뒤에 돌출 부분이 없다. ―――― Cercion
7. a 눈뒷무늬는 작으나 거의 둥글고 삼각형이다. 수컷의 제10배마디 끝에서 뒤로 돌기가 있다. ―――――――― Ischnura
   b 눈뒷무늬는 크고 변화가 심하다. 수컷의 가슴과 배의 대부분은 청백색이다. 암컷은 검어지는 경향이 있다. ――― Enallagma

Genus *Nehalennia* Selys, 1850

Nehalennia Selys, 1850, Revue des Odonates: 172.

Type species: *Agrion speciosum* Charpentier, 1840.

→ 청동실잠자리 *Nehalennia speciosa* (Charpentier, 1840)

Agrion (Ishunura) speciosa Charpentier, 1840, Lebell. Europe, Lipsiae: 151. Type locality: Germany.
Nehalennia speciosa: Doi, 1943: 170; Asahina, 1989a: 10.

생태 북한의 고위도의 한랭한 고산 습지에서 산다. 6월 말~9월에 보인다.
분포 한국(양강도, 평안도), 일본, 사할린, 러시아 극동 지역-유럽
어원 우리 이름은 '청동색의 실잠자리'라는 뜻이다. 종 이름(*speciosa*)은 '아름다운'을 뜻한다. 속 이름(*Nehalennia*)은 '게르만 시기에 벨기에에서 숭배하던 여신'을 뜻한다.
분류 Doi (1943)는 양강도 백암군의 대택에서 채집한 개체로 처음 기록하였다. 해발 1,700m의 넓은 백두용암대지의 남부에는 대택(大澤)이라는 드넓은 습지가 있다. 물이 잘 빠지지 않는 풍화된 현무암 토양 때문에 자연 늪지대로 이루어져 있다. 이 종을 일본의 국립과학박물관에 보관된 Asahina 채집품 중에서 발견하지 못했다.

▲ 수컷(러시아 모스크바, 2012. 6. 21)

▲ 짝짓기(러시아 모스크바, 2015. 6. 19)

Pygmy Damsel (Sedgling)

Flight period Late June to September (univoltine).
Habitat Pools, bogs, marshes and shallow borders of acidic, nutrient-poor water bodies.
Distribution Korea (N), Japan, China (N), Russia.
Status Unknown.

Genus *Ceriagrion* Selys, 1876

Ceriagrion Selys, 1876, Synopsis des Agrionines, Add. 5: 235.

Type species: *Agrion (Pyrrhosoma) cerinorubellum* Brauer, 1865.

*Ceriagrion*속의 종 검색표

1. a 수컷은 배가 붉은색이고, 암컷은 등황색 또는 황갈색이다. -------------------------------- 2
   b 수컷은 배가 노란색이고, 암컷은 황록색이다. ------------------------------ 노란실잠자리
2. a 수컷 아래부속기는 위부속기보다 조금 길다. 암컷 배 위에 뚜렷한 무늬가 없다. ----------- 연분홍실잠자리
   b 수컷 아래부속기는 위부속기보다 뚜렷이 길고, 끝이 가늘게 튀어나온다. 암컷은 제8~10배마디 위에 검은 무늬가 있다.
      -- 새노란실잠자리

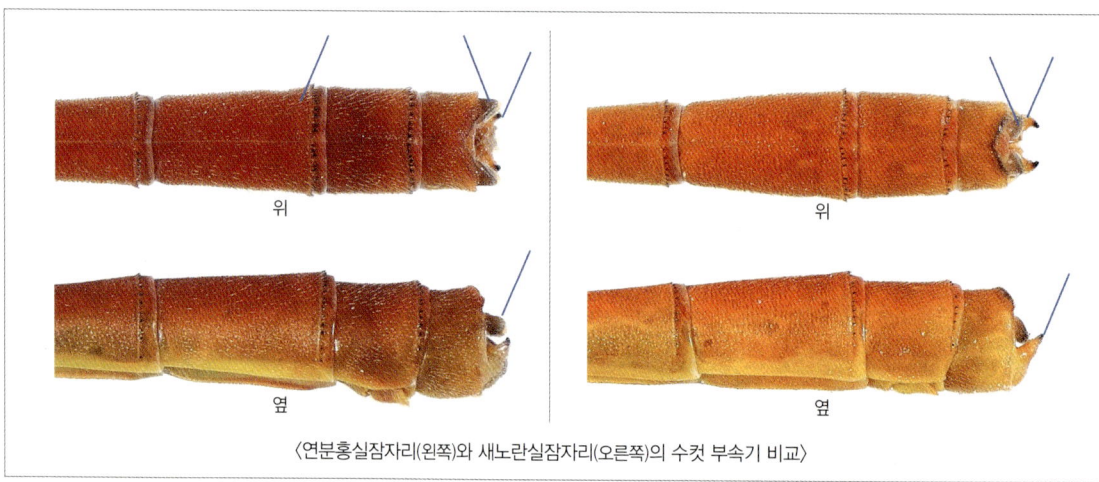

〈연분홍실잠자리(왼쪽)와 새노란실잠자리(오른쪽)의 수컷 부속기 비교〉

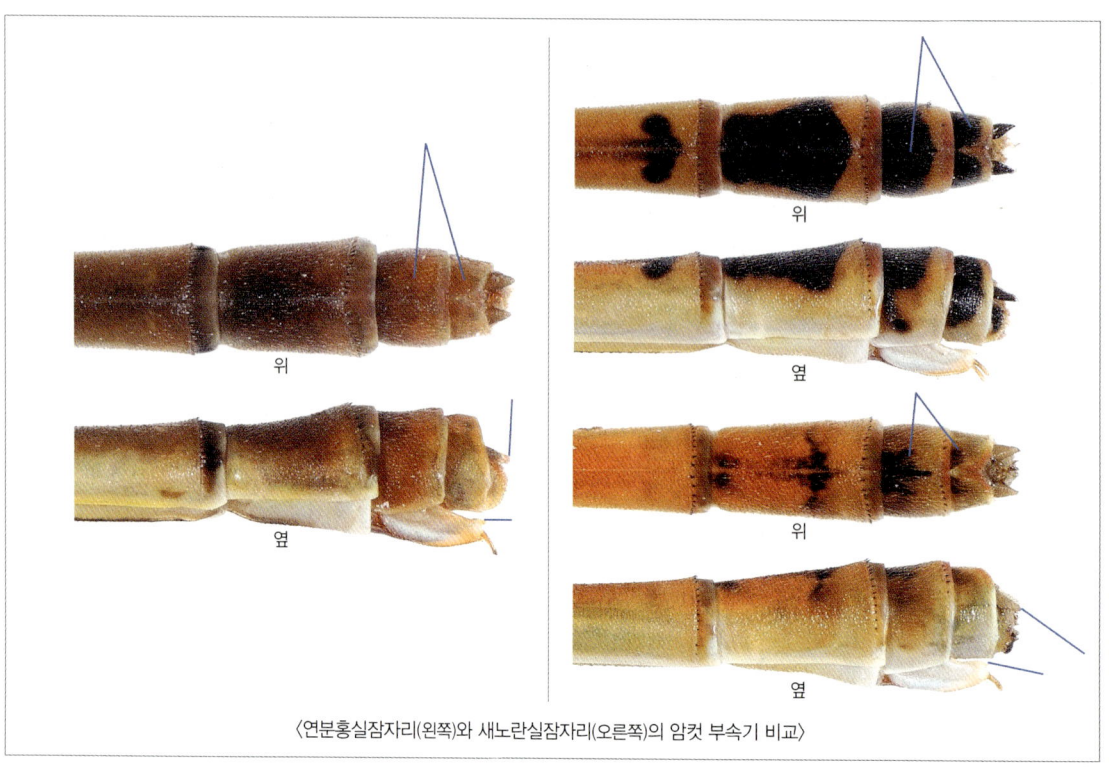

〈연분홍실잠자리(왼쪽)와 새노란실잠자리(오른쪽)의 암컷 부속기 비교〉

노란실잠자리 *Ceriagrion melanurum* Selys, 1876

Agrion (Ceriagrion) coromandelianum race melanurum Selys, 1876, Synopsis des Agrionines, Add. 5: 239. Type locality: Japan, Shanghai.

Ceriagrion melanurum: Okamoto, 1924: 52; Doi, 1932: 69; Asahina, 1989a: 10.

형태 배 길이 27mm, 뒷날개 길이 18mm 안팎으로 얼굴과 머리, 가슴은 황록색이고, 배는 노란색이다. 수컷은 제7~10배마디 위의 검은 무늬가 뚜렷하다. 암컷은 이 검은 무늬가 보이지 않고, 전체가 푸른색을 띤다.

생태 평지에서 추수식물이 있고, 가래와 자라풀 등의 부유식물이 많은 얕은 웅덩이, 습지 주변에 살며, 때로는 낮은 산지에 있는 작은 못에도 보인다. 5~10월에 보인다. 수컷은 물가 주변에서 노란색 때문에 눈에 잘 띄며, 낮게 천천히 날아다닌다. 이 광경은 작고 노란 막대기가 가로로 조금 떨면서 떠다니듯 보인다. 암컷은 똑바로 선 자세인 수컷과 짝짓기한 채로 가래 같이 넓적한 잎에 알을 낳는다.

분포 한국(제주도, 내륙), 일본, 중국(시추완, 후키엔), 타이완, 태국, 수마트라

어원 우리 이름은 '노란 몸 색'에 따른 이름이고, 종 이름(*melanurum*)은 '검다'라는 뜻으로, 배 끝의 검은 부분을 강조하여 지은 듯하다. 속 이름(*Ceriagrion*)은 'ceri (밀랍이 붙은)와 Agrion (실잠자리)'의 합성어로, 생김새가 연약하게 보이는 데에서 유래하였다.

분류 Okamoto (1924)는 제주도에서 채집한 개체로 처음 기록하였다.

▲ 수컷(경기 평택, 2014. 7. 17)

▲ 암컷(경기 용인, 2012. 7. 4)

▲ 짝짓기(경기 평택, 2014. 7. 17)

▲ 알 낳기(경기 용인, 2014. 7. 17)

⟨♂ 성숙(위), 미숙(아래), 경기 용인⟩

⟨♀ 성숙(위), 미숙(아래), 경기 용인⟩

Yellow-tailed Sprite

Size AL: 27mm, HL: 18mm.

Flight period May to October (univoltine).

Habitat Shallow marsh or ponds near mountains.

Distribution Korea, Japan, China (Sichuan, Fukien), Taiwan, Thailand, Sumatra.

Status Common.

연분홍실잠자리 *Ceriagrion nipponicum* Asahina, 1967

Ceriagrion nipponicum Asahina, 1967, Jap. J. Zool. 15: 302; Miyazaki, 1986: 67; Asahina, 1989a: 10; Jung, 2007: 222. Type locality: Japan.

형태 배 길이 30mm, 뒷날개 길이 20mm 안팎으로 수컷의 겹눈은 미숙할 때 풀색이고, 성숙해지면 주황색이다. 수컷의 몸 색은 짙은 주황색이고, 암컷은 가슴이 풀색, 배가 옅은 갈색을 띤다. 암컷은 다음 종과 닮았으나 배 끝 위의 검은 무늬가 이 종에서 없다. 수컷의 배 끝 위부속기를 위에서 보면 삼각형이고, 아래부속기가 위부속기보다 조금 긴 점으로 다음 종과 구별할 수 있다.

생태 평지에서 추수식물과 가래, 마름, 자라풀 등이 무성한 비교적 오래된 못 주위와 물이 차 있는 묵논, 습지에서 산다. 5월 중순~10월에 보인다. 이어진 채로 암컷이 수면에 있는 식물의 줄기 속에 알을 낳는다. 이런 습성은 앞 종과 거의 같다.

분포 한국(중부와 남부의 서쪽 지역), 일본, 중국 중부

어원 우리 이름은 '몸 색을 강조한 것'으로 보이며, 김정환(1998)이 지었다. 종 이름(*nipponicum*)은 '일본의'라는 뜻이다.

분류 Miyazaki (1986)는 전라남도 광산군 상월리(Sanworni)에서 채집한 개체로 처음 기록하였다.

▲ 수컷(충북 진천, 2011. 7. 4)

▲ 암컷(경기 평택, 2018. 7. 4)

▲ 짝짓기(충남 금산, 2019. 7. 24)

▲ 알 낳기(경기 평택, 2018. 7. 4)

〈♂ 경기 광주〉

〈♀ 경기 광주〉

ENG **Pale Orange-tailed Sprite**

Size AL: 30mm, HL: 20mm.

Flight period Mid-May to October (univoltine).

Habitat Ponds with plenty of aquatic plants and wetlands.

Distribution Korea (C, S), Japan, China (N).

Status Less common.

새노란실잠자리 *Ceriagrion auranticum* Fraser, 1922

Ceriagrion auranticum Fraser, 1922, J. Nat. Hist. Soc. Siam, 4: 236; Lee, 1996: 75; Lee, 2001: 48; Lee, 2006: 17.
  Type locality: Bangkok.

형태 배 길이 33mm, 뒷날개 길이 26mm 안팎으로 앞 종과 닮았으나 수컷의 몸은 오렌지색으로 상대적으로 옅은데, 가슴이 풀색이고, 얼굴과 배가 주황색 기운이 감돈다. 암컷의 몸은 푸른 기가 있는 옅은 주황색이나 수컷과 한 색인 개체도 있다. 수컷이 배 끝 부속기를 위에서 보면 원주 모양으로 길고, 아래부속기가 위부속기의 2배 정도의 길이로, 비스듬하게 위로 솟아 튀어나온다. 암컷은 제7~10배마디 위에 검은 무늬가 있다.

분포 한국(제주도, 전라도), 일본 남부, 중국(중부, 남부), 타이완

생태 평지에서 흐름이 조금 있고 수생식물이 무성한 소류지와 습지에서 산다. 5월 중순~10월에 보인다. 알을 낳는 습성은 앞 종들과 거의 같다.

어원 우리 이름은 '노란실잠자리와 닮고, 더 늦게 발견된 종이어서 새롭다'라는 뜻으로 이승모(1996)가 지었다. 종 이름(*auranticum*)은 '오렌지색의' 뜻이다.

분류 이승모(1996)는 제주도 제주시 구좌읍 종달리에서 채집한 개체로 처음 기록하였다.

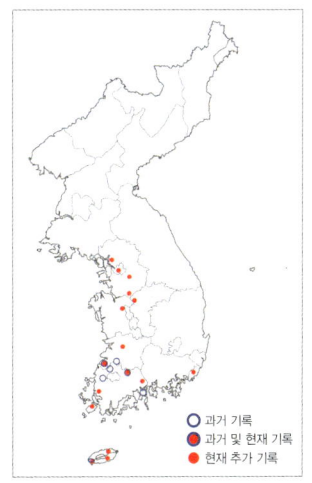

▲ 수컷(제주 조천, 2015. 5. 11)

▲ 암컷(제주 한경, 2013. 7. 8)

▲ 수컷의 정자 옮기기(제주 한경, 2013. 7. 8)

▲ 짝짓기(제주 한경, 2013. 7. 8)

〈♂ 경기 광주〉

〈♀ 경기 광주〉

ENG **Orange-tailed Sprite**

Size AL: 33mm, HL: 26mm.

Flight period Mid-May to October (univoltine).

Habitat Ponds or wetlands.

Distribution Korea (Is. Jeju, Prov. Jeolla), Japan (S), China (C, S), Taiwan.

Status Less common.

Genus ***Coenagrion*** Kirby, 1890

Coenagrion Kirby, 1890, Syn. Cat. Neur.-Odon., London: 148.

Type species: *Libellula puella* Linneaus, 1758.

*Coenagrion*속의 종 검색표

1. a 암컷의 배끝털 밑마디에 강한 이빨 돌기가 있다. --------------------------- 큰실잠자리
   b 암컷의 배끝털 밑마디에 강한 이빨 돌기가 없다. ----------------------------------- 2
2. a 갈라진 배끝털의 윗가지에 굵은 이빨돌기가 있다. ---------------------------------- 3
   b 갈라진 배끝털의 윗가지에 굵은 이빨돌기가 없다. ----------------------- 참실잠자리
3. a 배 끝 털은 항문옆판(paraprocts) 길이의 1/2이다. ------------------- 북방청띠실잠자리
   b 배 끝 털은 항문옆판 길이의 1/2보다 길다. -- 4
4. a 눈뒷무늬는 좁고, 쉼표 모양이다. ------------------------------------- 시골실잠자리
   b 눈뒷무늬는 거의 원형이다. -- 북방실잠자리

참실잠자리 *Coenagrion johanssoni* (Wallengren, 1894)

Agrion johanssoni Wallengren, 1894, Ent. Tidschr. 15: 267. Type locality: Suéde (Sweden).

Agrion ecornutum: Schmidt, 1938: 146. (Korea)

Agrion concinnum (nec Rambur, 1842): Asahina, 1989a: 12.

Agrion convalescens: Asahina, 1939: 198; Doi, 1943: 170; Cho, 1958: 355.

Agrion sp.: Doi, 1943: 170.

Coenagrion convalescens: Amateur Ent. Soc. Korea, 1986: 10; Kim, 1998: 60.

Coenagrion concinnum: Lee, 2001: 33; Lee, 2006: 14.

Coenagrion ecornutum: Lee, 2001: 35. (misidentification)

Coenagrion johanssoni: Tsuda, 1991: 29; Lee, 1996: 79; Jung, 2007: 176.

형태 배 길이 25mm, 뒷날개 길이 19mm 안팎으로 눈뒷무늬는 물방울 모양이다. 암수 모두 어깨선의 검은 선은 완전하며, 이 특징은 이 속의 공통된 특징이다. 수컷의 배 끝 아래부속기는 돌출한다. 암컷의 제8~10배마디의 일부만 검다. 한반도 북부의 고지대 개체군은 남부 개체군보다 작은 편이고, 색이 더 짙으며, 시베리아 등지의 개체들과 거의 같은 생김새이다(Asahina, 1989).

생태 평지와 낮은 산지에서 수생식물이 무성한 못과 묵논, 습지에서 산다. 5~7월에 보인다. 수컷이 똑바로 선 자세로 암컷과 짝짓기 한 상태 또는 암컷 홀로, 수면의 식물 줄기 속에 알을 낳는다.

분포 한국(중부), 몽골, 러시아-유럽 북부

어원 우리 이름은 '우리나라 실잠자리'라는 뜻이다. 종 이름(*johanssoni*)은 사람 이름으로 보이나 어떤 사람인지 구체적으로 찾지 못했다. 속 이름(*Coenagrion*)은 'coeno (공통의), agrion (제멋대로)'의 합성어이다.

분류 Schmidt (1938)가 'Korea'라는 라벨이 붙은 표본으로 시골실잠자리라고 기록한 것을 Asahina (1989a)가 참실잠자리(*concinnum* Rambur, 1842)로 정정하였으나 이 이름은 이종동명(Homonym)이어서, Tasuda (1991)가 바꾸어 기

록하였다. 한편 이승모(2001: 35, pl. 2, fig. 12)는 강원도 춘천에서 채집한 개체로 시골실잠자리라고 기록했던 적이 있으나 이 종으로 판단된다.

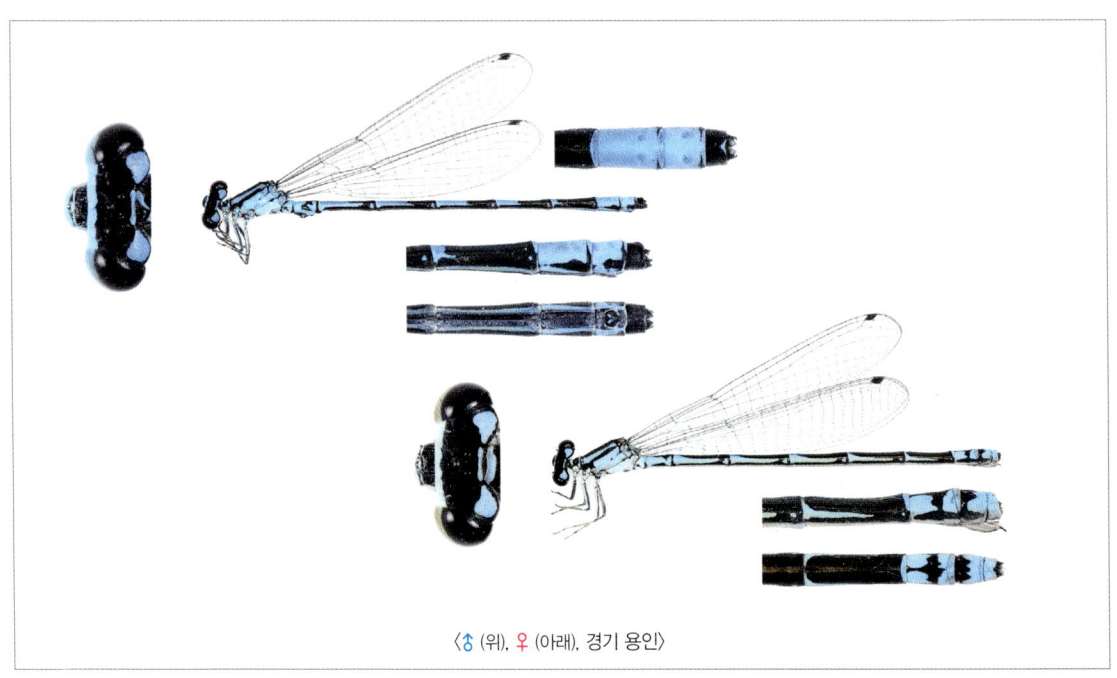

〈♂ (위), ♀ (아래), 경기 용인〉

▲ 수컷 미숙(서울 마포, 2013. 5. 1)

▲ 짝짓기(서울 마포, 2017. 6. 5)

▲ 짝짓기 비행(경기 용인, 2016. 5. 23)

▲ 짝짓기 비행(경기 평택, 2014. 5. 3)

ENG **Arctic Bluet**

Size AL: 25mm, HL: 19mm.
Flight period May to July (univoltine).
Habitat Ponds with plenty of aquatic plants and wetlands.
Distribution Korea (C), Mongolia, Siberia, Russia, Northern Europe.
Status Quite common.

북방실잠자리 *Coenagrion lanceolatum* (Selys, 1872)

Agrion lanceolatum Selys, 1872, Ann. Soc. Ent. Belg. 15: 43; Doi, 1943: 170; Asahina, 1989a: 12. Type locality: fleuve Amur et Irkutsk.

Coenagrion lanceolatum: Lee, 1996: 80.

형태 배 길이 27mm, 뒷날개 길이 21mm 안팎으로 눈뒷무늬는 물방울 모양이다. 제2배마디 위에는 스페이드 모양의 검은 무늬가 있다. 수컷의 배 끝 부속기는 튀어나오지 않는다. 암컷은 제8~10배마디 일부만 검다.

생태 산지에서 추수식물이 많은 비교적 오래된 습지와 물이 차 있는 묵논에 산다. 5월 말~8월 초에 보인다. 암수가 짝짓기 한 상태이거나 암컷 홀로 수면의 식물 줄기의 속과 가래 잎 등에 알을 낳는데, 앞 종과 습성이 거의 같다.

분포 한국(중부 이북), 일본, 중국 동북부, 러시아 극동 지역, 시베리아 동부, 사할린, 몽골

어원 우리 이름은 '북쪽에 사는 실잠자리'라는 뜻이다. 종 이름(*lanceolatum*)은 '창 끝 모양'이라는 뜻으로 수컷 배 끝의 스페이드 모양의 검은 무늬를 일컫는다.

분류 Doi (1943)는 평안북도 중암에서 채집한 개체로 처음 기록하였다. 이후 Asahina (1989a)는 석주명이 양강도 백암군 대택에서 채집한 개체로 다시 기록하였다.

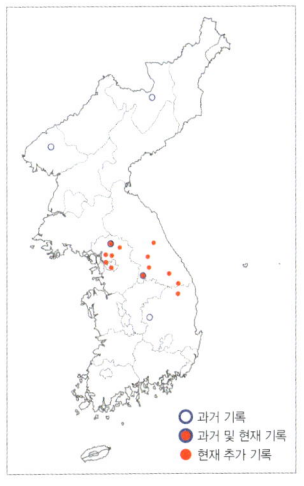

▲ 수컷(서울 상암, 2012. 6. 2)

▲ 암컷(서울 상암, 2012. 6. 2)

▲ 짝짓기(경기 연천, 2018. 6. 6)

▲ 알 낳기(경기 연천, 2018. 6. 6)

⟨♂ (위), ♀ (아래), 경기 연천⟩

ENG Northern Arctic Bluet

Size AL: 27mm, HL: 21mm.

Flight period Late May to early August (univoltine).

Habitat Relatively old wetlands and ponds.

Distribution Korea (C, N), Japan, China (NE), Sakhalin, Mongolia, East Siberia.

Status Rare.

→ 북방청띠실잠자리 *Coenagrion hastulatum* (Charpentier, 1825)

Agrion hastulatum Chapentier, 1825, Hor. Ent. Paris 20; Asahina, 1989a: 11. Type locality: Lapland (Europe).
Coenagrion hastulatum: Lee, 1996: 80.

형태 배 길이 27mm, 뒷날개 길이 21mm 안팎으로 눈뒷무늬가 있고, 뒷머리선도 나타난다. 제1가슴선은 시골실잠자리와 닮았으나 제2가슴선은 길고 가늘어서 다르다. 제2배마디 옆에 막대 모양의 작은 무늬가 엇갈려 보인다. 수컷 아래부속기가 위부속기보다 조금 긴 편이다.

생태 한반도 북부에 있는 한랭한 습지와 못에서 산다. 6월에 보인다. 특별히 관찰된 생태 기록은 없다.

분포 한국(양강도), 러시아 극동 지역, 구북구 북부

어원 우리 이름은 '북쪽에 살며, 파란(청)색 띠가 있는 실잠자리'라는 뜻으로 이승모(1996)가 처음 지었다. 종 이름 (*hastulatum*)은 '잎을 잇는 종려 잎자루 윗면에 있는 편평한 삼각형의 팽창한 부분'이라는 뜻으로 날개 모양을 염두에 둔 이름인 것 같다.

분류 Asahina (1989a)는 양강도 대택에서 채집한 개체로 처음 기록하였다.

〈♂ 양강도 대택〉

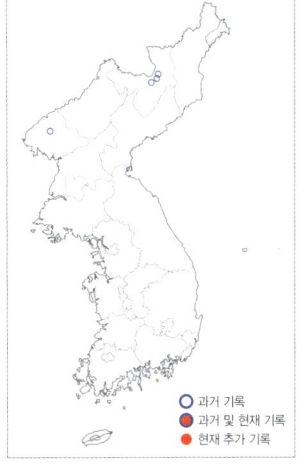

▲ 수컷(러시아 중부, 2018. 5. 29)

▲ 짝짓기(러시아 중부, 2018. 6. 12)

Spearhead Bluet

Size AL: 27mm, HL: 21mm.

Flight period Late May to late August (univoltine).

Habitat Variety of pools and lakes restricted to somewhat acidic and oligotrophic or mesotrophic sites. Also well-vegetated borders.

Distribution Korea (Prov. Yanggang), Northern areas of Palaearctic region.

Status Unknown. This species inhabits North Korea.

큰실잠자리 Coenagrion hylas (Trybom, 1889)

Agrion hylas Trybom, 1889, Bih. Svensk. Vet. Akad. Handl. 15 (4): 12; Doi, 1943: 170; Asahina, 1989a: 11. Type locality: Jenisei (Russia).

Coenagrion hylas: Lee, 1996: 80.

생태 한반도 북부의 높은 산지에서 수생식물이 무성한 습지에 산다. 6~7월에 보인다. 특별히 관찰된 생태 기록은 없다.

분포 한국(함경도, 양강도), 일본(북해도), 중국 동북부, 러시아 극동 지역-유럽 북부

어원 우리 이름은 '큰 실잠자리'라는 뜻이다. 종 이름(*hylas*)은 '그리스 신화의 헤라클레스의 전우'를 뜻한다.

분류 Doi (1943)는 함경남도 북산에서 채집한 개체로 처음 기록하였다. 이 종을 일본의 국립과학박물관에 보관된 아사히나 채집품 중에서 발견하지 못했다.

Siberian Bluet

Flight period July (univoltine).
Habitat Shallow pools and small lakes.
Distribution Korea (Prov. Hamgyeong, Yanggang), Japan (Hokkaido), China (NE), Russian Far East, Northern Europe.
Status Unknown. This species inhabits North Korea.

▲ 수컷(러시아 연해주, 2015. 8. 13)

▲ 암컷(러시아 연해주, 2017. 6. 21)

시골실잠자리 Coenagrion ecornutum (Selys, 1872)

Agrion ecornutum Selys, 1872, Ann. Soc. Ent. Belg. 15: 22; Asahina, 1939: 198; Asahina, 1989a: 12. Type locality: Règion de fleuve Amur.

Coenagrion ecornutum: Lee, 1996: 80.

형태 배 길이 24mm, 뒷날개 길이 16mm 안팎으로 이 속 중에서 가장 작다. 일본의 국립과학박물관에 보관된 아

사히나의 이 종의 채집품은 오래된 표본이어서 눈뒷무늬 등의 특징을 살피기 어려우나 어깨선과 그 아래 부분의 색과 짧은 제1, 2가슴선이 날개와 닿는 모습이 뚜렷하다.

생태 한반도 북부의 한랭지에서 습지와 그 주변 못에서 산다. 6월 중순~8월 초에 보인다. 특별히 관찰된 생태 기록은 없다.

분포 한국(함경도, 평안도, 자강도), 일본(북해도), 중국 동북부, 러시아 극동 지역, 사할린, 시베리아 서부

어원 우리 이름은 '시골에 사는 실잠자리'라는 뜻이다. 종 이름(*ecornutum*)은 '좁은 각을 지닌'으로 배 위의 잔 모양의 무늬에서 유래한다.

분류 Asahina (1939)는 자강도 강계와 평안북도 천마산[이승모(2001)는 경기도로 오해함]에서 채집한 개체로 처음 기록하였다. 한반도 북부(평안도, 자강도)에서도 희귀한 종으로 보인다(Asahina, 1989a).

〈♂ 자강도 강계〉

▲ 수컷(러시아 연해주, 2017. 7. 19)

▲ 암컷(러시아 연해주, 2017. 6. 19)

ENG Northern Bluet

Size AL: 24mm, HL: 16mm

Flight period Mid-June to early August (univoltine).

Habitat Rivers, swamps, and freshwater marshes.

Distribution Korea (Prov. Hamgyeong), Japan (Hokkaido), China (NE), Russian Far East, Sakhalin, West Siberia.

Status Unknown. This species inhabits North Korea.

Genus *Paracercion* Weekers et Dumont, 2004

Paracercion Weekers et Dumont, 2004, Odonatol. 33(2): 181.

Type species: *Agrion hieroglyphicum* Brauer, 1865.

*Paracercion*속의 종 검색표

1. a 눈뒷무늬는 작은 점 또는 가는 줄이다. --------------------------------------- 2
   b 눈뒷무늬는 크고, 서양배 모양 또는 삼각형이다. ---------------------------------- 3
2. a 어깨선은 잘 보이지 않는다. 어깨선의 검은 무늬는 완전하다. 수컷이 성숙해지면 흰 가루가 덮인다. ------ 등검은실잠자리
   b 어깨선은 뚜렷하고, 어깨선의 검은 무늬 속에 좁고 밝은 줄이 있다(특히 암컷). 수컷은 흰 가루로 덮이지 않는다. - 작은등줄실잠자리
3. a 수컷의 제8, 9배마디가 파란색이다. 암컷은 배 각 마디 앞 끝에 옅은 부분이 있다. 중형. --------------- 4
   b 수컷의 제7~9배마디에는 파란색이 없다. 암컷은 배 각 마디 앞 끝에 옅은 부분이 없다. 대형. ------- 큰등줄실잠자리
4. a 수컷의 배 끝 부속기는 위에서 보면 '八'자 모양으로 벌어진다. 암컷은 날개가슴 위의 중앙에 흰 선이 둘로 보인다. - 등줄실잠자리
   b 수컷의 배 끝 부속기는 위에서 보면 벌어지지 않는다. 암컷은 날개가슴 위의 중앙에 흰 선이 없고 검다. --- 대륙등줄실잠자리

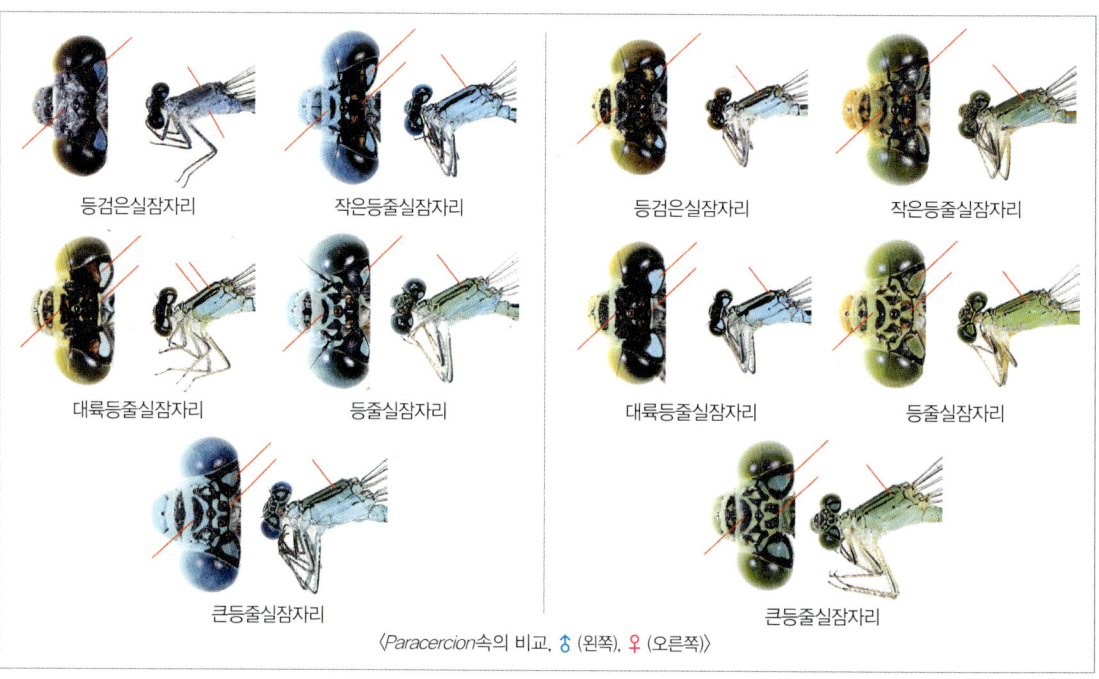

⟨*Paracercion*속의 비교, ♂(왼쪽), ♀(오른쪽)⟩

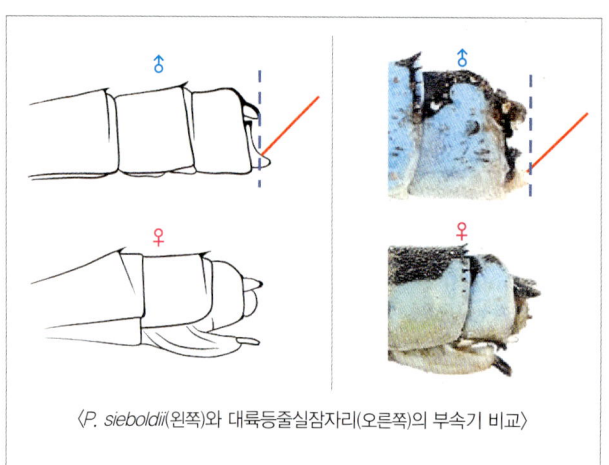

⟨*P. sieboldii*(왼쪽)와 대륙등줄실잠자리(오른쪽)의 부속기 비교⟩

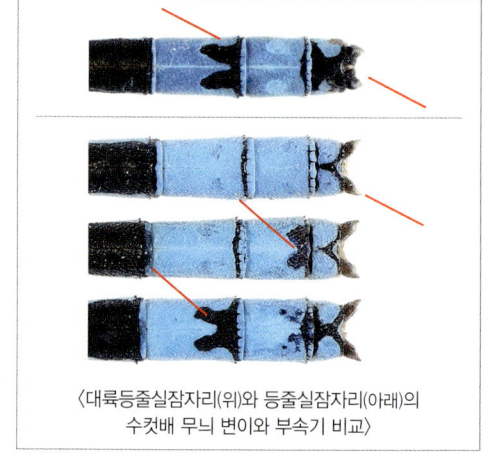

⟨대륙등줄실잠자리(위)와 등줄실잠자리(아래)의
수컷배 무늬 변이와 부속기 비교⟩

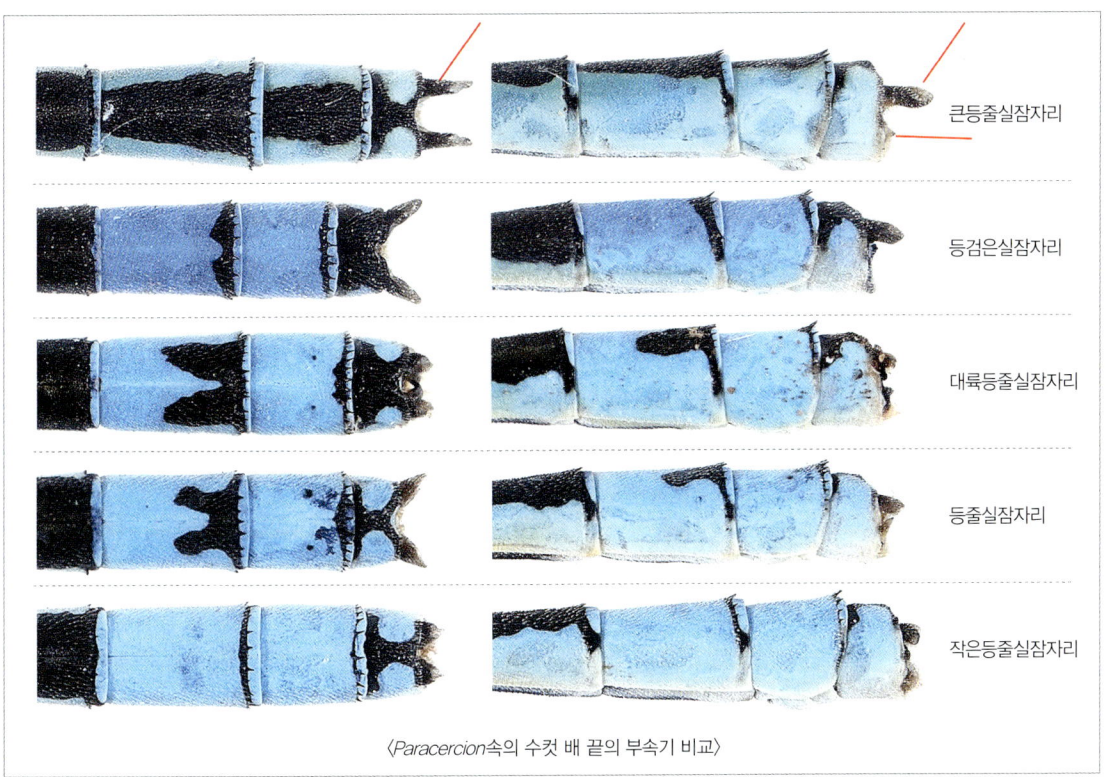

	큰등줄실잠자리
	등검은실잠자리
	대륙등줄실잠자리
	등줄실잠자리
	작은등줄실잠자리

〈*Paracercion*속의 수컷 배 끝의 부속기 비교〉

큰등줄실잠자리 *Paracercion plagiosum* (Needham, 1930)

Coenagrion plagiosum Needham, 1930, Zool. Sinica (A) 11: 268. Type locality: Hopei (China).
Cericion plagiosum: Asahina, 1989a: 11; Lee, 2001: 78; Lee, 2001: 31.
Paracericion plagiosum: Lee, 2006: 13.

형태 배 길이 32mm, 뒷날개 길이 23mm 안팎으로 몸은 미숙할 때 암수가 연두색으로 같다가 성숙해지면 수컷만 하늘색으로 바뀐다. 눈뒷무늬는 크고, 삼각형이다. 어깨선 위의 검은 띠에는 옅은 부분이 있어 등줄실잠자리와 닮았으나 훨씬 크다. 또 자세히 보면 수컷의 배는 하늘색, 암컷이 연두색인 점과 배가 굵은 점이 등줄실잠자리와 다르다. 수컷의 위부속기는 크고 길며, 위에서 보면 양 옆이 나란하다.

생태 평지에서 갈대와 수련이 가득한 인공 못과 습지에서 산다. 미숙할 때에는 갈대 사이에서 지내다가 성숙해지면 트인 못으로 나간다. 5월 말~9월에 보인다. 이어진 채로 수면 가까이의 물풀 줄기 속에 암컷이 알을 낳는다. 암수가 수평으로 이어져서 알을 낳는 습성은 이 속의 공통 특징이다.

분포 한국(김포, 파주, 연평도, 평양), 일본, 중국(중부, 북부), 러시아 극동 지역

어원 우리 이름은 '등줄실잠자리 중에서 가장 크다'라는 뜻으로, 이승모(1996)가 처음 지었다. 종 이름(*plagiosum*)은 '포식성이 강한 또는 강도와 같다'는 뜻으로, 사냥 실력이 출중해서 붙여진 듯하다. 속 이름(*Paracercion*)은 'para (닮음), cercion (꼬리 또는 생식기)'의 합성어이다. Weekers와 Dumont (2004)는 이 속

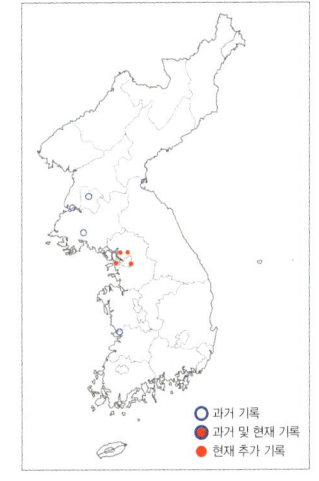

(*Paracercion*)이 동아시아에만 분포하고, *Cercion*속을 대체하는 동아시아 고유의 속이라고 설명하고 있다.

분류 Asahina (1989)는 석주명이 황해도 장수산에서 채집한 개체로 처음 기록하였다. 이승모(2001)가 기록했던 전라북도 지역에서는 현재 발견되지 않는다.

'*Paracercion*' 속은 원래 *Coenagrion* Kirby로 기재된 후 '*Cercion* Navás'의 속으로 옮겨졌다가, 최근 Weekers와 Dumont (2004)가 유전자 분석을 통해 새로 설정하였다.

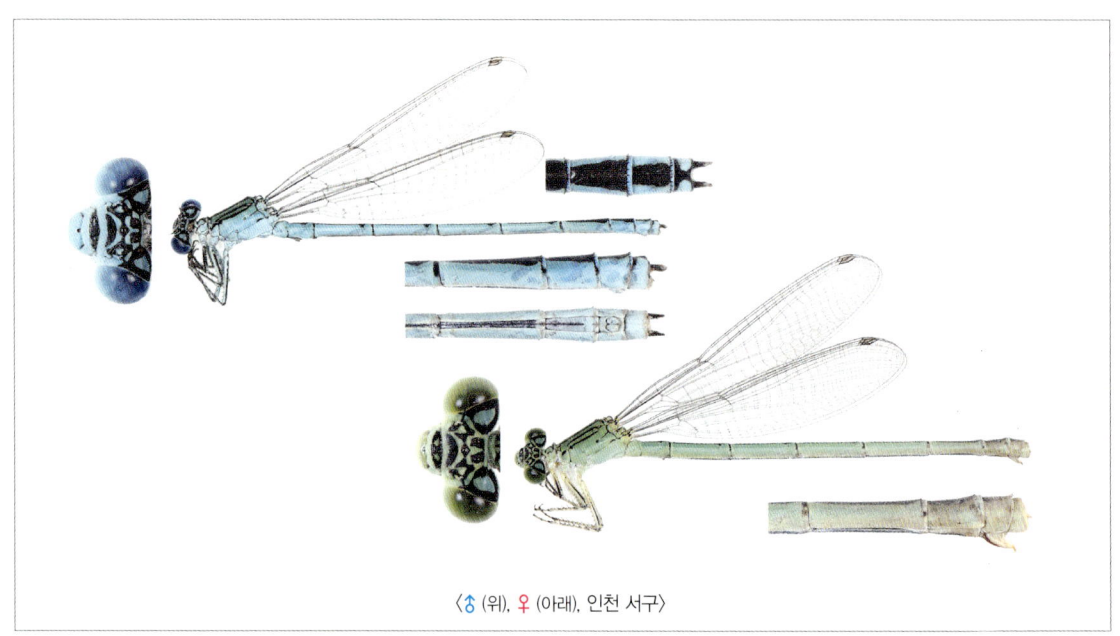

♂ (위), ♀ (아래), 인천 서구

▲ 수컷(경기 김포, 2011. 6. 6)

▲ 암컷(경기 김포, 2013. 6. 3)

▲ 짝짓기(경기 김포, 2011. 5. 30)

▲ 알 낳기(경기 김포, 2014. 7. 10)

ENG **Giant Lilysquatter**

Size AL: 32mm, HL: 23mm.
Flight period Late May to September (univoltine).
Habitat Edges of lakes and ponds.
Distribution Korea (Gimpo, Is. Yeonpyeongdo), Japan, China (C, N).
Status Very rare. Except for Paju (rare) and Bucheon (plentiful) of prov. Gyeonggi, there is not any additional record of observation data for this species.

등검은실잠자리 *Paracercion calamorum* (Ris, 1916)

Agrion calamorum Ris, 1916. Suppl. Ent. 5: 32; Doi, 1943: 171; Asahina, 1989a: 10. Type locality: Shanghai, Japan.
Cercion calamorum: Lee, 1996: 77; Lee, 2001: 26.
Paracercion calamorum: Lee, 2006: 12.

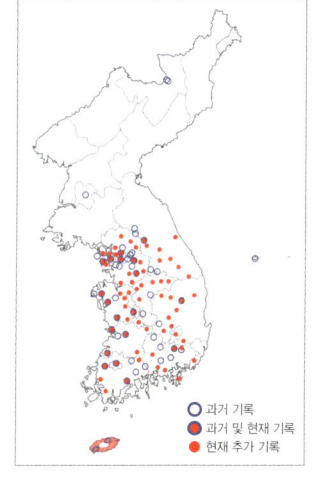

형태 배 길이 25mm, 뒷날개 길이 18mm 안팎으로 이 속의 종들 중에서 가장 검고, 눈뒷무늬가 가장 작은 원형이어서 쉽게 구별할 수 있다. 어깨선은 수컷에서 뚜렷하지 않다. 또 제8, 9배마디의 파란색 무늬도 검어지고 넓으며, 제10배마디 위는 완전히 검다. 수컷은 성숙해지면 청백색의 가루가 나타난다. 암컷은 연두색과 파란색 개체가 있으나 성숙해지면 암컷은 모두 파랗게 된다. 수컷의 위부속기는 길고, 위에서 보면 '八'자 모양으로 벌어진다. 봄의 개체가 조금 큰 편이다.

생태 평지에서 부엽식물이 무성한 못과 인공으로 만든 못, 습지에서 산다. 5~10월 초까지 보인다. 날개돋이를 마치면 주변 풀밭으로 이동하여 먹이사냥을 한다. 10여 일 지나면 성숙해지고, 몸에 흰 가루가 덮인 후 못으로 돌아온다. 이어진 채로 식물 줄기 속에 암컷이 알을 낳는데, 때때로 홀로 낳거나 물속에 잠긴 채로 알을 낳기도 한다.

분포 한국(울릉도를 뺀 전국), 일본, 중국(중부–북부, 동북부), 러시아 극동 지역, 타이완에서 인도까지

어원 우리 이름은 '등 부분이 검다'라는 뜻이고, 등줄실잠자리(이승모, 1996)의 딴 이름도 있다. 종 이름(*calamorum*)은 '갈대로 만든 꼬리'라는 뜻이다.

▲ 암컷(서울 마포, 2011. 6. 27)

▲ 암컷 딴색형(경기 광명, 2012. 5. 16)

▲ 짝짓기(서울 마포, 2015. 5. 25)

▲ 알 낳기(경기 오산, 2017. 6. 8)

분류 Doi (1932)는 경상북도 유천, 경기도 주안, 서울 태릉에서 채집한 개체로 처음 기록하였다. 과거 타이완에서 인도까지 기록되었던 *dyeri* Fraser, 1919는 이 종의 동종이명이다.

한색형

딴색형

미숙

성숙

〈♀ 경기 용인〉

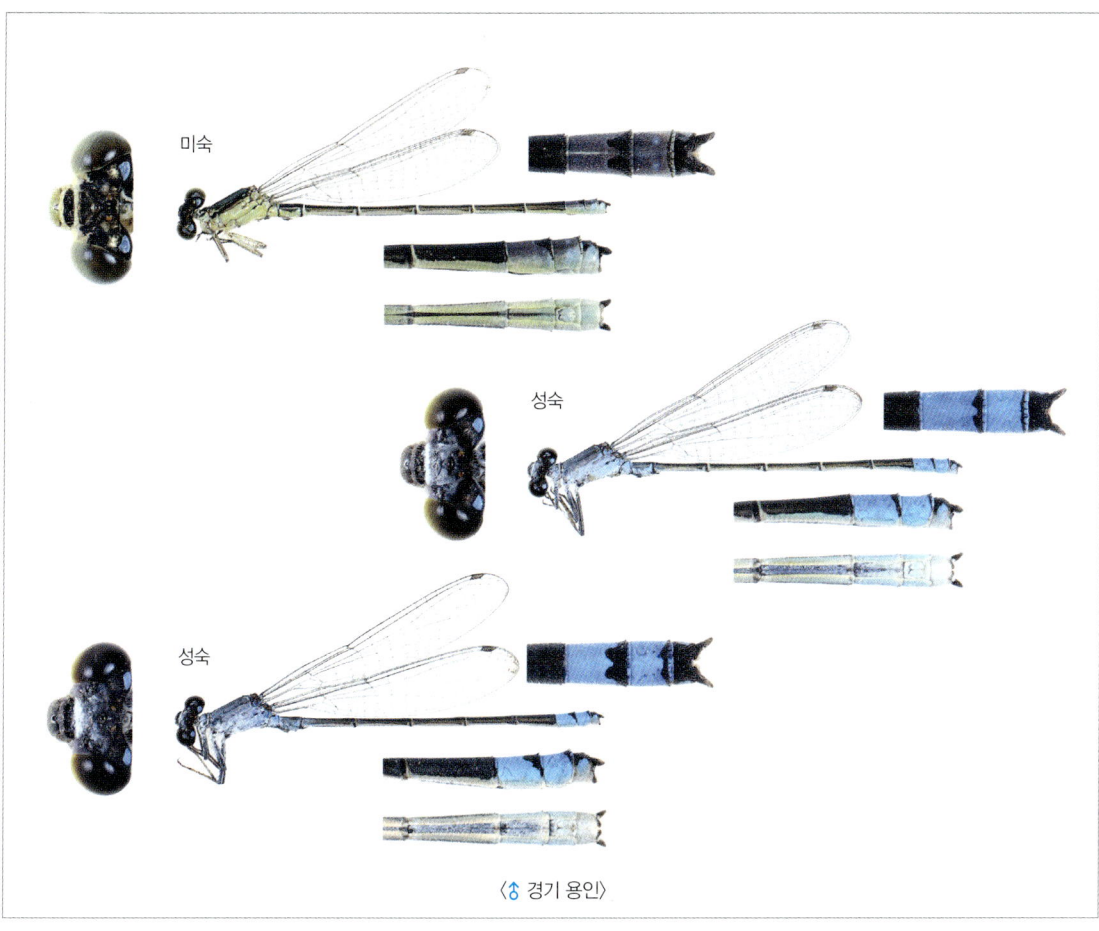

⟨♂ 경기 용인⟩

Dusky Lilysquatter

Size AL: 25mm, HL: 18mm.

Flight period May to October (univoltine).

Habitat Wetlands like ponds, marsh, rice fields and streams.

Distribution Korea, Japan, China (C, N, NE), Taiwan to India.

Status Quite common.

대륙등줄실잠자리 *Paracercion v-nigrum* (Needham, 1930)

Coenagrion v-nigrum: Needham, 1930, Zool. Sinica (A) 11: 269. Type locality: Szechwan (China).

Agrion sieboldii: Doi, 1932: 69.

Agrion v-nigrum: Doi, 1943: 170.

Cercion sp.: Miyazaki, 1986: 10.

Cercion v-nigrum: Asahina, 1989a: 11; Lee, 2001: 30.

Paracercion sieboldii: Jung, 2007: 196; Yum, Lee and Bae, 2010: 50; Bae, 2011: 42. (misidentification)

Paracercion v-nigrum: Bae, 2011: 44.

형태 배 길이 23mm, 뒷날개 길이 15mm 안팎으로 눈뒷무늬는 크고, 서양 배 모양이며, 어깨선은 뚜렷하다. 어깨선의 검은 선 안에 흰 무늬가 조금 들어간다. 수컷의 제3~6배마디 앞쪽에 옅은 부위가 넓은 편이다. 제9배마디는 파란색이고, 제8, 9배마디 위에 검은 무늬가 조금 있다. 수컷의 위부속기는 아래부속기와 거의 같은 길이이며, 아래부속기가 더 긴 일본의 *P. sieboldii*와 확실히 다르다(Dumont, 2004). 또 위에서 보면 거의 벌어지지 않아 다음 종과 다르다.

생태 평지와 낮은 산지의 수생식물이 무성한 못과 습지에서 사는데, 주변의 인공 수로와 개울에도 산다. 5~9월에 보인다. 못에서도 반 그늘진 부분을 더 좋아한다. 이 밖의 특징은 앞 종과 거의 같다.

분포 한국, 중국 중부, 러시아 극동 지역, 트랜스바이칼

어원 우리 이름은 원래 조복성(1958)이 왕실잠자리로 지었으나 Asahina (1989a)는 '대륙'을 넣은 일본 이름으로 *Paracercion sieboldii* (일본 이름의 뜻: 큰실잠자리)와 차이를 두었다. 이후 이승모(1996)가 아사히나의 일본 이름에서 유래한 대륙등줄실잠자리로 바꾸었다. '대륙에서 분포하는 등줄잠자리'라는 뜻으로 보인다. '왕'과 '큰'은 모두 크기를 염두에 둔 이름으로, 앞의 큰등줄실잠자리가 따로 있으므로, '왕'이 아닌 대륙에만 분포한다는 뜻으로 '대륙'을 넣는 것이 타당하다. 종 이름(*v-nigrum*)은 배 끝마디에 'V자 모양의 검은 무늬가 있다'는 뜻이다.

분류 Doi (1932)는 *Agrion sieboldii*라고 오동정하여 경기도 개성과 안산, 충청북도 충주에서 각각 채집한 개체로 기록하였고, 이후 1943년에 위의 학명으로 고쳐 처음 기록하였다. 이 과정에서 Asahina의 조언이 있었던 것으로 보인다.

▲ 수컷(경기 포천, 2012. 7. 10)

▲ 암컷(경기 포천, 2012. 7. 10)

▲ 짝짓기(경기 포천, 2012. 7. 10)

▲ 알 낳기(경기 포천, 2012. 7. 10)

Asahina (1989a)는 한반도의 개체의 생식기와 형태에 대해 처음 언급하였고, 한국 중부와 중국 중부에 분포한다고 하였다. 이승모(2001)도 *P. sieboldii*가 일본에만 분포하는 것으로 보았지만 양 종이 닮은 점이 많아 조심스럽게 한반도 개체군이 *P. sieboldii*의 아종으로도 다룰 수 있다고 하여 혼동한 측면도 있다. 이때까지의 상황을 정리하면 우리나라에는 대륙등줄잠자리(*P. v-nigrum*)만이 기록되어 있었다. 일본에 서식하는 *P. sieboldii*를 새로 기록하여 논쟁이 된 것은 정광수(2007)에 따른다. 정광수(2007)는 강원도 횡성군 둔내에서 채집한 수컷 1개체로 *P. sieboldii*라고 기록하였다. 이 개체는 제8~10배마디는 하늘색이고, 제8배마디의 위에 'V'자 무늬와 수컷 위부속기의 뻗는 방향이 다르다고 언급하였다. 하지만 생식기를 포함한 그의 분류 방식이 모호하다. 사실 이 종과 작은등줄실잠

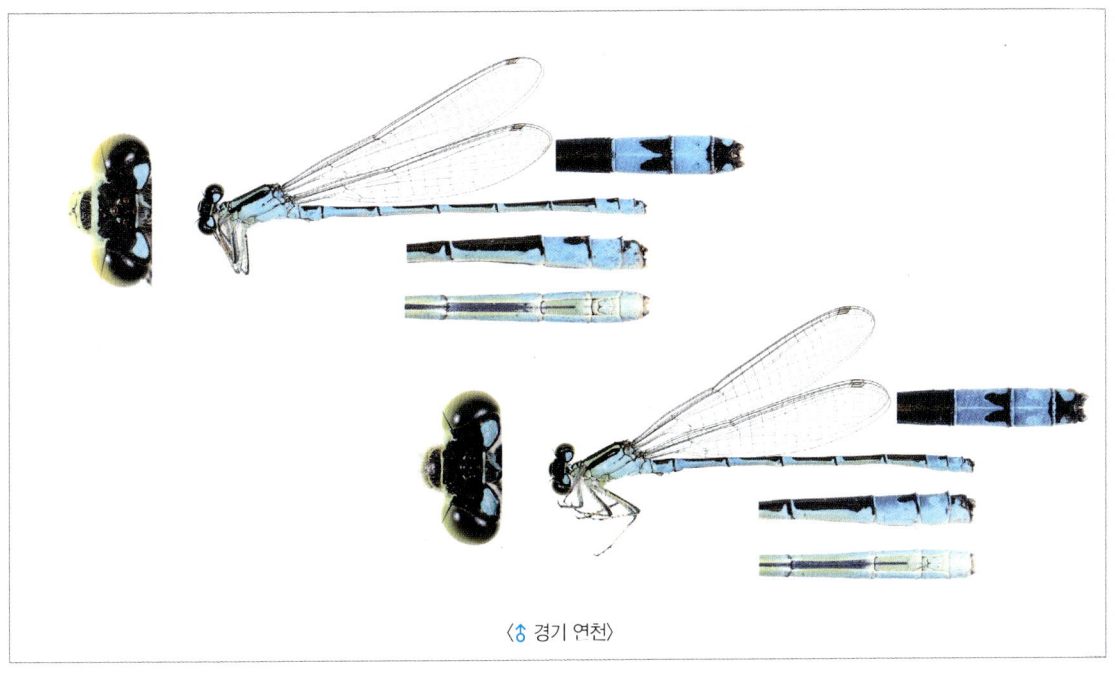

〈♂ 경기 연천〉

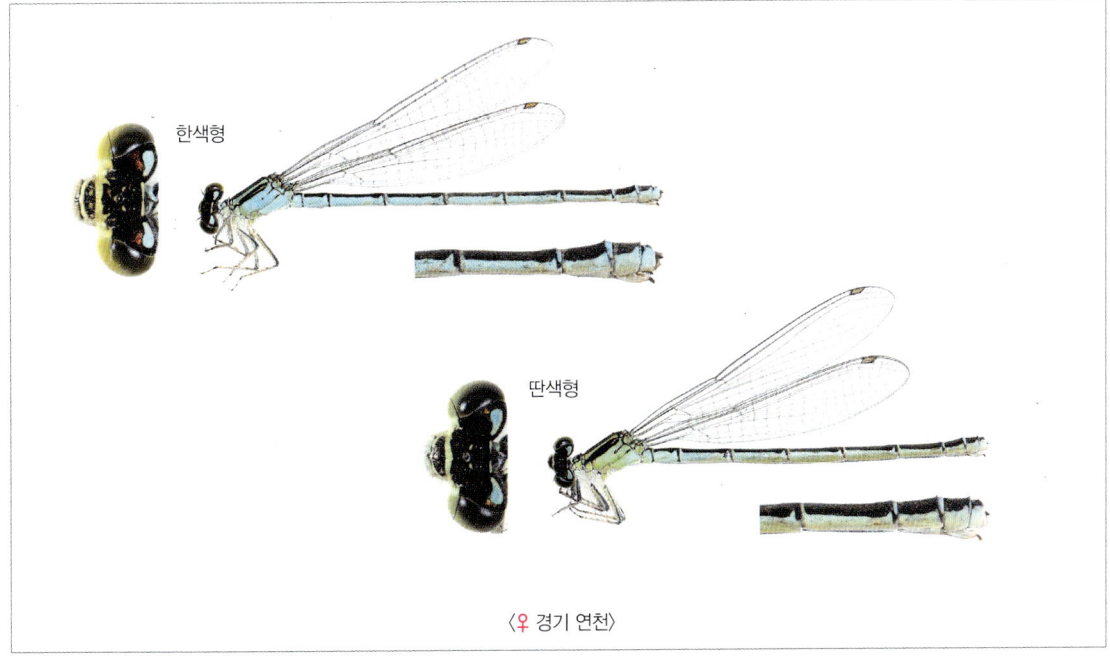

〈♀ 경기 연천〉

자리, 등줄실잠자리의 구별이 쉽지 않다. 또 배 끝마디 위의 'V'자 모양의 검은 무늬가 분류 형질이라기보다 어깨선과 정중선(등깃줄), 부속기의 구조가 더 중요한 형질이다. 가장 쉬운 동정 방법은 정중선을 보면 되는데, 어깨선 안의 흰 선이 있으면 'P. v-nigrum', 없으면 'P. sieboldii'이다. 특히 암컷에서 이 특징이 더 뚜렷하다. 참고로 정중선(등깃줄)을 따라 양쪽으로 얇은 2줄이 있으면 등줄실잠자리이고, 없으면 'P. v-nigrum'과 'P. sieboldii'이다. 따라서 정광수(2007: 196)의 표본 사진은 등줄실잠자리이고, 그가 기록한 P. sieboldii는 대륙등줄실잠자리이다. 우리는 많은 이들 종들을 조사한 결과, 수컷의 아래부속기가 위부속기보다 더 긴 P. sieboldii를 발견하지 못했다. 이 2종의 생식기를 포함한 자세한 구분은 Dumont(2004)를 참고하기 바란다.

ENG V-tipped Lilysquatter

Size AL: 23mm, HL: 15mm.
Flight period May to September (univoltine).
Habitat Ponds near mountains.
Distribution Korea, China (C), Transbaikalia.
Status Common.
Note Very similar to Japanese endemic *P. sieboldii*.

등줄실잠자리 *Paracercion hieroglyphicum* (Brauer, 1865)

Agrion hieroglyphicum Brauer, 1865, Verh. Zool.-Bot. Ges. Wien. 15: 510; Doi, 1943: 171. Type locality: Yokohama.
Cercion hieroglyphicum: Asahina, 1989a: 11; Lee, 1996: 77; Lee, 2001: 28.
Paracercion hieroglyphicum: Lee, 2006: 12.

형태 배 길이 24mm, 뒷날개 길이 19mm 안팎으로 눈뒷무늬는 크고, 삼각형이다. 어깨선은 뚜렷하고 어깨선의 검은색 속에는 옅은 색의 줄 모습이 다양한데, 암컷이 더 다양하다. 그동안 문헌들 중의 앞 종을 이 종으로 오동정한 경우가 많다. 수컷은 바탕색이 옅은 파란색이나 황록색이 섞이는 개체도 있다. 수컷의 제9배마디는 전체가 파란색이고, 제8, 10배마디 위의 검은 무늬가 발달한 개체와 거의 없는 개체가 있다. 수컷의 위부속기는 아래부속기보다 더 길고, 위에서 보면 '八'자 모양으로 벌어진다. 암컷은 노란기가 더 강하거나 푸른색 기가 많은 변이 개체가 있고, 어깨의 검은 띠가 이 속 중에서 가장 덜 한 편이다.
생태 평지와 낮은 산지에서 햇빛이 잘 들고 주변 식생이 좋으며, 수생식물이 무성한 못과 습지, 묵논에서 산다. 5~9월에 보인다. 이 밖의 특징은 앞 종들과 같다.

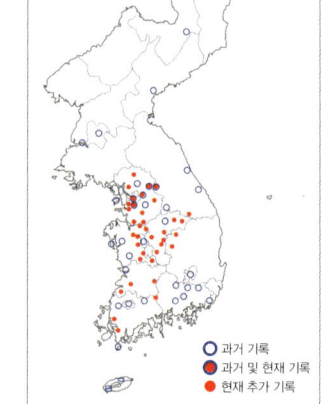

분포 한국(한반도 내륙), 일본, 중국(중부-북부), 홍콩, 러시아 극동 지역
어원 우리 이름은 '가슴과 등에 줄이 있다'라는 뜻이다. 알락등줄실잠자리(이승모, 1996)의 딴 이름도 있다. 종 이름(*hieroglyphicum*)은 '고대 이집트의 형자문자풍의'라는 뜻이다.
분류 Doi(1943)는 서울 태릉, 강원도 원주, 충청북도 충주, 충청남도 조치원, 전라남도 완도, 경상남도 밀양, 경상북도 유천과 대구에서 채집한 개체로 처음 기록하였다.

▲ 수컷(경기 파주, 2014. 6. 28)

▲ 암컷(서울 마포, 2012. 5. 11)

▲ 짝짓기(천안 입장, 2014. 9. 12)

▲ 알 낳기(경기 연천, 2018. 8. 8)

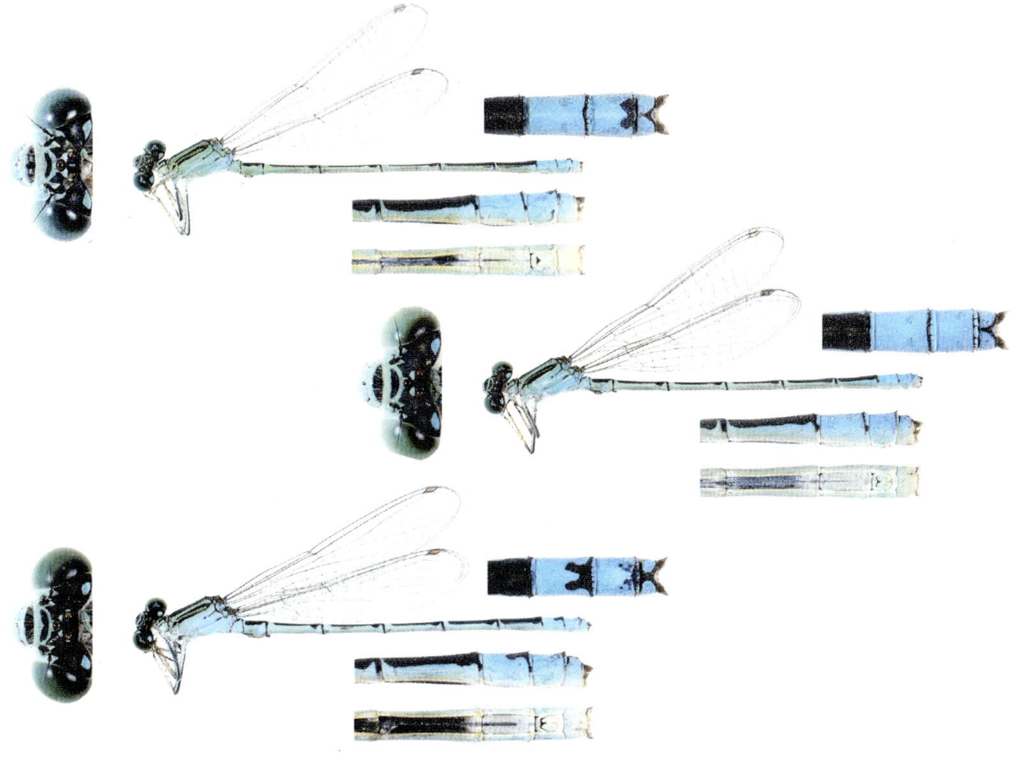

⟨♂ 경기 용인⟩

〈♀ 성숙 암컷의 다양한 색변이, 경기 용인〉

Common Lilysquatter

Size AL: 24mm, HL: 19mm.

Flight period May to September (univoltine).

Habitat Ponds, marshes, and weedy margins of lakes.

Distribution Korea, Japan, China (C, N), Hongkong.

Status Quite common.

작은등줄실잠자리 *Paracercion melanotum* (Selys, 1876)

Agrion (Enallagma) melanotum Selys, 1876, Synopsis des Agrionines, Add. 5: 121. Type locality: China.
Cercion sexlineatum: Lee, 2002: 296.
Cercion melanotum: Lee, 2006: 10; Jung, 2007: 184.

Paracercion melanotum: Kim, 2011: 78; Bae, 2011: 41.

형태 배 길이 23mm, 뒷날개 길이 17mm 안팎으로 눈뒷무늬는 작아서 거의 가는 선처럼 보인다. 어깨선은 뚜렷하다. 어깨선 위의 검은색 속에는 수컷에서 옅은 색의 짧은 선이 보인다. 암컷에서는 옅은 색이 뚜렷하여 검은 줄이 3개로 나뉘므로 좌우 6개로 보인다. 수컷은 바탕색이 옅은 파란색으로 제8, 9배마디 전부가 파랗다. 암컷은 황록색과 파란색 바탕에 앞가슴이 풀색, 날개가슴이 파란색인 경우도 있다. 수컷의 위부속기는 짧은 막대 모양으로 아래부속기보다 뚜렷이 길다.

생태 해안의 주변 식생이 좋고 부엽식물과 추수식물이 많은 못과 인공 수로, 묵논, 염습지에서 산다. 4월 말~10월에 보인다. 짝짓기한 채로 암컷이 식물 줄기 속에 알을 낳는다. 가끔 잠수하여 낳기도 한다.

분포 한반도(평안남도 해안, 중부와 남부의 해안, 제주도), 일본, 중국 중남부, 타이완

어원 작은등줄실잠자리는 '등줄잠자리속 중에서 작다'라는 뜻으로 이승모(2006)가 처음 지었고, 종 이름(*melanotum*)은 '검다'라는 뜻이다. 예전의 종 이름이었던 '*sexlineatum*'은 '6개로 나뉜 줄'이라는 뜻이다.

분류 Lee (2002)는 제주도에서 채집한 개체로 처음 기록하였다.

▲ 수컷(경남 산청, 2016. 7. 25)

▲ 암컷(경기 파주, 2008. 7. 28)

▲ 짝짓기(경남 산청, 2016. 7. 25)

▲ 알 낳기(서울 마포, 2013. 8. 27)

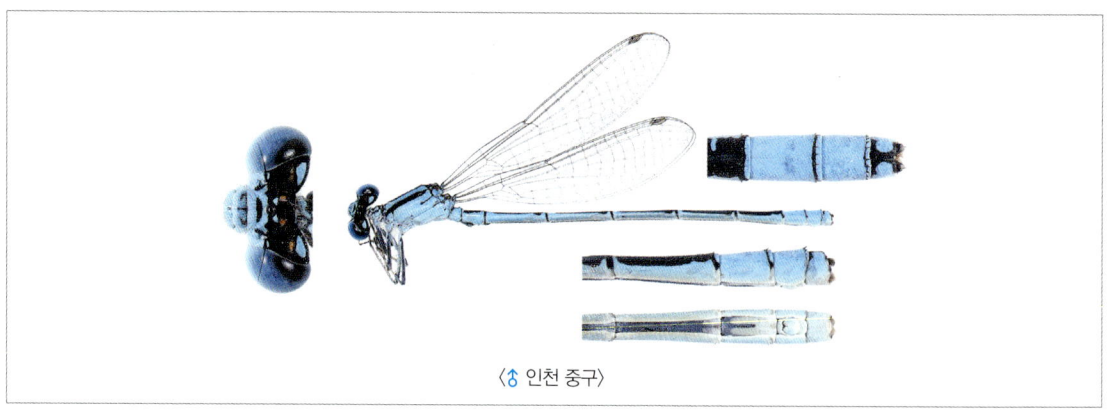

〈♂ 인천 중구〉

〈♀ 경남 산청〉

ENG **Eastern Lilysquatter**

Size AL: 23mm, HL: 17mm.

Flight period Late April to October (univoltine).

Habitat Marshy sites near the seacoast.

Distribution Korea, Japan, China (C, S), Taiwan.

Status Common.

Genus ***Mortonagrion*** Fraser, 1920

Mortonagrion Fraser, 1920, J. Bombay nat. Hist. Soc. 27: 147.

Type species: *Mortonagrion varralli* Fraser, 1920.

*Mortonagrion*속의 종 검색표

수컷은 날개가슴에 옅은 줄이 위에서 아래로 이어진다. 배 끝 부속기의 끝은 무디다. 암컷의 머리에는 검은 무늬가 없다.
-- 끝빨간실잠자리

수컷은 날개가슴에 옅은 줄이 중단되고, 작은 점으로 나뉜다. 배 끝 부속기의 끝은 뾰족하다. 암컷의 머리에는 검은 무늬가 있다.
-- 점박이끝빨간실잠자리

끝빨간실잠자리 *Mortonagrion selenion* (Ris, 1916)

Agriocnemis selenion Ris, 1916, Suppl. ent. Berlin 5: 26; Doi, 1943: 169. Type locality: Harima or Konosu, Japan.
Mortonagrion selenion: Asahina, 1950: 146; Asahina, 1989a: 9; Lee, 2001: 24.

형태 배 길이 17~24mm, 뒷날개 길이 11~16mm이다. 수컷은 눈뒷무늬가 구부러져 다른 종들과 쉽게 구별할 수 있다. 성숙해지더라도 몸에 흰 가루가 덮이지 않는다. 암컷은 처음에 등황색이지만 성숙해지면 풀색으로 변한다. 날개가슴에 검은 줄이 없다. 수컷은 몸이 연두색과 검은색 바탕에 배 끝이 등색이고, 암컷은 미숙할 때 등황색이다가 성숙해지면 푸른색이 된다. 암컷은 눈뒷무늬가 없고, 제8배마디 아래에 짧은 가시가 없다.

생태 평지와 낮은 산지에서 골풀 같은 물과 관련 깊은 식물들이 가득한 얕은 습지와 논, 묵논에서 산다. 5월 중순~7월에 보인다. 짝짓기는 아침에 이루어지고, 수컷이 암컷을 찾지 않을 때에는 대부분 정지하고 있다. 이것은 이 종이 작기 때문에 큰 잠자리와 천적을 피하는 데 효과적이다. 암컷은 홀로 수면의 식물 줄기에 알을 낳는다.

분포 한국(중부, 평안남도), 일본, 중국 중부, 타이완, 러시아 극동 지역

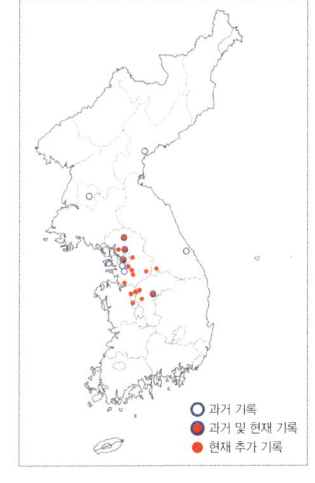

〈♀ 미숙(위), 성숙(아래), 경기 용인〉

⟨♂ 경기 용인⟩

어원 우리 이름 '끝빨간실잠자리'는 조복성(1958)이 처음 지었는데, 여기에서 이를 인용한다(김성수, 2011). 이후 '황등색실잠자리', '황동색실잠자리'로 불리었으나 황등색은 '등적색을 적등색으로 잘못 쓰이는 예'처럼 맞춤법(등황색)에 어긋나므로 여기에서는 원래 이름을 쓴다. 종 이름(*selenion*)은 '달 모양의'라는 뜻(북한에서는 반달실잠자리라 함)으로, 눈뒷무늬가 초승달 모양인 데에서 유래한다. 속 이름(*Morton*)은 영국의 잠자리 학자 Kenneth J. Morton의 이름이다.

분류 Doi (1943)는 서울(태릉, 창동)에서 채집한 개체로 처음 기록하였다. 최근 이 종과 가까운 점박이끝빨간실잠자리(*Mortonagrion hirosei* Asahina, 1972)를 정광수·이종은(2018)이 처음 기록하였다. 뒤에서 따로 설명하였다.

▲ 수컷 미숙(서울 상암, 2012. 6. 2)

▲ 암컷(경기 용인, 2015. 6. 16)

▲ 짝짓기(경기 용인, 2018. 6. 13)

▲ 알 낳기(경기 평택, 2015. 6. 16)

ENG Red-tailed Midget

Size AL: 17-24mm, HL: 11-16mm.
Flight period Mid-May to July (univoltine).
Habitat Wetlands near mountains.
Distribution Korea (C, N), Japan, China (C), Taiwan, Russian Far East.
Status Less common.
Remarks '*Mortaonagrion hirosei* Asahina, 1972' was once recorded in the southern seacoast by Jung and Lee (2018). Its actual occurrence in South Korea is unclear.

Genus ***Aciagrion*** Selys, 1891

Aciagrion Selys, 1891, Ann. Mus. Civ. Stor. Nat. Genova 30: 509.
Type species: *Agrion (Pseudagrion) hisopa* Selys, 1876.

작은실잠자리 *Aciagrion migratum* (Selys, 1876)

Agrion (Pseudagrion) migratum Selys, 1876, Synopsis des Agrionines, Add. 5: 217. Type locality: Japan.
Aciagrion sp.: Doi, 1943: 170.
Aciagrion migratum: Asahina, 1989a: 9; Jung, 2007: 214.

형태 배 길이 24mm(여름 개체), 29mm(월동 개체), 뒷날개 길이 16mm(여름 개체), 20mm(월동 개체) 안팎으로 눈뒷무늬는 가늘고 길고, 서로 이어져 한 선이 된다. 여름 수컷 개체는 파란 바탕에 검은 무늬가 있고, 암컷은 황록색 바탕에 검은 무늬가 있다. 월동 개체의 몸은 옅은 갈색이고, 이듬해 봄에 파란색으로 변한다. 월동 개체의 몸의 검은 무늬는 여름 개체보다 작아지는 경향이 있다.

생태 제주도 선흘의 화성암 위에 형성된 연못에서 산다. 특이한 생활사를 가지는데, 여름에 새로 나타나 미숙한 채로 겨울을 나고 이듬해 봄에 짝짓기한 후 알을 낳는 세대와 여름에만 활동하는 세대의 두 형이 있다. 여름 개체는 7~9월에 나타나고, 월동할 개체는 8월 중순에 날개돋이 하여 못을 떠나 주위 숲으로 이동하나 겨울에는 못 주위의 양지 바른 장소에서 모여 월동한다. 봄에 짝짓기 이후, 암컷은 수면 가까이의 식물 줄기 속에 알을 낳는다. 이때 수컷은 선 자세가 된다.

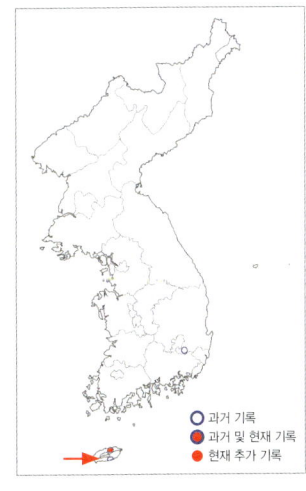

분포 한국(제주도), 일본, 중국, 타이완

어원 우리 이름은 '몸이 작다'라는 뜻인 것 같으나 실제는 '가늘고 길다'가 더 어울린다. 하지만 이미 가는실잠자리가 이름을 선점하고 있다. 종 이름(*migratum*)은 '이주한다'라는 뜻이다. 속 이름(*Aciagrion*)은 'aci (앞이 뾰족한), agrion (제멋대로)'의 합성어이다.

분류 Asahina (1989a)는 Doi (1943)가 경상북도 청도에서 채집하여 기록한 미지종(*Aciagrion* sp.)을 이 종으로 보고, 처음 기록하였다. 현재 청도에서는 발견되지 않고 있다. 북한 고지대에서 발견했다는 기록은 잘못이다(홍룡태, 1990).

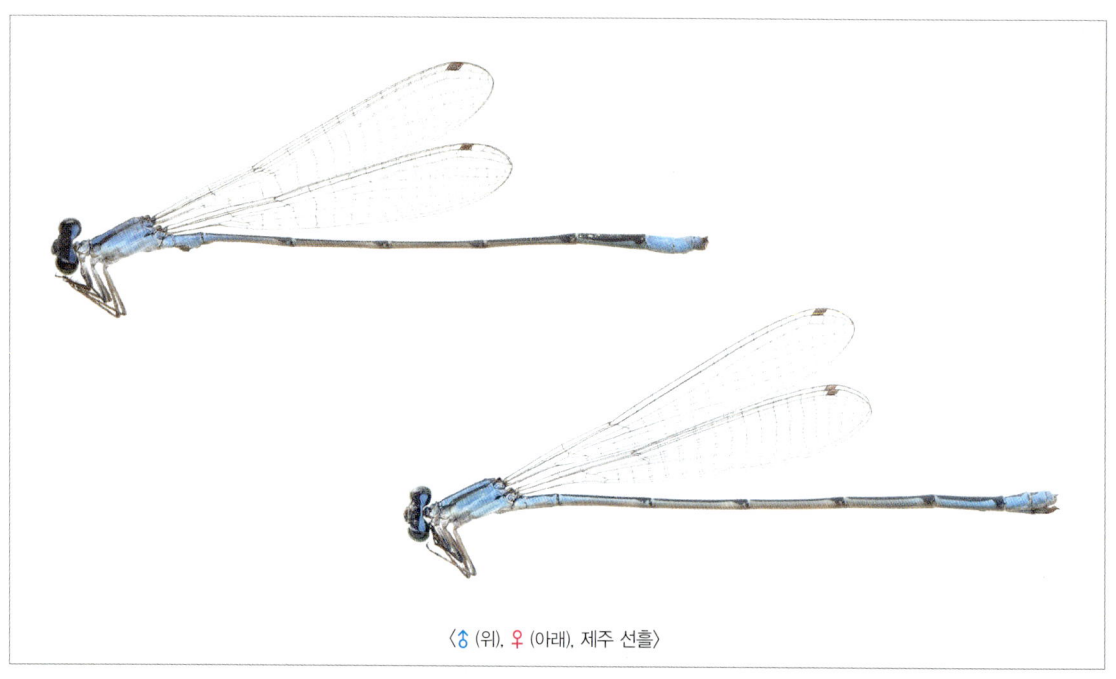

♂(위), ♀(아래), 제주 선흘

▲ 수컷(제주 조천, 2012. 6. 11)

▲ 수컷 미숙(일본 야마나시현 니라사키, 2018. 10. 7)

▲ 수컷 비행(제주 조천, 2012. 6. 11)

▲ 짝짓기(일본 야마나시현 호쿠토, 2016. 5. 14)

Shady winter Damsel

Size AL: 24mm(29mm as hibernating), HL: 16mm(20mm as hibernating).

Flight period May to October (bivoltine). Hibernates as an adult.
Habitat Ponds surrounded by forests.
Distribution Korea (Is. Jeju), Japan, China, Taiwan.
Status Rare. This species can only be seen at a pond in Jeju Island. This species is known to hibernate like *S. paedisca* and *I. peregrinus*, and shares the same ecological traits with them.

Genus ***Enallagma*** Charpentier, 1840
Enallagma Charpentier, 1840, Libell. Europ. Lipsiae: 21.
Type species: *Agrion cyathigerum* Charpentier, 1840.

알락실잠자리 *Enallagma cyathigerum* (Charpentier, 1840)

Agrion cyathigerum Charpentier, 1840, Monogr. Libell. Europe Lipsiae: 163. Type locality: Silesia (Poland).
Enallagma cyathigerum: Asahina, 1939: 170; Doi, 1943: 170; Asahina, 1989a: 12.

형태 배 길이 27mm, 뒷날개 길이 18mm 안팎으로 눈뒷무늬는 서양배 모양으로 크다. 수컷의 어깨선은 검은 띠로 굵고 뚜렷하다. 제1, 2가슴선은 가늘고, 윗부분만 뚜렷하다. 배는 대부분 하늘색 바탕에 마디 뒤에 작게 검은 무늬가 있다. 수컷의 제2배마디 위의 뒷부분에 '♠' 모양의 무늬가 있다. 수컷은 제8, 9배마디 위가 하늘색이지만 암컷은 이 부분이 검어 차이가 날 뿐 나머지 무늬는 거의 같다. 다만 암컷 제3배마디 끝 아래 조금과 제4~6배마디 아래 부분의 색이 탁한 노란색을 띤다.
생태 한반도 북부의 높은 산지의 못에서 산다. 7~8월에 보인다.
분포 한국(양강도 대택, 양강도 삼지연), 구북구와 신북구 북부
어원 우리 이름은 '몸이 알록달록하다'라는 뜻이다. 종 이름(*cyathigerum*)은 '포도주를 퍼낼 때 쓰는 국자'라는 뜻이다. 속 이름(*Enallagma*)은 '상으로 주는 잔'이라는 뜻이다.

〈♂ 양강도〉

분류 Asahina (1939)는 양강도 삼지연에서 채집한 개체로 처음 기록하였다. 동북아시아의 *Enallagma*속의 분류는

혼란 상태에 있으나 우리나라 개체군이 위의 종으로 들어가는 것으로 판단하였다(Asahina, 1989). 하지만 이 종 외에 다른 종이 섞여 있을 가능성이 있다. 한반도에서 채집한 개체를 일본의 국립과학박물관에 보관된 Asahina 채집품 중에서 발견하지 못했다.

북한 학자 Ju (1993)가 기록한 북방알락실잠자리[*Enallagma deserti* (Selys, 1871)]는 잘못이 확실하며, 본문 뒤에서 따로 설명하였다.

▲ 수컷(우크라이나 크림반도, 2018. 6. 4)

▲ 짝짓기(백두산, 2005. 7. 31)

ENG **Common Blue Damsel**

Size AL: 27mm, HL: 18mm.

Flight period July to August (univoltine).

Habitat Ponds surrounded by forests.

Distribution Korea (N), Palaeoarctic and Nearctic regions.

Status Unknown. This species inhabits North Korea.

Genus ***Ischnura*** Charpentier, 1840

   Ischnura Charpentier, 1840, Libell. Europe Lipsiae: 20.

     Type species: *Agrion tuberculatum* Charpentier, 1825.

> ***Ischnura*속의 종 검색표**
>
> 1. a 수컷의 제8배마디는 전체가 파란색, 제9배마디는 옆이 파란색. 위는 검다. 암컷은 한색형과 딴색형이 있고. 딴색형의 제1배마디 위의 색이 옅다. --- 2
>   b 수컷의 제8배마디는 전체가 검고, 제9배마디는 파랗다. 암컷은 딴색형 뿐으로, 제8배마디 위는 검다. ----- 아시아실잠자리
> 2. a 앞가슴 위의 뒷가장자리에 돌기는 없다. 수컷의 위부속기는 끝이 비스듬히 아래로 향한다. 딴색형 암컷은 제8배마디에 파란 무늬가 없다. -- 푸른아시아실잠자리
>   b 앞가슴 위의 뒷가장자리에 뚜렷한 돌기가 있다. 수컷의 위부속기는 옆에서 보면 폭이 넓고 크다. 딴색형 암컷은 제8배마디에 파란 무늬를 띠기도 한다. 이 종이 가장 크다. --------------------- 북방아시아실잠자리

〈푸른아시아실잠자리(위)와 북방아시아실잠자리(아래)의 비교〉

푸른아시아실잠자리 *Ischnura senegalensis* (Rambur, 1842)

Agrion senegalense Rambur, 1842, Hist. nat. Ins. Névrop. 276. Type locality: Senegal.
Ischnura senegalens: Ishida, 1969: 41; Lee, 1996: 76; Lee, 2001: 42.

형태 배 길이 24mm, 뒷날개 길이 16mm 안팎으로 눈뒷무늬는 수컷이 작은 원형이고, 암컷은 가는 선으로 서로 이어지나 한색형의 경우 반드시 떨어진다. 암컷의 딴색형은 한색형보다 수가 많은데, 딴색형의 경우 옅은 적갈색의 어깨선이 있고, 한색형의 경우는 수컷과 같은 특징이다. 수컷 제8배마디 전체는 파랗다.

생태 평지와 낮은 산지에서 추수식물이 무성한 못과 저수지, 습지에서 사는데, 흐름이 더딘 하천에서도 산다. 4월 말~10월까지 보이며, 6~9월에 개체수가 많다. 암컷은 홀로 수면 위의 식물 줄기에 알을 낳는다.

분포 한국(중부 이남, 제주도), 일본, 중국, 타이완, 동남아시아에서 마다가스카르, 아프리카 동북부까지

어원 우리 이름은 '아시아실잠자리보다 푸른색이 많다'는 뜻이고, 종 이름(*senegalensis*)은 아프리카에 속하는 나라 '세네갈'을 뜻한다.

분류 Ishida (1969)는 'Korea'라고 처음 기록하였다. Ju (1993)와 Hong (1991)이 백두산과 양강도 장안리에서 각각 기록한 적이 있으나 모두 잘못이다.

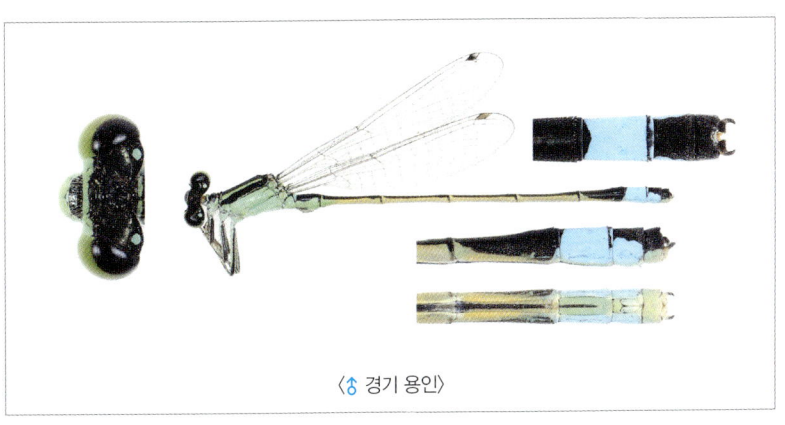

〈♂ 경기 용인〉

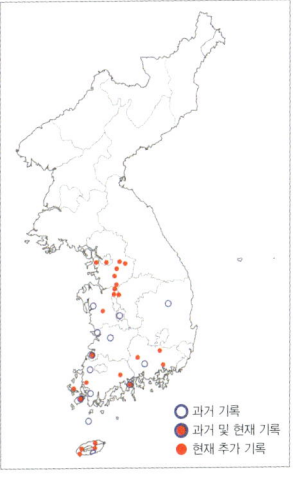

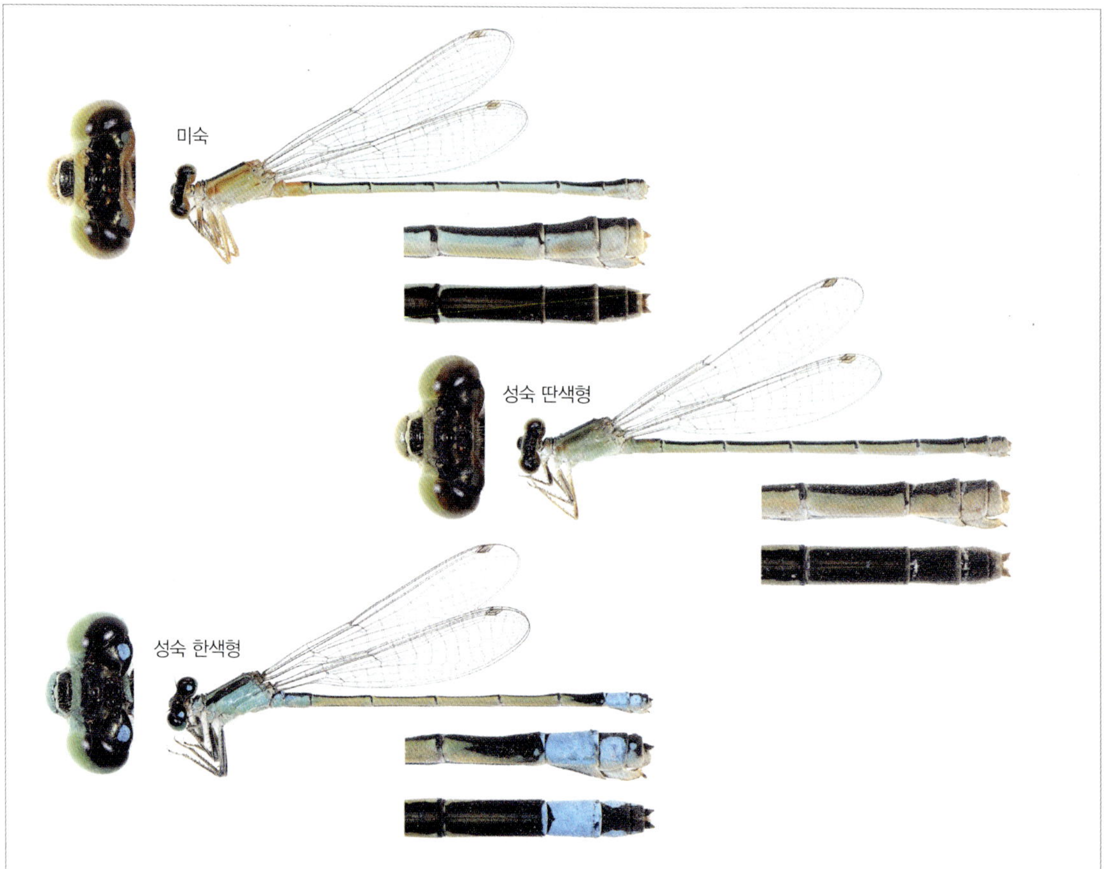

Tropical Bluetail

Size AL: 24mm, HL: 16mm.
Flight period April to October (bivoltine).
Habitat Marshes, reservoirs, and ponds.
Distribution Korea, Japan, China, Taiwan, Asia-Pacific countries, Madagascar, Africa (NE).
Status Common.
Remarks The range of *Ischnura senegalensis* and *I. elegans* overlaps at around 37 degree in latitude on the Korean peninsula, the latter being distributed in the north.

▲ 수컷(제주 한경, 2012. 6. 11)

▲ 암컷(제주 한경, 2012. 6. 11)

▲ 짝짓기(암컷 한색형, 인천 중구, 2019. 10. 25)

▲ 짝짓기(암컷 딴색형, 제주 한경, 2012. 6. 11)

북방아시아실잠자리 *Ischnura elegans* (Vander Linden, 1820)

Agrion elegans Van der Linden, 1820, Opusc. Sci. 4, 104. Type locality: Bologna, Italy.
Ischnura elegans: Miyazaki, 1986: 67; Lee, 2001: 46.

형태 배 길이 27mm, 뒷날개 길이 20mm 안팎으로 '푸른아시아실잠자리'와 닮았으나 수컷 가슴은 파란색이 더 짙고, 제7배마디 옆의 아래 부분에서 파란색이 넓어진 점, 암컷 앞가슴 뒷가장자리 중앙에 뚜렷한 돌기가 있는 점, 눈뒷무늬가 조금 큰 점들이 다르다. 암컷은 수컷처럼 어깨선 위의 검은 띠가 있고, 제8배마디에 파란 무늬가 있을 때가 있다. 봄 개체는 여름 이후의 개체들보다 조금 큰 편이다.

생태 물 주변에서 식생이 좋은 평지의 못과 묵논, 하천 중류에 살며, 5~10월에 보이는데, 가을에 한 번 더 나오는 2, 3세대가 있다. 암컷은 홀로 수면 위에 위치한 식물 줄기에 알을 낳는다.

분포 한국(중부, 북부), 일본, 구북구 북부

어원 우리 이름은 '북부 지방에 분포하는 아시아실잠자리'라는 뜻이고, 이승모(1996)가 지었다. 종 이름(*elegans*)은 '우아한'이라는 뜻이다.

분류 Miyazaki (1986)는 강릉시 경호에서 채집한 개체로 처음 기록하였다. Seehausen과 Fiebig (2016)은 평안남도 남포의 개체로 북한에 분포한다고 처음 기록하였다.

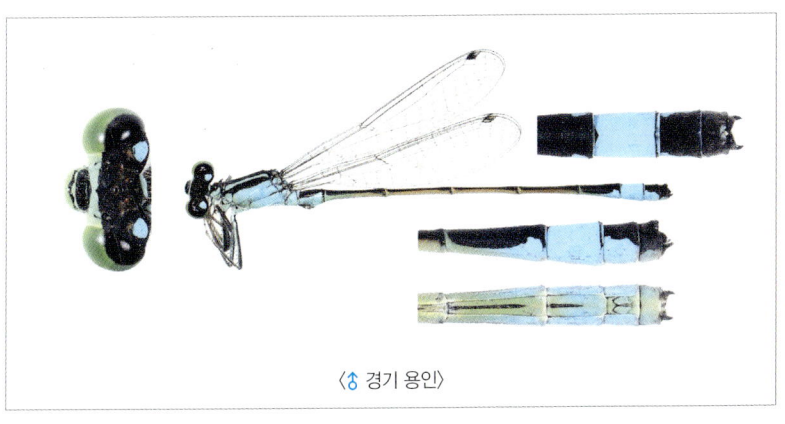
⟨♂ 경기 용인⟩

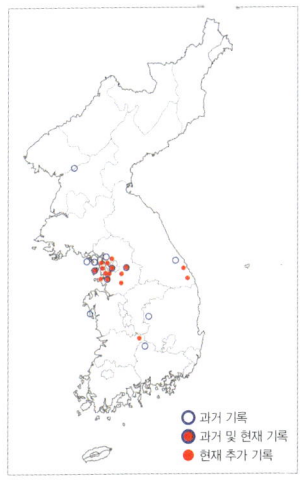

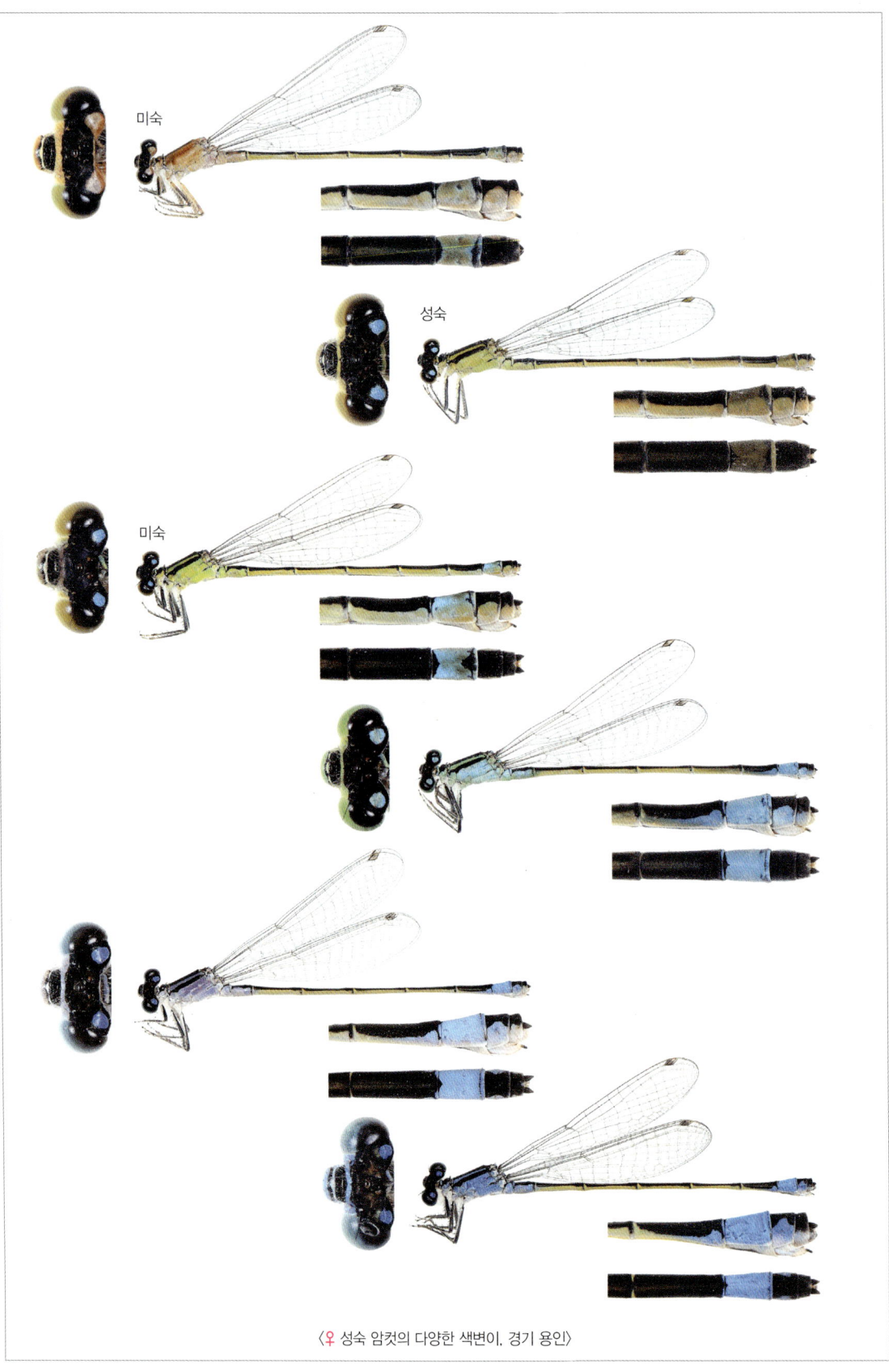

〈♀ 성숙 암컷의 다양한 색변이, 경기 용인〉

▲ 수컷(경기 광명, 2012. 5. 11)

▲ 수컷(서울 상암, 2012. 5. 11)

▲ 짝짓기(암컷 딴색형, 서울 마포, 2012. 5. 19)

▲ 짝짓기(암컷 한색형, 서울 마포, 2012. 5. 19)

ENG **Common Bluetail (Blue-tailed Damsel)**

Size AL: 27mm, HL: 20mm.

Flight period May to October (bivoltine).

Habitat Marshes, reservoirs, and ponds.

Distribution Korea (C, N), Japan, Palaearctic region.

Status Common.

아시아실잠자리 *Ischnura asiatica* (Brauer, 1865)

Agrion (Ischnura) asiaticum Brauer, 1865, Verh. Zool.-bot. Ges. Wien, 15, p 510, Type locality: China (Shanghai, Honkong).

Agrion quadrigerum: Doi, 1932: 69.

Ischnura asiatica: Asahina, 1939: 197; Doi, 1943: 169; Asahina, 1989a: 10; Lee, 2001: 41.

형태 배 길이 21mm, 뒷날개 길이 15mm 안팎으로 수컷은 제9배마디가 파랗고, 눈뒷무늬가 작은 원형이다. 암컷은 딴색형 뿐으로, 눈뒷무늬가 크고, 홑눈 바로 뒤의 선부터 뒤 방향으로 퍼진다. 암컷은 처음에는 등색이다가 성숙해지면 푸른색이 된다. 봄 개체는 여름 이후의 개체들보다 조금 큰 편이다.

생태 평지에서 식생이 좋은 못과 호수, 습지, 묵논, 농경지, 흐름이 더딘 하천에서 산다. 3월 말~11월에 보인다. 날개돋이가 끝나면 주변의 산지와 평지로 이동하여 먹이활동을 하는데, 꽤 멀리 이동하기도 한다. 암컷은 홀로 수면 위의 식물 줄기에 알을 낳으나 때때로 잠수하여 낳기도 한다.
분포 한국(전국), 일본, 중국, 러시아 극동 지역, 타이완

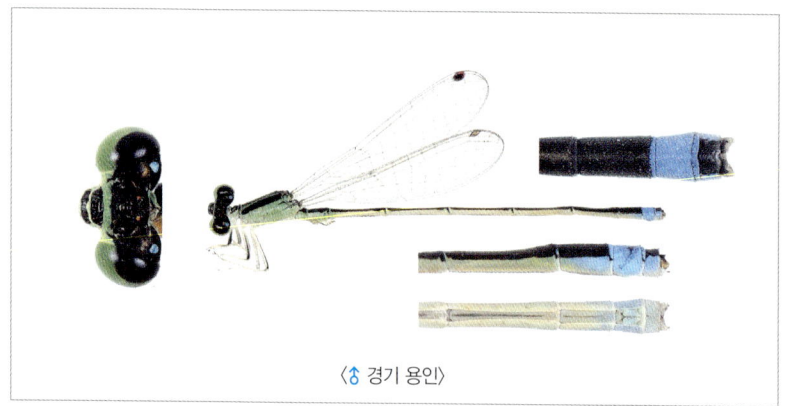
⟨♂ 경기 용인⟩

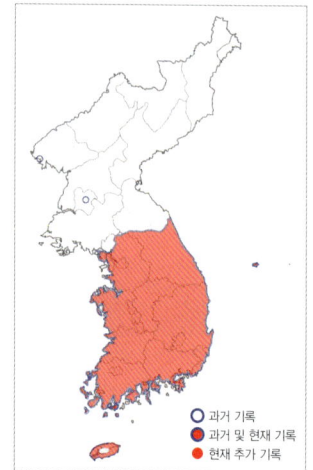

⟨♀ 미숙(위), 성숙(아래), 경기 용인⟩

▲ 수컷(서울 마포, 2016. 9. 28)

▲ 암컷(경기 고양, 2016. 4. 23)

▲ 짝짓기(경기 용인, 2016. 10. 17)

▲ 알 낳기(경기 용인, 2019. 7. 3)

어원 우리 이름과 종 이름 모두 '아시아'를 뜻한다. 속 이름(*Ischnura*)은 '게르만 시기에 벨기에에서 숭배하던 여신'이라는 뜻이다.

분류 Asahina (1939)는 경기도 개성과 자강도 강계에서 채집한 개체로 처음 기록하였다. Doi (1932)의 *Agrion quadrigerum*이라는 기록은 오동정이다.

Asiatic Bluetail Damsel
Size AL: 21mm, HL: 15mm.
Flight period March to November (bivoltine).
Habitat Marshes, reservoirs, and ponds.
Distribution Korea, Japan, China, Taiwan.
Status Common.

잠자리아목

Suborder Anisoptera Selys, 1840

겹눈은 크고, 긴 선으로 대부분 붙으며, 머리의 대부분을 차지한다. 뒷날개는 앞날개보다 넓으며, 항각 부분이 넓다. 날개의 매듭은 중간에 위치하는 종류가 많다.

몸은 굵고 배는 원통형에 가깝다. 수컷의 부생식기는 3마디로 이루어지고, 제3배마디 앞까지 있다. 암컷은 산란관이 퇴화하고 산란판을 갖는다. 수컷의 배 끝에는 위부속기가 2개, 아래부속기가 1개 있다. 최근 Carle과 Kjer, May (2015)는 분자학 연구에서 잠자리아목의 계통분류를 ((Austropetaliidae, Aeshnidae), ((Gomphidae, Petaluridae), ((Chlorogomphidae, Neopetaliidae, Cordulegastridae)), (Synthemistidae, Macromiidae, (Corduliidae, Libellulidae))))))이라고 보았다.

빠르게 날아다니며, 오랜 시간을 날 수도 있으며, 날개를 펴고 앉는다.

짝짓기 할 때, 수컷의 배 끝 부속기로 암컷의 머리에 끼우는데, 수컷은 배 끝의 정자를 연결 전에 부생식기에 옮긴다. 암컷은 산란관으로 식물 조직 안에 넣어 알을 낳거나 바깥에서 알을 낳기도 한다. 애벌레는 몸이 납작하고 넓으며, 배 속에 있는 직장 기관아가미로 호흡한다. 'Anisoptera'는 '서로 다른 날개'라는 뜻이다.

잠자리아목(Anisoptera)의 과 검색표

1. a 양 겹눈은 서로 이어진다. -- 2
   b 양 겹눈은 서로 떨어진다. ------------------------------------ 측범잠자리과(Gomphidae)
2. a 세모방은 앞, 뒷날개 모두 세로로 길며, 양쪽의 크기가 거의 같다. ------------------------ 3
   b 세모방은 앞날개에서 가로로 길다. -- 4
3. a 양 겹눈은 한 점에서 만나거나 가까스로 떨어진다. 암컷은 생식판이 있다. --------- 장수잠자리과(Cordulegastridae)
   b 양 겹눈은 선으로 이어진다. 암컷은 산란관을 갖는다. ------------------------ 왕잠자리과(Aeshnidae)
4. a 겹눈 뒷가장자리에 작은 돌기가 있다. 어깨선은 똑바르다. ---------------------------- 5
   b 겹눈 뒷가장자리에 작은 돌기가 없다. 어깨선은 'S'자 모양이다. ------------------ 잠자리과(Libellulidae)
5. a 앞날개 매듭 앞 횡맥이 7~10개이다. ------------------------------- 청동잠자리과(Corduliidae)
   b 앞날개 매듭 앞 횡맥이 13~15개이다. ------------------------------ 산잠자리과(Macromiidae)

잠자리아목(Anisoptera)

왕잠자리과 Family Aeshnidae Burmeister, 1839

중, 대형으로, 양 겹눈은 크고 짧은 선으로 맞닿는데, 원시형인 *Sarasaeschna*속은 맞닿는 선이 짧다. 날개의 세모방은 앞, 뒷날개가 거의 같거나 뒷날개의 것이 조금 작고 짧다. 세모방에는 횡맥이 *Sarasaeschna*속에서 2개, 나머지 속에서 4개 있다. 중실에도 횡맥이 있는 속이 있고, 제3경협맥(IR3) 끝에서 둘로 나뉘거나 경포맥(Rspl)과 중포맥(Mspl)이 발달하여 측범잠자리과보다 복잡하다. *Anax*속만 빼고, 나머지 속의 수컷은 뒷날개 밑이 좁아져 각이 진다. 암컷에는 완전한 산란관이 있다. 신, 구대륙에 넓게 분포하며, 세계에 460여 종, 우리나라에는 15종이 분포하고 있다. 날개돋이는 밤에 이루어지며, 물구나무형으로 한다.

참별박이왕잠자리(♂ 왼쪽, ♀ 오른쪽)   먹줄왕잠자리(♂ 왼쪽, ♀ 오른쪽)

〈왕잠자리과의 날개맥〉

왕잠자리과(Aeshnidae)의 속 검색표

1. a 날개가슴은 거의 무늬가 없으나 가늘고 검은 줄이 있다. ---------------------------- 2
   b 날개가슴의 검은 줄은 굵은 띠가 된다. ------------------------------------- 3
2. a 날개밑의 소막이 작다. 수컷 뒷날개의 항각이 뾰족하게 튀어나온다. 수컷 위부속기는 가늘고 길다. ------- *Gynacantha*
   b 날개밑의 소막이 크다. 암수의 뒷날개의 항각이 둥글다. 수컷 위부속기는 판 모양이다. ---------------- *Anax*
3. a 제3배마디는 잘록하다. -- 4
   b 제3배마디는 잘록하지 않다. ---------------------------------- *Aeschnophlebia*
4. a 제3배마디는 뚜렷이 잘록하다. 배에는 거의 같은 간격으로 황갈색의 凸자 모양의 무늬가 있다. ---------- *Boyeria*
   b 제3배마디는 덜 잘록하다. --- 5
5. a 배의 노란 무늬는 작은 점으로 되어 있다. 수컷 아래부속기는 끝에서 갈라진다. ------------- *Sarasaeschna*
   b 배의 노란 무늬는 가로 또는 세로로 길다. 수컷 아래부속기는 갈라지지 않는다. ----------------- 6
6. a 앞날개와 뒷날개의 깃무늬는 길이와 모양이 거의 같다. ----------------------------- 7
   b 깃무늬는 앞날개보다 뒷날개의 길이가 길다. ----------------------------- *Polycanthagyna*
7. a 배의 각 마디의 앞가장자리에 'L'자 형 무늬가 있다. ----------------------------- *Aeshna*
   b 배에는 같은 간격의 무늬가 없다. -------------------------------------- *Anaciaeschna*

Genus ***Sarasaeschna*** Karube et Yeh, 2001

Sarasaeschna Karube et Yeh, 2001, Tombo 43: 1.
Type species: *Jagoria pryeri* Martin, 1909.

한라별왕잠자리 *Sarasaeschna pryeri* (Martin, 1909)

Jagoria pryeri Martin, 1909, Aeschnines, Cat. Coll. Selys, Fas. 19: 134. Type locality: Japon.
Oligoaeschna pryeri: Kim, 2009: 35; Kim, 2011: 94.
Sarasaeschna pryeri: Jung, 2012: 254.

형태 배 길이 48mm, 뒷날개 길이 39mm 안팎으로 수컷의 겹눈은 탁한 파란색이고, 암컷은 갈색 기가 있는 회청색으로 전체가 어둡다. 날개가슴 앞면에 노란 줄이 있다. 어깨선 위로 작은 점이 있다. 각 배마디 뒤의 양쪽과 중앙에 6개의 노란 점이 있다. 날개는 거의 투명하나 검은색이 내비친다. 암컷은 미숙할 때 날개밑과 날개 중앙에서 끝까지 등황색이다가 성숙해지면서 옅어진다.

생태 한라산 중턱 아래의 혼효림과 상록수림 안쪽에 있는 이끼와 낙엽 층 주위의 작은 웅덩이와 그 주위에서 산다. 7월에 보인다. 날개돋이가 끝나면 산지로 이동하여 2m 높이로 10m 정도의 공간에서 직선으로 왕복하여 날아다닌다. 암컷은 홀로 숲 속 웅덩이 주위에서 이끼와 나무뿌리, 축축한 땅 등에 알을 낳는다. 애벌레는 물속에서 생활하며, 접촉 주성(thigmotactic response)이 강하다고 알려져 있다(Taketo, 1959).

분포 한국(제주도), 일본

⟨♂ 제주 한라산(왼쪽), ♀ 제주 돈내코(오른쪽)⟩

어원 우리 이름은 '한라산에 살고, 몸에 흰 점이 많은 왕잠자리'를 뜻하며, 김성수(2009)가 지었다. 종 이름(*pryeri*)은 학자 'H. J. S. Pryer'를 뜻한다. 속 이름(*Sarasaeschna*)은 친츠(특히 꽃무늬가 날염되고 광택이 있는 면직물로 커튼, 가구 덮개 등으로 쓰임)를 뜻하는 일본말 'Sarasa'와 'Aeschna (왕잠자리)'의 합성어이다.

분류 Kim (2009)은 제주도에서 채집한 수컷 2마리로 처음 기록하였다.

▲ 수컷(일본 치바현 인자이, 2007. 5. 27)

▲ 수컷 날개돋이(일본 치바현 인자이, 2008. 5. 5)

▲ 짝짓기(일본 히로시마 2018. 5. 30)

▲ 알 낳기(일본 치바현 인자이, 2009. 5. 26)

Northern Bog Hawker

Size AL: 48mm, HL: 39mm.

Flight period Mid-June to July (univoltine).

Habitat Small puddles in the valley.

Distribution Korea (Is. Jeju), Japan.

Status Very rare. It is assumed that the larvae of this species might live only in the valleys of Mt. Hallasan which is 600~1,000m high.

Remarks Kim (2009) first recorded in Korea that this species inhabits Mt. Hallasan, Jeju Island.

Genus ***Boyeria*** McLachlan, 1896

Boyeria MacLachlan, 1896, Ann. Mag. Nat. Hist. 17 (6): 424.

Type species: *Aeschna irene* Fonscolombe, 1838.

Boyeria속의 종 검색표

수컷의 제3배마디는 잘록하고, 배 끝 위부속기를 옆에서 보면 곧다. 암컷의 배끝털은 상대적으로 적다. ----- 개미허리왕잠자리
수컷의 제2, 3배마디는 잘록하고, 배 끝 위부속기를 옆에서 보면 아래로 휜다. 암컷의 배끝털은 상대적으로 많다.
--- 한국개미허리왕잠자리

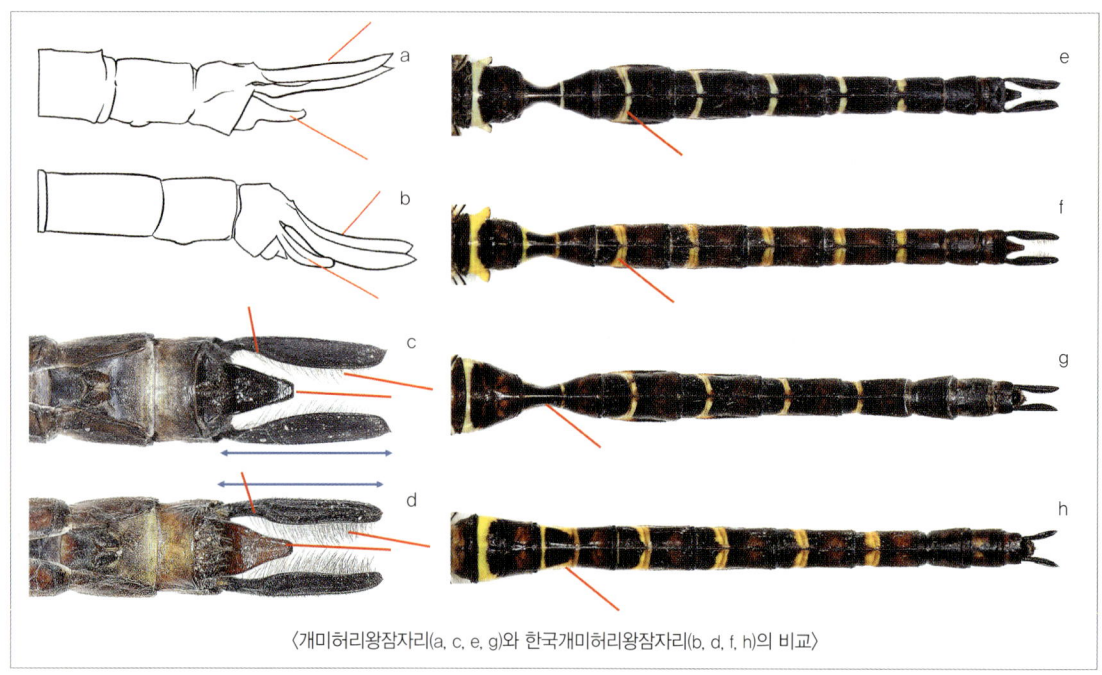

〈개미허리왕잠자리(a, c, e, g)와 한국개미허리왕잠자리(b, d, f, h)의 비교〉

개미허리왕잠자리 *Boyeria maclachlani* (Selys, 1883)

Fonscolombia maclachlani Selys, 1883, Ann. Soc. Ent. Belg. 27: 126. Type locality: Japan.
Boyeria maclachlani: Doi, 1936: 105; Lee, 2001: 74; Jung, 2007: 297; Kim, 2011: 96; Jung, 2011: 173.

형태 배 길이 57mm, 뒷날개 길이 53mm 안팎으로 수컷의 겹눈은 광택이 강한 푸른색이고, 암컷은 짙은 갈색으로 파란 기가 흔적뿐이다. 앞이마에는 'T'자 모양의 노란 무늬가 있다. 윗입술은 전체가 검다. 어깨선은 없고, 제1, 2가슴선 위의 검은 줄은 합쳐져 검어진다. 날개가슴의 앞 노란 무늬는 폭이 위로 갈수록 좁아진다. 수컷의 제3배마디는 잘록하다. 배의 각 마디 아래의 앞쪽으로 큰 노란 무늬가 있다. 수컷 성숙 개체는 뒷날개 끝에 갈색 무늬가 뚜렷해진다.

생태 조금 고도가 높고 식생이 좋은 산지에서 나무그늘로 이루어지고, 나무뿌리와 죽은 나무가 있는 얕게 흐르는 계곡에서 산다. 6월 말~9월 중순에 보인다. 미숙할 때에는 주변 숲 나무 아래에 앉는다. 날이 흐리거나 이른 아침과 저녁 무렵에 날아다닌다. 꽤 어두워지거나 보슬비가 내려도 잘 날아다닌다. 더우면 밤늦도록 활동한다. 8월 중순 이후 짝짓기가 이루어지는데, 낮부터 어두워질 때까지 관찰된다.

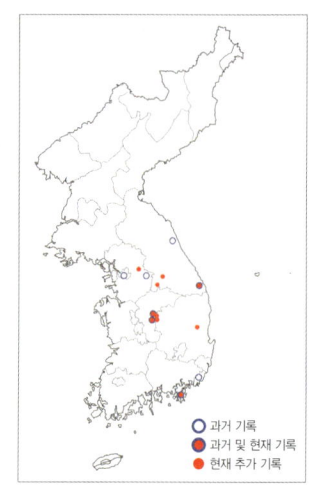

⟨♂ 경북 상주(왼쪽), ♀ 충북 괴산(오른쪽)⟩

▲ 수컷(충북 보은, 2010. 9. 8)

▲ 수컷(충북 보은, 2013. 8. 13)

▲ 암컷(충북 보은, 2013. 8. 26)

▲ 알 낳기(충북 보은, 2013. 8. 26)

분포 한국(서울, 경기도 양평, 강원도 삼척, 충청북도 괴산, 충청남도 보은, 경상남도 거제도), 일본

어원 우리 이름은 '허리가 개미처럼 잘록한'을 뜻한다. 종 이름(*maclachlani*)은 풀잠자리를 연구했고 *Boyeria*속을 제

창한 영국의 학자 'R. MacLachlan'을 뜻한다. 속 이름(*Boyeria*)은 학자 'Boyer de Fonscolombe'를 뜻한다.

분류 Doi (1936)는 서울에서 채집한 개체로 처음 기록하였다.

ENG Oriental Spectre

Size AL: 57mm, HL: 53mm.

Flight period Late June to late September (univoltine).

Habitat Small shaded streams.

Features The 3rd abdominal segment is constricted.

Distribution Korea (C), Japan.

Status Rare.

Remarks This rare species can be found in small streams of Yangpyeong (Gyeonggi), Goisan (Chungbuk), Samcheok (Gangwon).

→ 한국개미허리왕잠자리 *Boyeria karubei* Yokoi, 2002

Boyeria karubei Yokoi, 2002, Odonatologica 40 (1): 57. Type locality: Lak Sao, Laos.
Boyeria jamjari Jung, 2011, Odonata Larvae of Korea. p. 175. **nom. nud.**
Boyeria karubei: Cho, 2019: 157.

형태 배 길이 57mm, 뒷날개 길이 53mm 안팎으로 수컷의 겹눈은 광택이 강한 파란색을 머금은 짙은 푸른색이고, 암컷은 수컷과 거의 같으나 파란 기가 덜 하다. 개미허리왕잠자리와 닮았으나 앞이마의 노란 무늬는 가늘다. 날개가슴의 앞의 노란 무늬는 폭이 일정하다. 날개밑과 가까운 가슴 중앙에 작고 노란 점이 있어 이 점이 없는 앞 종과 다르다. 수컷의 제3배마디는 앞 종보다 덜 잘록하고, 제4배마디가 덜 부푼다. 암컷의 제3배마디는 앞 종보다 두껍다. 배의 각 마디의 노란 무늬는 앞 종보다 더 붉고, 넓어진다. 개미허리왕잠자리처럼 수컷은 뒷날개 끝에 옅은 갈색 무늬가 있다. 수컷의 위부속기는 움푹 휘어지고, 아래에 혹 같은 부분이 없다. 위에서 보면 양 부속기 사이에 잔털이 앞 종보다 수북하다. 위부속기는 앞 종보다 길고, 가늘다. 암컷의 위부속기 안 가장자리의 잔털은 앞 종보다 상대적으로 많다.

생태 산지에서 나무그늘이 생기는 계곡에 사는데, 앞 종보다 조금 하류에 치우쳐 산다. 6월 말~9월 중순에 보인다. 앞 종처럼 암컷이 수면 가까이의 젖은 나무줄기 등 목질부에 알을 낳는다.

분포 한국(중부 일부 지역), 중국(광둥, 광시, 하이난, 구이 저우), 베트남 북부, 라오스 북부

어원 우리 이름은 '한국에 분포하는 개미허리왕잠자리'를 뜻하며, 정광수(2011)가 지었다. 종 이름(*karubei*)은 일본 잠자리 학자 'Karube'를 뜻한다.

분류 정광수(2011)는 개미허리왕잠자리, 중국에 기록이 있는 *B. sinensis* Asahina, 1978과 전혀 다른 개체들을 분리하고, 애벌레로 신종(*B. jamjari* Jung, 2011)을 기재하였다. 이 기재문에는 어른벌레의 형태 특징과 기준표본(holotype)의 설정에 대한 설명이 없다. 다만 이후의 도감(2018)에 나온 어른벌레의 특징을 살피면 뚜렷이 개미허리왕잠자리와 다른 새로운 종이 틀림없다. 하지만 Yokoi (2002)가 라오스의 개체로 신종이라고 기재했던 *B. karubei*와도 차이(일부 색의 차이는 지역 변이로 해석)가 크지 않은 것으로 판단된다. Yokoi (2002)는 일본의 개미허리왕잠자리

와 *B. sinensis*, *B. karubei*의 특징을 비교하면서, *B. karubei*의 머리와 더듬이의 일부의 색이 다르다고 설명하였다. 또 Wilson과 Xu (2008)는 1) 날개가슴에 노란 줄이 넓고, 2) 수컷의 위부속기 아래에 작은 혹이 없는 점, 3) 부속기 끝이 뾰족한 점으로 *karubei*의 특징을 설명하였다. 이를 종합하면 한국개미허리왕잠자리와 *B. karubei*는 외부형태 뿐 아니라 부속기 등에서도 유의한 차이가 없다고 판단된다(표 1). 물론 일부의 노란 무늬의 생김새, 수컷의 위부속기의 바깥 가장자리가 곧은 정도, 애벌레의 몇 가지 특이한 부분 등의 미세한 차이를 포함한 분류학 문제에 대해서는 앞으로 형태와 분자학으로 연구가 더 필요하다. 또한 한반도 개체군에 대한 아종 지위를 주는 것을 포함한 분류의 고찰도 필요하다.

표 1. *Boyeria*속의 종 특징 비교

	개미허리왕잠자리 (한국)	*B. sinensis* (중국 사천)	*B. karubei* (라오스)	*B. karubei* (중국 광시, 광동)	한국개미허리왕잠자리 (한국)
표본	성숙 암수 개체	미숙한 개체	탈피 단계의 성충	성숙 암수 개체	성숙 암수 개체
머리	머리는 검고, 뒷이마방패 양옆과 앞이마, 큰턱 기부가 황갈색	얼굴은 갈색기가 있는 노란색	뒷이마방패는 갈색	얼굴은 갈색기가 있는 노란색	머리는 검고, 뒷이마방패는 적갈색
날개가슴	가슴선은 암컷에서 희미하다.	가슴선은 희미하거나 없다.	가슴선은 뚜렷하다.	가슴선은 암컷에서 희미하다.	가슴선은 뚜렷하다.
가슴 정중선	갈색	노란색	노란색	옅은 갈색	옅은 적갈색
수컷의 위부속기	끝이 뾰족하고, 아래에 작은 혹 부분이 있다.	끝이 둥글고, 아래에 뚜렷한 혹 부분이 있다.	끝이 뾰족하고, 아래에 돌기가 없다.	끝이 뾰족하고, 아래에 돌기가 작거나 거의 없다.	끝이 뾰족하고, 아래에 돌기가 없다.
배의 노란 무늬	제4~8배마디 위에 중앙에서 나뉜 넓은 노란 점	제3~7배마디 위 중앙에 노란 띠가 있다.	제4~8배마디 위 중앙에서 좁게 나뉜 넓은 노란 점	제4~8배마디 위 중앙에서 나뉜 넓은 노란 점	제4~8배마디 위에 중앙에서 나뉜 넓은 노란 점

잠자리 외에 이런 분포형은 '큰수리팔랑나비'가 보인다. 이 나비는 경기도 광릉과 중국 남부에 떨어져 분포한다. 이 2종(한국개미허리왕잠자리, 큰수리팔랑나비)의 분포에 대한 지사의 이유가 궁금하다.

한편 조성빈(2019)은 종 이름 *jamjari* Jung, 2011에 대해서 동종이명과 무효명을 모두 언급했다. 이 둘은 선택의 문제가 아니다. 기재문이 불완전하므로 무효명이라고 할 수 있다.

♂ (왼쪽), ♀ (오른쪽), 경기 양평

▲ 수컷(경기 양평, 2013. 8. 13)

▲ 암컷(경기 양평, 2012. 8. 3)

▲ 나무에 알 낳기(경기 양평, 2012. 8. 3)

▲ 바위에 알 낳기(경기 양평, 2015. 8. 13)

ENG **Southern Spectre**

Size AL: 57mm, HL: 53mm.

Flight period Late June to mid September (univoltine).

Habitat Clean-water streams.

Biology It lives in a valley where tree shades are provided in the montane region and lives in a little more downstream than the previous species. Like the previous species, females lay eggs in the woody areas, such as wet tree trunks near the surface of the water.

Distribution Korea (C), China (Gwangdong, Gwangxi, Hainan, Guizhou).

Status Rare. We have found only a few of this species at clean streams of Yeoncheon (larvae), Yangpyeong, and Hoengseong.

Remarks The new species, *B. jamjari* Jung, 2011 is treated nom. nud, as it is morphologically close to *B. karubei* Yokoi, 2002.

Genus ***Aeschnophlebia*** Selys, 1883

Aeschnophlebia Selys, 1883, Bull. Acad. R. Belg. 5 (3): 742.

Type species: *Aeschnophlebia optata* Selys, 1883.

Aeschnophlebia속의 종 검색표

날개가슴 옆은 검은 줄이 있는 외에는 황록색이다. 앞날개 매듭은 중앙보다 뚜렷이 안쪽에 위치한다. ------ 긴무늬왕잠자리
날개가슴 중앙에 굵은 검은 줄이 있다. 앞날개 매듭은 중앙에 있다. -------------------- 큰긴무늬왕잠자리

긴무늬왕잠자리 *Aeschnophlebia longistigma* Selys, 1883

Aeschnophlebia longistigma Selys, 1883, Ann. Soc. Ent. Belg. 27: 123; Doi, 1940: 614; Lee, 2001: 71; Jung, 2007: 292; Kim, 2011: 98; Jung, 2011: 182. Type locality: Japan.

형태 배 길이 48mm, 뒷날개 길이 44mm 안팎으로 수컷의 겹눈은 광택이 강한 파란색, 암컷은 파란기가 거의 없는 어두운 갈색이다. 앞이마에 'T'자 모양의 무늬가 있다. 날개가슴은 황록색 바탕에 어깨선 위의 검은 줄이 있다. 제2가슴선 위의 검은 줄은 가늘다. 배 중앙의 황록색 줄은 뚜렷하다. 수컷의 배 끝 위부속기는 가늘고 길며 끝이 위로 향한다. 암컷 날개는 노란기가 있다.

생태 해안에서 갈대와 부들이 무성한 습지와 소류지, 내륙 평지에서 우포늪 같은 늪지와 여러 묵논 등지에서 산다. 5월 말~8월에 보인다. 미숙한 개체들은 가까운 갈대숲에서 볼 수 있으며, 갈대 줄기에 수직으로 앉는다. 암컷은 홀로 물 위의 부들 줄기 중간 부분에 알을 낳는다. 오후에 온도가 올라가면 공중에서 무리지어 날기도 하고, 갈대 사이를 누비기도 하면서 앉아있는 작은 곤충(실잠자리류 등)뿐 아니라 거미줄의 거미도 사냥을 한다.

분포 한국(중부 이남, 제주도), 일본, 중국(중, 북부), 러시아 극동 지역

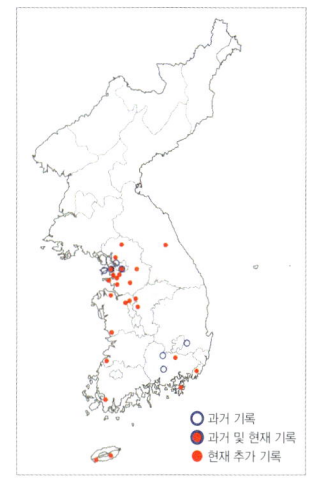

⟨♂ (왼쪽), ♀ (오른쪽), 경기 용인⟩

어원 우리 이름은 '깃무늬가 길다'는 뜻이다. 종 이름(*longistigma*)은 'longi (길다)와 stigma (깃무늬)'를 뜻한다. 속 이름(*Aeschnophlebia*)은 'Aeschno (왕잠자리)와 phlebia (날개맥)'의 합성어이다.

분류 Doi (1940)는 서울(태릉)에서 채집한 개체로 처음 기록하였다.

▲ 암컷 비행(경기 파주, 2009. 6. 15)

▲ 짝짓기(경기 김포, 2012. 6. 7)

▲ 먹이사냥(서울 마포, 2012. 6. 8)

▲ 알 낳기(경기 김포, 2012. 6. 7)

ENG Black-striped Darner

Size AL: 48mm, HL: 44mm.

Flight period Late May to August (univoltine).

Habitat Coastal marshy sites or plain ponds.

Distribution Korea (C, S, Is. Jeju), Japan, China (C, N).

Status Common.

큰긴무늬왕잠자리 *Aeschnophlebia anisoptera* Selys, 1883

Aeschnophlebia anisoptera Selys, 1883, Ann. Soc. Ent. Belg. 27: 123; Yoon, 1988: 259; Lee, 2001: 72: Jung, 2007: 294. Type locality: Japan.

형태 배 길이 51mm, 뒷날개 길이 47mm 안팎으로 수컷의 겹눈은 광택이 강한 파란색, 암컷은 파란기가 거의 없는 어두운 갈색이다. 이마의 'T'자 모양 무늬 아래에 검고 큰 반원 모양의 무늬가 있다. 제1, 2가슴선 위의 검은 줄은 합쳐지나 그 사이에 가늘게 황록색 줄이 나타난다. 배 중앙의 황록색 줄은 제1, 2배마디에만 있다. 성숙해지면 날개가 검어지는 개체가 많다. 긴무늬왕잠자리보다 배가 더 굵은 편이고, 전체가 어둡다.

생태 제주도 한경면 용수저수지 주변에서 사는데, 앞 종보다는 숲과 가까운 장소에서 볼 수 있다. 5월 말~9월 초에 보인다. 먹이사냥은 황혼 무렵에 이루어진다. 암컷은 홀로 갈대 사이의 진흙에 배를 꽂거나 고사목에 알을 낳는다.

분포 한국(제주도 용수저수지), 일본, 중국

어원 우리 이름 '큰무늬'는 Yoon (1988)이 지었는데, 정확히 무엇이 큰지 모호하며, 아마 별 뜻 없이 '앞 종보다 크다'를 뜻하는 것 같다. 이승모(2006)는 '큰긴무늬왕잠자리'라고 했는데, 뜻이 뚜렷하여 여기에서 이에 따랐다. 종 이름 (*anisoptera*)은 '다른 날개의'를 뜻하는데, 앞날개 매듭이 앞 종과 달리 거의 날개 가운데에 위치한 데에서 유래한다.

분류 Yoon (1988)은 제주도에서 채집한 애벌레로 처음 기록하였다.

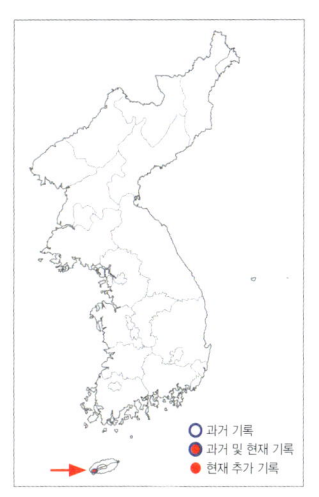

⟨♂ (왼쪽), ♀ (오른쪽), 제주 한경⟩

▲ 수컷(제주 한경, 2013. 7. 8)

▲ 암컷(제주 한경, 2011. 7. 11)

▲ 수컷 비행(제주 한경, 2012. 6. 11)

▲ 알 낳기(제주 한경 2013. 7. 8)

ENG Grand Black-striped Darner

Size AL: 51mm, HL: 47mm.
Flight period Late May to early September (univoltine).
Habitat Small ponds near forests.
Distribution Korea (Is. Jeju), Japan, China.
Status Rare.

Genus ***Gynacantha*** Rambur, 1842

Gynacantha Rambur, 1842, Histoire naturelle des insects. Nevropteres (Suites a Buffon). Roret. Paris. 209.
Type species: *Gynacantha nervosa* Rambur, 1842.

→ 잘록허리왕잠자리 *Gynacantha japonica* Bartenev, 1910

Gynacantha japonica Bartenev, 1910, Samml. Zool. Mus. Univ. Tomsk. 11-12: 7; Doi, 1943: 162; Asahina, 1989c: 14. Type locality: Matsuyama (Japan).
Gynacantha hyalina: Ichikawa, 1906: 183; Doi, 1933: 94; Doi, 1937: 8.

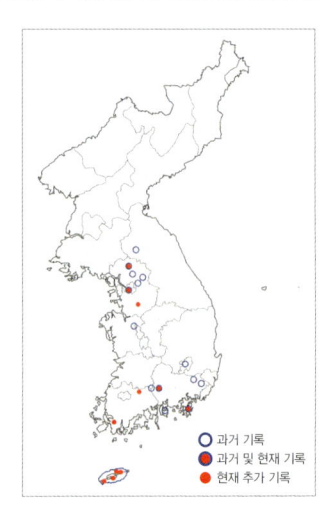

형태 배 길이 47mm, 뒷날개 길이 48mm 안팎으로 수컷의 겹눈은 광택이 덜한 파란색으로 갈색 기운이 돌고, 암컷은 수컷보다 갈색 기운이 더 돈다. 앞이마는 폭이 넓고 위로 각이 지는데, 'T'자 모양 무늬가 있다. 날개가슴은 황록색으로 위의 중앙만 검다. 배 중앙의 황록색 줄은 제1, 2배마디에 있고, 배마디 가운데의 가는 줄은 제2~8배마디(암컷은 제2~7배마디)에 있다. 미숙한 개체는 몸 색이 옅은 갈색이다가 성숙해지면 황록색으로 변한다. 수컷의 배 끝 위부속기와 암컷 배끝털은 가늘고 길다. 수컷의 제3배마디는 아주 잘록하다. 제주도 개체군은 육지보다 몸 색이 진한 편이다.

생태 관목림이 주변에 있는 평지의 습지와 묵논에서 산다. 7~10월에 보인다. 가을에 논과 습지의 진흙 바닥에 산란된 알은 월동 후 6월 이후의 장마 기간이 되어서야 비로소 부화하여 짧은 애벌레 기간을 보낸다. 미숙할 때에는 숲에서 황혼 무렵에 먹이사냥을 하고, 낮에는 나무그늘에 붙어 쉰다. 늦가을에 성숙해지면 낮에도 활동한다. 암컷은 홀로 논과 습지 부근의 젖은 진흙에 알을 낳는다.

분포 한국(황해도 이남, 제주도), 일본, 중국, 타이완

어원 우리 이름은 '허리가 잘록한'을 뜻하며, 개미허리와 상통한다. 종 이름(*japonica*)은 '일본의'라는 뜻이고, 속 이름(*Gynacantha*)은 'gyn (암컷)과 accantha (가시가 있다)'의 합성어이다.

분류 Ichikawa (1906)는 제주도에서 채집한 개체로 *Gynacantha hyalina*라고 기록하였으나 오동정이다. 이 종을 바로 인식한 학자는 Doi (1943)이다. 아마 아사히나의 조언에 따른 것으로 보인다. 가장 오래된 채집지 기록은 제주도(Ichikawa, 1906)이고, 이 밖에 경기도 장단(Doi, 1933), 황해도 박연, 서울, 충청남도 천안(Doi, 1937)이 있다.

〈♂ 미숙(왼쪽), 성숙(오른쪽), 서울 강동〉

〈♀ 미숙(왼쪽), 성숙(오른쪽), 서울 강동〉

▲ 수컷 비행(서울 강동, 2012. 10. 6)

▲ 암컷 비행(서울 강동, 2012. 10. 6)

▲ 짝짓기(서울 강동, 2012. 10. 25)

▲ 알 낳기(제주 서귀포, 2017. 9. 25)

ENG Blue-spotted Dusk-Hawker

Size AL: 47mm, HL: 48mm.

Flight period July to October (univoltine).

Habitat Wet muddy sites like rice paddies.

Distribution Korea (C, S, Is. Jeju), Japan, China, Taiwan.

Status Less common.

Genus ***Anaciaeschna*** Selys, 1878

Anaciaeschna Selys, 1878, Mitt. K. Zool. Mus. Dresden 3: 317.

Type species: *Aeschna jaspidea* Burmeister, 1839.

→ 도깨비왕잠자리 *Anaciaeschna martini* (Selys, 1897)

Aeschna martini Selys, 1897, Ann. Soc. Ent. Belg. 41: 431. Type locality: Japan.

Aeschna guttata: Kim, 2001: 9. (misidentification)

Anaciaeschna martini: Lee, 2001: 61; Jung, 2007: 283.

형태 배 길이 50mm, 뒷날개 길이 43mm 안팎으로 수컷의 겹눈은 광택이 강한 파란색으로 절반 위가 색이 더 짙어지고, 암컷은 황록색 바탕에 윗부분에서 갈색이 넓게 짙어진다. 앞이마에는 'T'자 모양의 무늬가 있다. 날개가슴은 황록색이 약하고, 제1, 2가슴선 위의 갈색 줄은 합쳐져 굵은 띠가 된다. 배 위는 무늬가 없고, 옆에는 고리가 희미한 옅은 무늬가 있다. 성숙한 수컷은 전체가 갈색을 띠고, 겹눈과 가슴, 제2, 3배마디는 파랗다. 암컷은 날개밑이 넓게 짙은 갈색을 띤다. 수컷의 배 끝은 갈고리 모양이다.

생태 낮은 산지와 평지에서 키 낮은 사초과식물 또는 벼과식물이 무성한 못과 습지, 묵논에서 산다. 7~8월에 보인다. 황혼 무렵에 먹이사냥을 하는데, 높게 날다가 일직선으로 빠르게 내려오기도 한다. 암컷은 홀로 물가에 날아와 부들과 같은 식물의 줄기 속에 알을 낳는다.

분포 한국(충청북도 진천 이남, 제주도), 일본, 타이완, 인도 남부

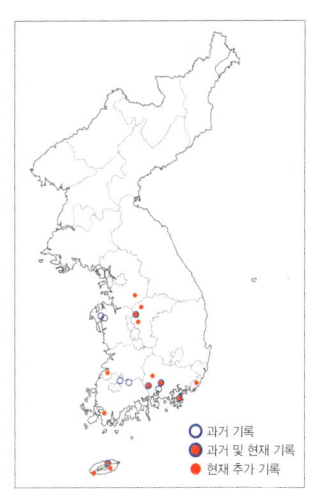

〈♂ (왼쪽), ♀ (오른쪽), 충북 진천〉

▲ 수컷(일본 사이타마현, 2019. 7. 30)

▲ 암컷 비행(경남 산청, 2016. 7. 25)

▲ 알 낳을 준비하는 암컷(경남 산청, 2016. 7. 25) ▲ 알 낳기(충북 진천, 2009. 7. 27)

어원 우리 이름은 '도깨비처럼 채집이 어렵다. 또는 황혼 무렵 날아다니므로 도깨비 같다'를 뜻하는 것으로 보이며, 이승모(1996)가 지었다. 종 이름(*martini*)은 프랑스의 잠자리 학자 'R. Martin'을 뜻한다. 속 이름(*Anaciaeschna*)은 '*Anax* (왕잠자리속), *Aeschna* (별박이왕잠자리)'의 합성어이다.

분류 이승모(1996)는 경상남도 사천과 진주에서 채집한 개체로 처음 기록하였다. Kim (2001)도 같은 장소에서 채집한 개체를 남방왕잠자리로 잘못 기록한 적이 있었다.

ENG Aurora Darner

Size AL: 50mm, HL: 43mm.

Flight period July to August (univoltine).

Habitat Small weedy ponds near mountains.

Features When matured, the male's compound eyes become dark blue and their abdomen becomes brown with spots. Females have yellow-green spots on their brown abdomen and their wings turn brown.

Distribution Korea (C, S, Is. Jeju), Japan, China, Taiwan, India (S).

Status Rare.

Genus ***Polycanthagyna*** Fraser, 1933

Polycanthagyna Fraser, 1933, J. Bombay Nat. Hist. Soc. 36 (2): 463.

Type species: *Aeschna erythromelas* Mclachlan, 1896.

→ 황줄왕잠자리 *Polycanthagyna melanictera* (Selys, 1883)

Aeschna melanictera Selys, 1883, Ann. Soc. Ent. Belg. 27: 119. Type locality: Japon à Yokohama.
Aeschna melanictera: Okamoto, 1924: 52.
Polycanthagyna melanictera: Asahina, 1989c: 14; Lee, 2001: 69: Jung, 2007: 290.

형태 배 길이 59mm, 뒷날개 길이 52mm 안팎으로 수컷의 겹눈은 광택이 강한 파란색으로 절반 위에서 색이 짙어지고, 암컷은 황록색 바탕에 윗부분에서 갈색이 짙어진다. 앞이마는 검다. 성숙한 수컷의 몸은 황록색이고, 암컷은 제1~3배마디가 황록색이거나 노란색이다. 암컷의 날개가슴에는 굵은 황록색 줄이 있다. 제1, 2가슴선 위의 검은 줄은 합쳐져 1개처럼 보인다. 배 위의 황록색 줄은 제1, 2배마디에만 있고, 마디 중앙의 노란 무늬는 제3~7

배마디(암컷은 제7배마디의 노란 무늬가 가장 크다.)에 있다. 제10배마디의 윗부분은 노란색으로 뚜렷한 돌기가 있다. 성숙한 수컷은 제2, 3배마디 아래가 조금 파랗다. 암컷의 날개밑은 오렌지색이다.

생태 맑은 물이 유입되는 산지의 계곡에서 주변에는 식생이 좋고, 추수식물이 없는 작은 웅덩이에서 산다. 바닥에 낙엽이 깔리고, 올챙이와 도롱뇽이 사는 곳이기도 하다. 6~9월에 보인다. 흐리거나 황혼 무렵에 먹이사냥을 하는데, 수컷은 낮에도 암컷을 찾아 날아다니는 모습을 볼 수 있다. 암컷은 홀로 계곡의 작은 웅덩이를 찾아 바닥의 이끼와 진흙에 알을 낳는다.

분포 한국(중부 이남, 제주도), 일본, 중국

어원 우리 이름은 '몸에 있는 줄이 노란'을 뜻하며, 이승모(1996)가 지었다. 종 이름(*melanictera*)은 '검은색과 노란색'을 뜻한다. 속 이름(*Polycanthagyna*)은 'poly (많다)와 canthagyna (가시가 있다)'의 합성어로 암컷 배 끝의 여러 돌기들의 모습에서 유래한다.

분류 Okamoto (1924)는 제주도에서 채집한 개체로 처음 기록하였다.

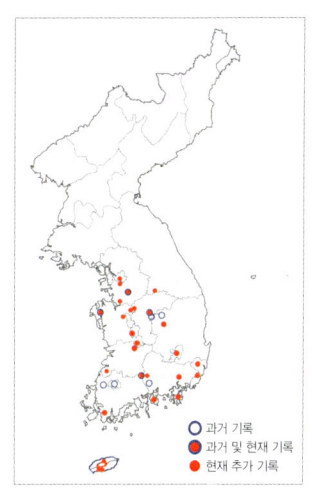

▲ 수컷(경기 용인, 2014. 7. 14)

▲ 수컷 비행(경기 용인, 2016. 7. 21)

▲ 암컷 비행(경기 용인, 2019. 7. 22)

▲ 알 낳기(경기 용인, 2019. 7. 22)

⟨♂ (왼쪽), ♀ (오른쪽), 경기 용인⟩

 Yellow-striped Darner

Size AL: 59mm, HL: 52mm.

Flight period June to September (univoltine).

Habitat Shaded wetlands near mountains, flowing streams.

Distribution Korea (C, S, Is. Jeju), Japan, China.

Status Less common.

Genus *Aeshna* Fabricius, 1775

Aeshna Fabricius, 1775, Syst. Entom.: 424.

Type species: *Libella grandis* Linnaeus, 1758.

***Aeshna*속의 종 검색표**

1. a 날개가슴에는 황록색 무늬가 거의 없다. 앞날개 매듭앞 횡맥은 17개 이하이다. ------------------------- 2
   b 날개가슴에는 황록색 무늬가 뚜렷하다. 앞날개 매듭앞 횡맥은 18개 이상이다. ---------------------- 3
2. a 수컷의 배 끝 아래부속기가 상대적으로 짧다. ------------------------- 애별박이왕잠자리
   b 수컷의 배 끝 아래부속기가 상대적으로 길다. ------------------------- 하늘별박이왕잠자리
3. a 가슴의 제1가슴선은 위쪽에서 가늘어진다. 제2배마디 등 중앙에 세로줄이 뚜렷하고, 제4~7배마디 앞 고리무늬가 없다.
   ------------------------- 참별박이왕잠자리
   b 가슴의 제1가슴선은 폭이 일정하다. 제2배마디 위쪽에서 세로줄이 작고 가늘며, 제4~7배마디 앞 고리무늬가 뚜렷하다.
   ------------------------- 별박이왕잠자리

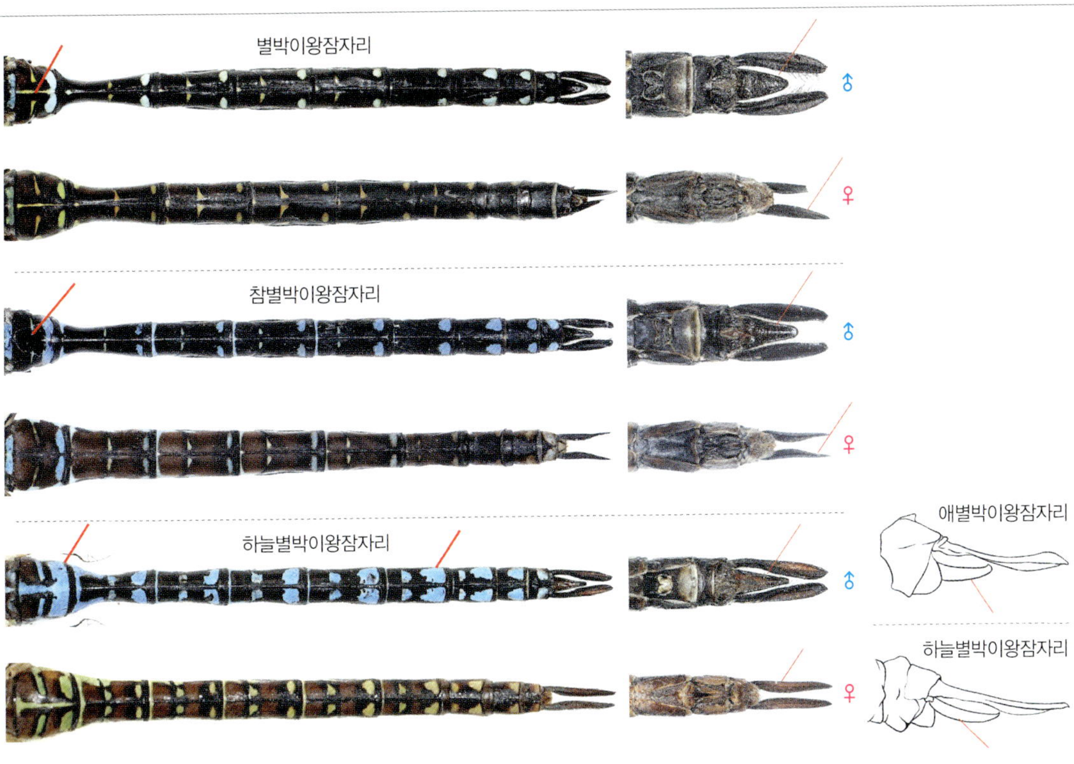

〈별박이왕잠자리와 참별박이왕잠자리, 하늘별박이왕잠자리, 애별박이왕잠자리의 비교〉

→ 하늘별박이왕잠자리(환원) *Aeshna mixta* Latreille, 1805

Aeshna mixta Latreille, 1805, Hist. Nat. Crust. Ins. 13: 7; Kim, 1988: 156; Jung, 2007: 265; Kim, 2011: 103. Type locality: Finland.

형태 배 길이 45mm, 뒷날개 길이 42mm 안팎으로 수컷의 겹눈은 광택이 강한 파란색으로 절반 아래에 푸른 기가 있고, 암컷은 짙은 황록색 바탕에 윗부분에서 갈색이 넓게 짙어진다. 앞이마에는 'T'자 모양의 무늬가 있다. 날개가슴에서 보이는 황록색 줄은 수컷에서 가늘어지고 암컷에서 아예 없어진다. 제1, 2가슴선은 넓게 합쳐지나 아래로 내려가면서 가늘어진다. 배 위 중앙에 작은 점이 있고, 뒤의 무늬는 크며, 그 앞에 고리 무늬가 있다. 성숙한 수컷은 황록색 바탕에 푸른 기가 있고, 배가 파란색이다. 암컷은 몸바탕이 노란색과 황록색, 파란색 등 변이가 있다. 날개는 투명하다.

생태 부들 등 추수식물이 많은 호수와 참게가 보이는 해안 염습지에서 산다. 7~10월에 보인다. 수컷은 못 위에서 제자리날기를 하는 일이 있는데, 가을에 성숙해지면 이런 모습은 더 잦아지며, 암컷을 기다리는 행동으로 보인다. 암컷은 홀로 부들 등 식물 줄기 속에 알을 낳는다.

분포 한국(연평도를 포함한 경기도 일부 지역, 울릉도, 평양), 일본을 포함한 구북구

어원 우리 이름은 '하늘색 왕잠자리'라는 뜻이며, 김정환(1998)이 지었다. 다음의 애별박이왕잠자리를 이 종이라

고 몇몇 학자들이 혼동하였기에 여기에서 재조정한다. 종 이름(*mixta*)은 '혼합된 잡종'을 뜻한다.

분류 김정환(1988)은 경기도 광명에서 채집한 개체로 처음 기록하였다.

▲ 수컷 비행(경기 파주, 2011. 9. 13)

▲ 짝짓기(암컷 한색형, 경기 시흥, 2013. 10. 1)

▲ 짝짓기(암컷 딴색형, 경기 시흥, 2013. 9. 26)

▲ 알 낳기(경기 시흥, 2013. 10. 1)

〈♀ 경기 시흥〉

⟨♂ 경기 시흥⟩

ENG **Migrant Hawker**

Size AL: 45mm, HL: 42mm.
Flight period July to October (univoltine).
Habitat Coastal saltine marshes, ponds.
Biology It is characterized by sitting horizontally on the leaves, rather than hanging on objects like other Hawkers.
Distribution Korea (C), Japan, China, Paleoarctic region.
Status Rare. It lives in 4 sites on the west coast (Is. Okgudo, Mapo, Incheon, Is. Daebudo, and Ansan). In recent years, its population has dropped sharply.

애별박이왕잠자리 *Aeshna caerulea* (Ström, 1783)

Libellula caerulea Ström, 1783, Nye Saml. af K. Danske Vid. Selsk. Skrift. 2: 90. Type locality: N. Europe.
Aeshna mixta: Doi, 1940b: 64. (misidentification)
Aeshna caerulea: Doi, 1943: 163; Asahina, 1989c: 15; Lee, 2006: 20.

형태 배 길이 42mm, 뒷날개 길이 39mm 안팎으로 눈 색은 앞 종과 거의 같으나 한층 짙다. 앞이마에는 'T'자 모양의 무늬가 있다. 날개가슴에는 2개의 황록색 줄이 있다. 표본을 검토한 아사히나의 오래된 표본은 배의 색이 탈색이 되어서 잘 보이지 않지만 흑청색 바탕에 파란 점무늬가 마디 끝에 나타난다. 수컷의 배 끝 아래부속기는 하늘별박이왕잠자리보다 뚜렷이 짧아 차이가 난다.
생태 겨울이 특히 길고, 기온이 낮으며, 여름이 짧은 지역인 한반도 동북부의 높은 산지에서 산다. 7~8월에 보인다. 특별한 생태 기록은 없다.
분포 한국(양강도 백암군 대택, 북계수), 중국 동북부, 러시아 극동 지역, 캄차카에서 유럽까지
어원 우리 이름은 '작은(아기 같은) 왕잠자리'를 뜻한다. 이제까지 이 종을 앞 종으로 잘못 알고 써 왔으므로, 원래대로 환원하였다. 종 이름(*caerulea*)은 '짙은 파란색(Azure blue)'을 뜻하는데, 몸 색에서 유래한다.
분류 Doi (1940b)는 양강도 백암군 대택과 북계수에서 채집한 개체로 *Aeshna mixta*로 잘못 기록했다가 Asahina의 조언으로 *Aeshna caerulea*로 수정하여 처음 기록하였다(Doi, 1943).

이 종은 북극권을 중심으로 분포하며, 한반도 북부의 고지대(1,700m)에서 발견된다(Asahina, 1989c). 글쓴이 중 한 사람인 김성수가 일본의 과학박물관에서 Doi가 채집한 표본 2개체를 확인하였다.

〈♂ 양강도 북계수〉

▲ 수컷(카자흐스탄 알타이, 2010. 7. 27)

▲ 암컷(카자흐스탄 알타이, 2010. 7. 27)

🇪 Azure Hawker

Size AL: 42mm, HL: 39mm.

Flight period July to August (univoltine).

Habitat High altitude, such as Mt. Baekdusan in the northern part of the Korean peninsula, where low temperatures, long, cold winter and short summer offer difficult environment for other dragonflies to survive.

Distribution Korea (N), China (NE), Russian Far East, Kamchatka to Europe.

Status Unknown. This species inhabits North Korea.

Note. Doi (1940b) first recorded *Aeshna mixta* collected in high altitude area of North Korea, but Doi (1943) later corrected this species.

참별박이왕잠자리 *Aeshna crenata* Hagen, 1856

Aeshna crenata Hagen, 1856, Stettiner ent. Ztg. 17: 369; Asahina, 1939: 193; Doi, 1943: 163; Asahina, 1989c: 15; Lee, 2001: 59; Jung, 2007: 267; Kim, 2011: 106. Type locality: N. Palaearctic.
Aeshna melanictere: Doi, 1932: 66. (misspelling of melanictera)
Aeshna nigroflava: Doi, 1932: 93; Doi, 1943: 163. (misidentification)

형태 배 길이 63mm, 뒷날개 길이 56mm 안팎으로 수컷의 겹눈은 광택이 강한 파란색으로 절반 위에서 색이 짙어지고, 암컷은 황록색 바탕에 윗부분에서 갈색이 짙어진다. 앞이마에는 'T'자 모양의 무늬가 있다. 날개가슴의 황록색 줄은 수컷에서 뚜렷해지고 암컷에서 없어지는 경향을 보인다. 제1, 2가슴선은 넓게 합쳐진다. 배 위의 중앙에는 작은 점이 있고, 뒤의 무늬는 크다. 성숙한 수컷은 가슴이 연두색, 배가 파란색을 띠고, 암컷은 연두색 바탕이나 가끔 배만 파란 바탕인 개체도 있다. 수컷 제10배마디 위에는 돌기가 있고, 배 끝의 위부속기는 움푹해 보이고 위에서 보면 바깥이 거의 직선이다. 날개는 투명하나 오래된 암컷은 노래진다.

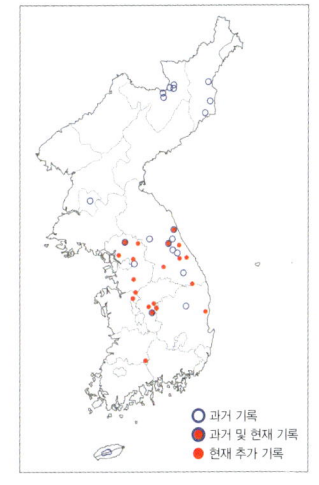

생태 산지에서 식생이 좋고 사초과식물과 추수식물이 많은 못에서 사는데, 별박이왕잠자리보다 상대적으로 큰 못에서 산다. 물 위에 죽은 식물체가 떠 있고, 못 주변에 하천이 있는 곳을 좋아한다. 7~9월에 보인다. 미숙한 개체는 숲 계곡을 오르내리면서 먹이활동을 한다. 수컷은 왕복 비행을 하다가 흐려지거나 바람이 세차지면 제자리날기도 한다. 암컷은 홀로 수면 가까이 떠 있는 부들 줄기와 수중의 죽은 나무줄기에 알을 낳는다.

분포 한국(경상북도와 충청북도 이북의 500m 이상의 산지, 제주도 중산간 지역), 일본, 러시아 극동 지역-유럽

어원 우리 이름은 '우리나라 별박이왕잠자리'를 뜻한다. 종 이름(*crenata*)은 '톱날 모양의 잎'을 뜻한다.

분류 Asahina (1939)는 함경북도 나남(청진)과 양강도 보천보, 대진평에서 채집한 개체로 처음 기록하였다. 잘못 기록된 적이 있는 *Aeshna nigroflava* Martin, 1908은 일본에만 분포하며, 최근 DNA의 분석 결과(Karube et al., 2012), 이 종과 같은 종으로 해석되었다.

〈♂ 충북 괴산〉

〈♀ 딴색형(왼쪽), 충북 괴산 / 한색형(오른쪽), 강원 인제〉

▲ 수컷(강원 인제, 2014. 7. 7)

▲ 수컷 비행(강원 인제, 2014. 8. 13)

▲ 암컷 비행(강원 인제, 2019. 8. 26)

▲ 알 낳기(암컷 한색형, 강원 인제, 2019. 8. 26)

 **Siberian Hawker**

Size AL: 63mm, HL: 56mm.
Flight period July to September (univoltine).
Habitat Ponds or still waters near mountains.
Distribution Korea (C, N, Is. Jeju), Japan to Europe.
Status Common.

별박이왕잠자리 *Aeshna juncea* (Linnaeus, 1758)

Libellula juncea Linnaeus, 1758, Syst. Nat. 1: 544. Type locality: Europe.
Aeshna juncea: Doi, 1937: 8; Asahina, 1939: 192; 1989c: 15; Lee, 2001: 57: Jung, 2007: 262.

형태 배 길이 52mm, 뒷날개 길이 50mm 안팎으로 수컷의 겹눈은 광택이 강한 파란색으로 절반 위에서 색이 짙어지고, 암컷은 황록색 바탕에 윗부분에서 갈색이 조금 짙어진다. 앞이마에는 'T'자 모양의 무늬가 있다. 날개가슴에는 황록색 줄이 뚜렷하다. 제1, 2가슴선은 넓게 합쳐진다. 배 각 마디 위의 중앙 양쪽에 앞에는 쐐기모양의 무늬가, 뒤에는 조금 크고 둥근 파란 무늬가 있다. 암컷은 몸이 연두색이거나 파란색 바탕인 2가지 경우가 있다. 날개는 투명한 편으로, 오래된 암컷에서는 조금 검어진다.

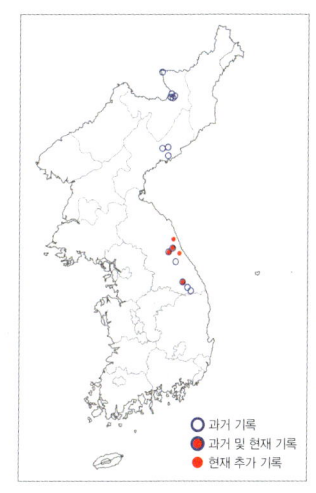

생태 강원도 백두대간의 산지에서 식생이 좋고 계곡 주위의 작은 웅덩이에서 사는데 주변에 사초과식물이 많은 곳이다. 7~9월에 보인다. 수컷은 주변 풀밭에서 먹이사냥을 하고 낮게 풀 사이를 누비며 암컷을 찾는 외에는 웅덩이에서 제자리날기를 한다. 암컷은 홀로 진흙이나 식물의 줄기, 물 위에 떠있는 나무 등에 알을 낳는다.

분포 전북구[한국(강원도 이북), 일본, 러시아 극동 지역-유럽 중부와 북부, 알래스카]
어원 우리 이름은 '몸에 별 같은 무늬가 있는 왕잠자리'를 뜻한다. 종 이름(*juncea*)은 '골풀'을 뜻한다. 속 이름(*Aeshna*)은 '크지만 접근하면 즉시 날아감'이라는 뜻이다.
분류 Doi (1937)는 함경북도 회령에서 채집한 개체로 처음 기록하였다.

▲ 수컷 비행(강원 인제, 2019. 8. 19)

▲ 암컷(강원 인제, 2017. 9. 1)

▲ 짝짓기(강원 인제, 2013. 9. 23)

▲ 알 낳기(강원 인제, 2014. 8. 13)

⟨♂ 강원 정선(왼쪽), 강원 인제(오른쪽)⟩

⟨♀ 강원 인제⟩

Common Hawker

Size AL: 52mm, HL: 50mm.
Flight period July to September (univoltine).
Habitat Small clean ponds near mountains.
Distribution Korea (C, N), Holarctic region, Japan to Central & Northern Europe and Alaska.
Status Less common.

Genus *Anax* Leach, 1815

Anax Leach, 1815, Edinburgh Encyclopaedia 9: 137.

Type species: *Anax imperator* Leach, 1815.

*Anax*속의 종 검색표

1. a 어깨선 위와 제2가슴선 위에 뚜렷한 검은 줄이 있다. ---------------------------- 먹줄왕잠자리
   b 날개가슴은 넓게 연두색으로 검은 줄이 없다. ------------------------------------- 2
2. a 제4~6배마디 옆에 옅은 색 부분은 뚜렷하고 앞, 가운데, 뒤에 3개의 점으로 나뉜다. ----------- 남방왕잠자리
   b 제4~6배마디 옆에 옅은 색 부분은 뚜렷하지 않고 앞, 가운데+뒤에 2개의 점으로 나뉜다. 뒤의 점은 가늘고 길다. -- 왕잠자리

〈왕잠자리와 먹줄왕잠자리, 남방왕잠자리의 비교(배 끝 부속기 위에서 본 모습과 아래에서 본 모습)〉

먹줄왕잠자리 *Anax nigrofasciatus* Oguma, 1915

Anax nigrofasciatus Oguma, 1915, Ent. Mag. Kyoto 1 (3): 121; Haku, 1937: 72; Doi, 1937: 8; Asahina, 1989c: 16; Lee, 2001: 64; Jung, 2007: 279. Type locality: Japan.

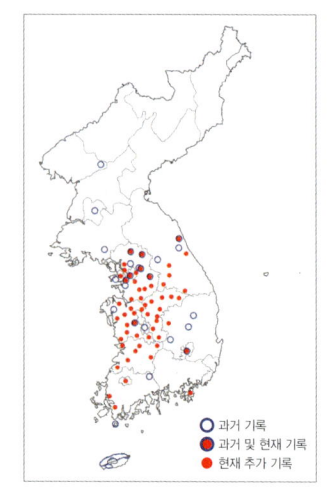

형태 배 길이 51mm, 뒷날개 길이 46mm 안팎으로 수컷의 겹눈은 광택이 있는 파란색인데, 여름 개체들에서 더 짙어지고, 암컷은 황록색 바탕에 윗부분에서 파란 기가 나타난다. 앞이마에는 'T'자 모양의 무늬가 있다. 어깨선에는 검은 줄이 있고, 제1가슴선 아래의 검은 줄이 제2가슴선 위의 검은 줄과 아래에서 이어진다. 암컷은 연두색 무늬가 있으나 한여름에 관찰되는 암컷에서 드물게 한색형이 보인다. 수컷의 배 끝 부속기는 위에서 보면 폭이 넓다. 날개밑은 옅은 갈색이다.

생태 평지와 산지에서 나무그늘이 있는 못과 둠벙, 묵논에서 산다. 4~9월에 보인다. 수컷은 못 안쪽을 둥글게 날면서 암컷을 찾는다. 주변의 풀밭으로 이동하여 먹이사냥을 한다. 암컷 홀로 부엽식물의 속에 알을 낳는다.

분포 한국(묘향산 이남, 제주도), 일본

어원 우리 이름은 '날개가슴에 있는 검은 줄'을 뜻한다. 종 이름(*nigrofasciatus*)은 'nigro는 검은색, fasciatus는 줄'을 뜻한다.

분류 Haku (1937)는 강원도 양양에서 채집한 개체로 처음 기록하였다.

▲ 수컷 비행(서울 상암, 2012. 5. 21)

▲ 짝짓기(경기 용인, 2014. 5. 13)

▲ 알 낳기(암컷 딴색형, 경기 능곡, 2013. 6. 8)

▲ 알 낳기(암컷 한색형, 충남 천안, 2011. 8. 16)

〈♂ (왼쪽), ♀ (오른쪽), 경기 용인〉

Blue-spotted Emperor

Size AL: 51mm, HL: 46mm.

Flight period April to September (bivoltine).

Habitat Ponds or slow running waters near mountains.

Distribution Korea, Japan, Holarctic region including China (C, S).

Status Common.

남방왕잠자리 *Anax guttatus* (Burmeister, 1839)

Aeschna guttata Burmeister, 1839, Handb. Ent. 2: 840; Lee, 2001: 66. Type locality: Java.
Anax guttata: Lee, 2001: 66.

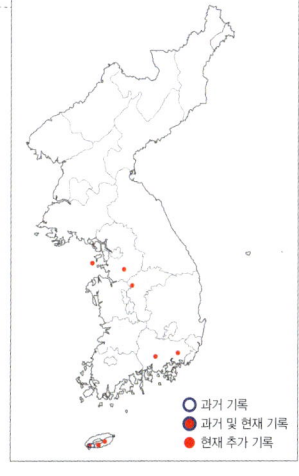

형태 배 길이 57mm, 뒷날개 길이 53mm 안팎으로 겹눈은 광택이 강한 푸른색으로 절반 위에서 색이 짙어진다. 앞이마에는 이마위선이 없다. 날개가슴은 전체가 연두색으로 검은 줄이 없다. 배의 파란 무늬는 좁지만 암수 모두 보이고, 은백색 부분도 나타난다. 수컷의 배 끝 위부속기는 길고, 바깥 부분에 돌기가 나온다. 수컷 뒷날개에는 둥근 등황색 무늬가 있으나 암컷은 거의 투명하다. 형태 특징으로 보아 왕잠자리보다 먹줄왕잠자리와 더 근연으로 보인다.

생태 평지에서 수생식물이 무성한 저수지와 웅덩이, 못에서 산다. 6~10월에 보인다. 수컷은 못 안쪽을 1m 정도의 높이로 직선으로 나는 습성이 있다. 암컷은 홀로 또는 수컷과 이어진 채로 마름 등에 알을 낳는다.

분포 한국(섬을 포함한 서해안과 남해안 지역, 제주도), 일본, 타이완, 동남아 열대 지

역, 아프가니스탄

어원 우리 이름은 '남쪽에서 발견되는 왕잠자리'를 뜻으로 이승모(2001)가 지었다. 종 이름(*guttatus*)은 '점이 있다'를 뜻한다.

분류 이승모(2001)는 제주도에서 채집한 개체로 처음 기록하였다.

⟨♂ 제주 한경(왼쪽), ♀ 일본 오키나와(오른쪽)⟩

▲ 수컷(제주 한경, 2015. 6. 29)   ▲ 수컷의 텃세(제주 조천, 2011. 7. 11)

Pale-spotted Emperor (Lesser Green Emperor)

Size AL: 57mm, HL: 53mm.

Flight period June to October (univoltine).

Habitat Reservoirs, open ponds and marshes with slowly flowing or standing freshwater.

Distribution Korea (C, S, Is. Jeju), Japan, Taiwan, Asia-Pacific regions, Afghanistan.

Status Rare. It is assumed to be a rare immigrant coming from southern subtropical region.

왕잠자리 *Anax parthenope* (Selys, 1839)

Aeshna parthenope Selys, 1839, Bull. Acad. Eulg.: 389. Type locality: Italy.

Anax dubius Lacroix, 1921, Ann. Soc. Linn. Lyon. 67: 45. Type locality: Quelpart (Corée).

Anax parthenope: Doi, 1932: 65; Lee, 2001: 62.

Anax parthenope julius: Asahina, 1989c: 15; Jung, 2007: 275.

〈♂ 경기 용인〉

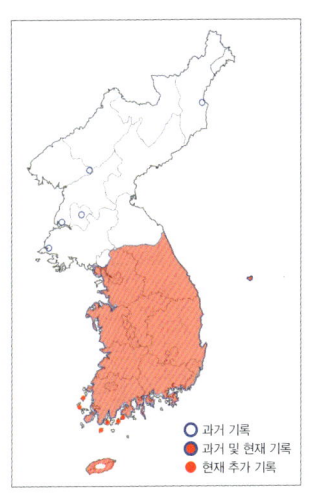

〈♀ 한색형(왼쪽), 충북 진천 / 딴색형(오른쪽), 경기 용인〉

형태 배 길이 53mm, 뒷날개 길이 51mm 안팎으로 겹눈은 광택이 강한 푸른색으로 절반 위에서 색이 짙어진다. 앞이마에는 검은 이마위선이 있고, 그 아래에서 파란 무늬가 나타난다. 날개가슴은 전체가 연두색으로 검은 줄이 없다. 제2배마디와 제3배마디 앞부분의 위와 옆이 수컷은 하늘색, 암컷은 연두색을 띠나 때때로 수컷과 한색을 띠기도 한다. 수컷의 배 끝 아래부속기는 짧다. 날개는 넓은 편이고, 옅게 노란색을 띠지만 오래된 암컷의 경우 날개가 조금 검어지는 편이다.

생태 평지의 저수지 따위의 큰 못과 인공으로 만든 비교적 큰 못에서 산다. 4~11월에 보인다. 수컷은 주변 풀밭에서 왕복 비행하며 먹이사냥을 하며, 낮 뿐 아니라 황혼에도 날아다닌다. 성숙해지면 습지 위 일정한 장소를 점유한다. 암수가 이어지거나 암컷 홀로 수면에 떠 있는 부들과 풀잎, 나무 등에 알을 낳는다.

분포 한국(전국), 일본, 중국, 러시아 극동 지역을 포함한 구북구의 중, 남부

어원 우리 이름은 '큰 잠자리'를 뜻한다. 종 이름(*parthenope*)은 '이 종의 첫 발견지인 이탈리아 나폴리의 옛 이름'을 뜻한다. 속 이름(*Anax*)은 '군주 또는 영웅'을 뜻한다.

분류 Lacroix (1921)가 제주도 표본으로 *Anax dubius*라는 신종을 기재한 기록이 최초이다. 아직 'World Odonata List (29 October 2018)'에서는 이를 의문종으로 표시하고 있으나 이미 Asahina (1989c)는 직접 표본을 확인한 후 이 종으로 정리하였다. 이에 대해 이승모 선생이 생전에 '남방왕잠자리로 보인다'라고 한 적이 있으나 실제 이 종의 표본을 보았는지는 불분명하다. 한반도의 아종은 *julius* Brauer, 1865를 적용하고 있다.

▲ 수컷 비행(경기 강화, 2017. 8. 21)

▲ 작은 잠자리를 사냥하는 암컷(인천 중구, 2019. 9. 23)

▲ 짝짓기(경기 고양, 2013. 6. 21)

▲ 알 낳기(암컷 딴색형, 경남 남해, 2011. 8. 11)

ENG **Lesser Emperor**

Size AL: 53mm, HL: 51mm.

Flight period April to November (univoltine).

Habitat Waters like ponds, rivers, lakes, even artificial reservoirs.

Distribution Korea, Japan, Holarctic region including China (C, S).

Status Quite common.

잠자리아목(Anisoptera)
측범잠자리과 Family Gomphidae Rambur, 1842

중, 대형으로, 겹눈은 작은 편이고, 서로 떨어진다. 세모방은 앞, 뒷날개가 같거나 앞날개 쪽이 짧다. 세모방에는 대부분 횡맥이 없다. 수컷 뒷날개 밑이 잘록해지고, 항각이 뾰족해진다. 제2배마디 옆에 귀 모양의 돌기가 있다. 대부분 항각실(al)이 없다. 암컷은 산란관이 없고, 생식판이 있다. 날개밑에 오렌지색을 띠기도 하나 색이 없는 종이 대부분이다. 오세아니아를 뺀 전 세계에 분포하고, 980여 종이 알려져 있다. 우리나라에는 15종이 있다.

〈측범잠자리과의 날개맥(♂ 왼쪽, ♀ 오른쪽)〉

어른벌레는 노란색과 검은색이 번갈아 나타난다. 미숙과 성숙 개체의 몸 색이 크게 달라지지 않는다. 주로 낮에 날개돋이를 하며 곤선형이다.

측범잠자리과(Gomphidae)의 속 검색표

1. a 날개가슴 위의 중앙에 황백색 줄(등줄기선)이 있다. ----------------------------------- 2
   b 날개가슴 위의 중앙에 황백색 줄(등줄기선)이 없다. ----------------------------------- 6
2. a 날개가슴 위의 중앙 좌우에 거의 또는 완전한 'Z'자의 굵은 노란 무늬가 있다. ----------- 3
   b 날개가슴 위의 중앙 좌우에 'L'자의 가느다란 노란 무늬가 있다. ------------------------ 5
3. a 날개가슴의 제2가슴선이 뚜렷하고 굵은 편이다. ------------------------------------- 4
   b 날개가슴의 제2가슴선이 뚜렷하지 않으며 가늘다. ---------------------------- Ophiogomphus
4. a 수컷의 위부속기는 길고 끝이 둥글게 만난다. ------------------------------ Nihonogomphus
   b 수컷의 위부속기는 아래부속기와 같고 끝이 뾰족ㄹ하고 'V'자 모양으로 갈라진다. ---------- Shaogomphus
5. a 겹눈의 색이 어두운 청록색이고, 수컷의 배 끝 부속기는 작다. ---------------------- Sieboldius
   b 겹눈의 색이 밝은 하늘색이고, 수컷의 배 끝 부속기는 갈고리 모양으로 크다. --------- Lamelligomphus
6. a 날개가슴 위의 노란 무늬는 끊어져 4부분이 된다. ------------------------------------ 7
   b 날개가슴 위 노란 무늬는 끊어져 2부분이 된다. ------------------------------------- 11
7. a 배마디에 노란 줄이 있다. --- 8
   b 배마디에 노란 줄이 없다. -- Davidius
8. a 제3~7배마디의 노란 줄은 위아래로 끊어진다. -------------------------------------- 9
   b 제3~7배마디의 노란 줄은 위아래로 이어져 고리 모양이다. ----------------------------- 10
9. a 제8배마디에는 부채 모양의 돌기가 있다. --------------------------- Sinictinogomphus
   b 제8배마디에는 부채 모양의 돌기가 없다. ---------------------------------- Gomphidia
10. a 제7~9배마디의 폭이 넓고 제9배마디의 노란 줄이 없다. ----------------------- Stylurus
    b 제7~9배마디의 폭이 특별히 넓지 않고 제9배마디의 노란 줄이 있다. ------------- Burmagomphus
11. a 제2~6배마디에는 위에 가느다란 노란 줄이 있고, 제7~9배마디가 특히 넓다. -------- Anisogomphus
    b 제2~6배마디에는 위의 노란 줄이 희미하고, 제7~9배마디의 폭이 거의 같다. -------------- 12
12. a 갈라진 배 끝 아래부속기는 위부속기보다 조금 길고 더 벌어진다. ----------------- Asiagomphus
    b 갈라진 배 끝 위부속기는 아래부속기보다 조금 길고 덜 벌어진다. ----------------- Trigomphus

Genus ***Sinictinogomphus*** Fraser, 1939

Sinictinogomphus Fraser, 1939, Proc. R. Ent. Soc. London 8 (b): 22.
   Type species: *Aeshna clavata* Fabricius, 1775.

부채측범잠자리 *Sinictinogomphus clavatus* (Fabricius, 1775)

Aeshna clavata Fabricius, 1775, Syst. Ent.: 425. Type locality: China.
Ictinus clavatus: Doi, 1933: 93; Asahina, 1989b: 12.
Sinictinogomphus clavatus: Chao, 1983: 107; Lee, 2001: 100, Lee, 2006: 31; Bae et Lee, 2002: 41.

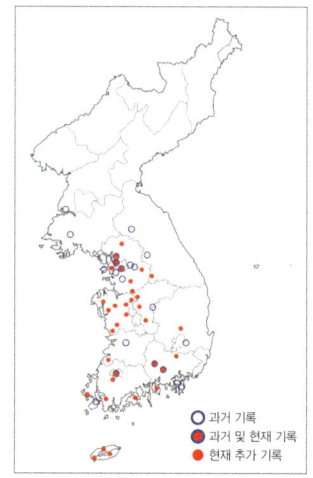

형태 배 길이 51mm, 뒷날개 길이 41mm 안팎으로 겹눈은 미숙할 때 황갈색이 다가 성숙해지면 광택이 강한 녹갈색으로 변한다. 가슴은 노란 바탕에 검은 줄이 있으며, 제1, 2가슴선은 완전하다. 배 위 중앙의 제1~7배마디에는 노란 무늬가 있다. 다리는 굵고 짧으며, 넓적마디가 노랗다. 수컷 제8, 9배마디는 부채 모양으로 넓어지고, 확장부의 안쪽이 노랗다. 또 배 끝의 위부속기는 길고, 끝이 모인다.

생태 평지의 저수지와 웅덩이, 못에서 산다. 5~9월에 보인다. 수컷은 못에 솟은 딱딱한 구조물이나 나뭇가지에 잘 앉는다. 수컷의 경호 아래 암컷은 30cm 정도의 높이로 제자리날기를 하다가 배로 때리며 수면의 마름이나 나무줄기에 거미줄처럼 생긴 끈으로 알을 연속해서 엮어 낳아 붙인다.

분포 한국(평양 이남의 내륙, 제주도), 일본, 중국, 러시아 극동 지역, 타이완, 인도차이나, 미얀마, 네팔

어원 우리 이름은 '배 끝 부분에 부채 모양의 돌기가 있다'를 뜻한다. 종 이름(*clavatus*)은 '명주실로 짠 피륙'을 뜻하며, 아마 알을 낳는 모습을 보고 지은 것으로 보인다. 속 이름(*Sinictinogomphus*)은 'Sin (단일), Ictinus (이크티노스: 기원전 5세기 중엽의 그리스 건축가), Gomphus (측범잠자리)'의 합성어이다. 원래 이 종을 포함한 다음 2종의 이름의 어미에 장수잠자리로 되어 있었다(조복성, 1958). 그런데 이들은 장수잠자리 무리에 속하지 않으며, 측범잠자리과에 속한다. 이승모(1996)가 이름을 바꿨다.

분류 Doi (1933)는 서울과 경기도 장단에서 채집한 개체로 처음 기록하였다.

▲ 수컷(경기 장흥, 2013. 6. 28)

▲ 수컷 비행(경기 장흥, 2011. 7. 5)

▲ 짝짓기(충남 천안, 2014. 7. 8)

▲ 알 낳기(경남 사천, 2016. 7. 25)

⟨♂ (왼쪽), ♀ (오른쪽), 경기 용인⟩

ENG **Golden Flangetail**

Size AL: 51mm, HL: 41mm.

Flight period May to September (univoltine).

Habitat Still waters like lakes, reservoirs.

Distribution Korea (C, S, Is. Jeju), Japan, China, Taiwan, Indochina, Myanmar, Nepal.

Status Less common.

Genus ***Gomphidia*** Selys, 1854

Gomphidia Selys, 1854, Synopsis des Gomphides: 67.

Type species: *Gomphidia t-nigrum* Selys, 1854.

어리부채측범잠자리 *Gomphidia confluens* Selys, 1878

Ictinus (Gomphidia) confluens Selys, 1878, Bull. Acad. R. Belg. 46 (2): 675. Type locality: N. India.
Gomphidia confluens: Doi, 1934b: 138: Asahina, 1989b: 12; Lee, 2001: 102; Lee, 2006: 32; Bae and Lee, 2012: 40.

형태 배 길이 51mm, 뒷날개 길이 47mm 안팎으로 겹눈은 광택이 강한 녹갈색이다. 뒷머리는 검고, 중앙에 노란 큰 점이 있으며, 융기선 위로 노란 털이 난다. 큰턱은 노랗다. 날개가슴의 앞부분에는 검은 어깨선이 있고, 날개의 깃무늬는 노란색이며, 가운데에서 나뉜다. 어깨의 줄이 노랗고, 'L'자 모양이다. 제7~9배마디는 굵다. 수컷의 위부속기는 길고, 끝부분 안쪽 가장자리에 9~11개로 된 이빨 구조가 있다. 암컷의 배끝털은 짧다.

생태 평지의 저수지, 제법 큰 웅덩이와 못, 흐름이 더딘 중류 하천에서 산다. 5~8월에 보인다. 짝짓기는 공중에서 짧게 한다. 암컷은 짧게 짝짓기를 마친 후 풀이나 돌에 잠시 앉았다가 수컷의 경호 아래 홀로 배를 부엽물(식물 등) 위에 대고 알을 낳는데, 이 모습은 부채측범잠자리와 같다. 다른 국가와 달리 우리나라에는 이 종의 개체수가 많은 편이다.

분포 한국(묘향산 이남의 내륙), 중국, 타이완, 베트남

어원 우리 이름은 '부채측범잠자리와 닮은'을 뜻한다. 앞 종처럼 이승모(1996)가 바꿨다. 종 이름(*confluens*)은 '하천의 교차점'을 뜻하고, 속 이름(*Gomphidia*)은 '측범잠자리의'라는 뜻이다.

분류 Doi (1934b)는 대구에서 채집한 개체로 처음 기록하였다.

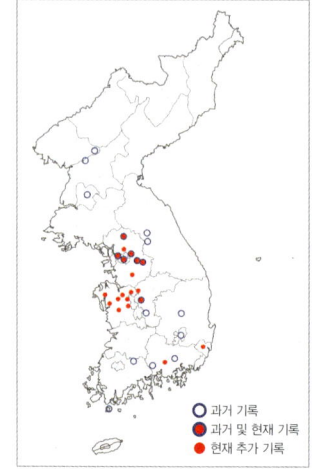

〈♂ 충북 청주(왼쪽), ♀ 경기 용인(오른쪽)〉

▲ 수컷(경기 용인, 2013. 8. 1)

▲ 암컷 미숙(경기 양평, 2011. 6. 13)

▲ 암컷(경기 연천, 2017. 6. 5)

▲ 짝짓기(천안 입장, 2013. 6. 27)

Northern Clubtail

Size AL: 51mm, HL: 47mm.

Flight period May to August (univoltine).

Habitat Still or slow running waters.

Distribution Korea (inland), China, Taiwan, Vietnam.

Status Common.

Genus ***Sieboldius*** Selys, 1854

Sieboldius Selys, 1854, Synopsis des Gomphidnes. Bull. Acad. R. Belg. 21 (2): 83.

Type species: *Hagenius (Sieboldius) japonicus* Selys, 1854.

장수측범잠자리 *Sieboldius albardae* Selys, 1886

Sieboldius albardae Selys, 1886, C. r. Soc. Ent. Belg. 30: 181; Asahina, 1939: 193; Doi, 1943: 163; Asahina, 1989b: 12. Type locality: Pekin.

Sieboldius japonica: Doi, 1932: 66; Doi, 1937: 9.

형태 배 길이 59mm, 뒷날개 길이 49mm 안팎으로 겹눈은 미숙할 때에 황갈색이다가 성숙해지면서 광택이 강한 푸른색으로 변한다. 우리나라에서 가장 큰 측범잠자리로, 머리는 작은 편이다. 어깨선은 없다. 제1가슴선 위의 검은 줄은 완전하고, 제2가슴선 위의 검은 줄은 굵어지며, 밑에서 제1, 2가슴선이 붙는다. 배 위에 있는 노란 줄은 제1, 2배마디에만 있으며, 제3~8배마디에서는 위에서 잘린 모양의 노란 고리 무늬가 있다. 수컷의 배 끝 위부속기는 굵고 짧으며, 끝이 뾰족하다. 암컷의 배끝털은 거의 눈에 띄지 않는다.

생태 산지의 상류와 중류에서 모래 또는 자갈이 바닥에 있는 계곡의 하천에서 사는데, 꽤 수가 많다. 6~9월에 보인다. 포식성이 강하여, 큰 곤충은 물론 다른 잠자리도 사냥한다. 암컷은 제자리날기를 하면서 배 끝 밑에 알을 낳아 덩어리로 만든 후 배로 물을 때리며 낳는데, 이 과정을 여러 번 거친다.

분포 한국(내륙, 거제도), 일본, 중국, 러시아 극동 지역, 인도

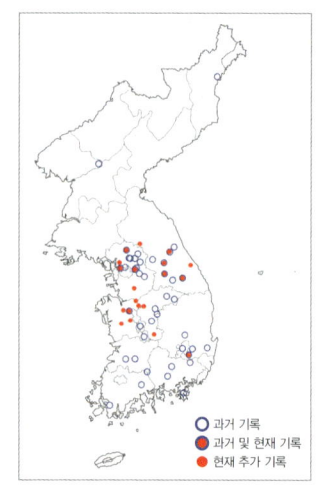

〈♂ 강원 영월(왼쪽), ♀ 경기 연천(오른쪽)〉

▲ 수컷(경기 연천, 2017. 6. 29)

▲ 수컷 비행(경기 양평, 2011. 8. 24)

▲ 암컷 미숙(경기 연천, 2012. 6. 4)

▲ 알 낳기(강원 철원, 2016. 6. 23)

어원 우리 이름은 '측범잠자리 중에서 가장 크다'를 뜻한다. 앞 2종처럼 이승모(1996)가 바꿨다. 종 이름(*albardae*)은 '네덜란드의 곤충학자 I.H. Albarda'이고, 속 이름(*Sieboldius*)은 독일의 잠자리 학자 'D. F. Siebold'이다.

분류 Asahina (1939)는 함경북도 나남(청진)에서 채집한 개체로 처음 기록하였다.

ENG Dragonhunter

Size AL: 59mm, HL: 49mm.
Flight period May to August (univoltine).
Habitat Shaded streams.
Features This is a very large, predatory clubtail almost the size of a darner. Its most defining feature is its disproportionately small head, which is surprisingly recognizable in the field.
Distribution Korea (inland, Is. Geoje), Japan, China, India.
Status Common.

Genus ***Davidius*** Selys, 1878

Davidius Selys, 1878, Bull. Acad. R. Belg. (2) 46: 667.
Type species: *Davidius davidi* Selys, 1878.

쇠측범잠자리 *Davidius lunatus* (Bartenev, 1914)

Homogomphus lunatus Bartenev, 1914, Hor. Soc. Ent. Ross. 41: 24. Type locality: St. Imienpo (Manchuria).
Gomphus sp.: Doi, 1932: 66.
Gomphus hakiensis: Doi, 1933: 93.
Gomphus lunatus: Doi, 1943: 164.
Davidius lunatus: Okumura, 1937: 126; Asahina, 1939: 193; Doi, 1943: 164; Asahina, 1989b: 10; Lee, 1996: 89; Lee, 2001: 85; Lee, 2006: 27.

형태 배 길이 30mm, 뒷날개 길이 24mm 안팎으로 겹눈은 미숙할 때에 황갈색이다가 성숙해지면 광택이 있는 어두운 청록색으로 변한다. 뒷머리는 노란색이다. 이마는 검은색이고, 노란색의 넓은 가로 줄이 있다. 검은 어깨선은 뚜렷하다. 제1가슴선은 중간 이하에서 끝나고, 제2가슴선은 완전하고 굵어지며, 제1, 2가슴선 밑에서 서로 붙어 넓게 검어진다. 배 옆의 청록색 무늬는 암컷 쪽이 넓다. 수컷의 배 끝 부속기는 손을 오므린 모습이다. 수컷 날개는 투명하나 암컷은 날개밑에서 넓게 노란색을 머금는다.

생태 산지에서 물 흐름이 빠르고 바닥이 모래로 이루어진 계곡의 좁은 하천에서 사는데, 꽤 수가 많다. 4~6월에 보인다. 재빠르지 못하고 계곡부의 양지바른 돌 위와 나뭇잎에 잘 앉는다. 짝짓기가 끝난 암컷은 제자리날기를 하거나 왕복으로 날면서 홀로 그늘진 물가의 축축한 이끼에 알을 하나씩 떨어뜨린다.

분포 한국(내륙), 중국 동북부, 러시아 극동 지역, 시베리아 동부

어원 우리 이름은 '측범잠자리 중에서 작다'라는 뜻이다. 종 이름(*lunatus*)은 '초승달 같은'이라는 뜻으로 앞가슴의 노란 무늬를 뜻한다. 속 이름(*Davidius*)은 중국과 티베트에서 생물을 채집했던 프랑스인 'P. David'를 뜻한다.

분류 Doi (1932)가 *Gomphus* sp.로 기록하였고, Okumura (1937)가 대구에서 채집한 개체로 처음 기록하였다.

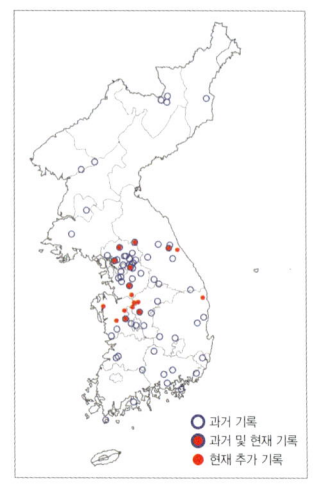

〈♂ 경기 용인(왼쪽), ♀ 경기 안성(오른쪽)〉

▲ 수컷(경기 파주, 2014. 5. 9)

▲ 암컷(경기 파주, 2014. 5. 9)

▲ 짝짓기(경기 파주, 2014. 5. 12)

▲ 알 낳기(경기 파주, 2014. 5. 12)

Crescent-shaped Clubtail

Size AL: 30mm, HL: 24mm.

Flight period April to June (univoltine).

Habitat Small shaded streams.

Distribution Korea (inland), China (C, E), East Siberia.

Status Common.

Genus ***Trigomphus*** Bartenev, 1911

Trigomphus Bartenev, 1911, Ann. Mus. Zool. Acad. Imp. Sci. St. Petersburg 16: 432.

Type species: *Trigomphus anormolobatus* Bartenev, 1912.

***Trigomphus*속의 종 검색표**

수컷 부생식기는 굵고 상대적으로 튀어나온다. 암컷의 산란판은 짧고 끝이 조금 갈라진다.	가시측범잠자리
수컷 부생식기는 얇고 상대적으로 덜 튀어나온다. 암컷의 산란판은 길고 끝이 많이 갈라진다.	검은측범잠자리

〈가시측범잠자리(위)와 검은측범잠자리(아래)의 비교〉

가시측범잠자리 *Trigomphus citimus* (Needham, 1931)

Gomphus citimus Needham, 1931, Peking Nat. Hist. Bull. 5: 2. Type locality: Manchuria.
Gomphus nigripes (part): Asahina, 1939: 193; Cho, 1958: 21.
Trigomphus succumbens: Lee, 2006: 28.
Trigomphus citimus: Asahina, 1965: 21; Asahina, 1989b: 10.

형태 배 길이 31mm, 뒷날개 길이 26mm 안팎으로 겹눈은 미숙할 때에 황갈색이다가 성숙해지면서 광택이 있는 어두운 청록색으로 변하는데, 수컷이 조금 색이 밝다. 얼굴은 검고, 앞이마와 뒷이마, 윗입술은 노란색이다. 어깨선은 없다. 제1가슴선 아래와 제2가슴선의 검은 무늬는 이어지는데, 그 부분의 위로 뾰족한 부분이 있다. 배마디는 검고, 제1~7배마디 위의 중앙에 노란 무늬가 이어진다. 수컷 부생식기는 다음 종보다 상대적으로 굵다. 배 끝 위부속기는 뒤쪽으로 벌어지고, 바깥 고리 밑과 위쪽의 끝 부분에 2개의 가시가 있다. 암컷의 제10배마디는 다음 종보다 상대적으로 짧다.

생태 평지의 웅덩이와 저수지, 못, 흐름이 느린 하천, 습지에서 산다. 4~6월에 보인다. 짝짓기는 주로 오전에 하며, 암컷은 홀로 물가의 축축한 바닥으로 이루어진 풀밭 위에서 알을 하나씩 떨어뜨리거나 앉은 상태에서 알을 낳기도 한다.

분포 한국(내륙, 남부의 일부 섬), 일본, 중국(동북부), 러시아 극동 지역

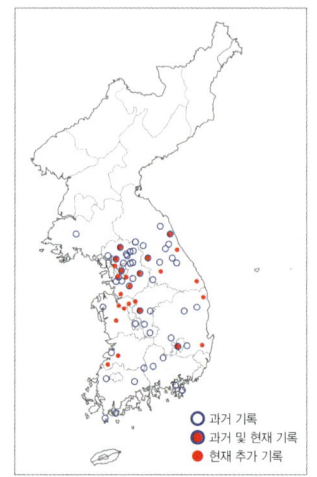

어원 우리 이름은 '배 끝 생식기의 모양이 가시 같다'는 뜻이다. 원래는 이승모(1996)가 새가시측범잠자리라고 하였다. 종 이름(*citimus*)은 '가장 가깝다'라는 뜻이다. 속 이름(*Trigomphus*)은 '3개의 생식기 돌기를 갖는'이라는 뜻이다.

분류 Asahina (1939)는 서울에서 채집한 개체들을 *Gomphus nigripes*라고 기록하였다. 이어 Asahina (1965)가 이들 개체 중 일부에서 이 종을 분리해 처음 기록하였다. 이승모(2006)는 이 종을 *Trigomphus succumbens* (Needham, 1931)라는 중국에 분포하는 종으로 오해한 적이 있었다.

♂ (왼쪽), ♀ (오른쪽), 경기 용인

▲ 수컷(서울 마포, 2015. 5. 9)

▲ 수컷 비행(강원 인제, 2016. 5. 27)

▲ 짝짓기(서울 마포, 2014. 5. 14)

▲ 알 낳기(서울 마포, 2020. 5. 20)

ENG Vulgata Clubtail

Size AL: 31mm, HL: 26mm.

Flight period April to June (univoltine).

Habitat Slow-moving or still water.

Distribution Korea (inland, some islands in southern area), Japan, China (E, N).

Status Common.

→ 검은측범잠자리 *Trigomphus nigripes* (Selys, 1887)

Gomphus nigripes Selys, 1887, Ann. Soc. Ent. Belg. 31: 59. Type locality: Amur.

Gomphus melampus: Doi, 1932: 66; Masaki, 1936: 271.

Trigomphus melampus: Yoon, 1988: 241.

Gomphus unifasciatus: Doi, 1935: 58.

Gomphus nigripes (part): Asahina, 1939: 193.

Gomphus nigripes: Doi, 1943: 164; Asahina, 1989b: 9.

Trigomphus nigripes: Lee, 2001: 89.

형태 배 길이 33mm, 뒷날개 길이 27mm 안팎으로 생김새는 가시측범잠자리와 닮았다. 윗입술은 앞 종이 검고 양 옆만 노랗지만 이 종은 전체가 노랗다. 또 앞 종보다 수컷 부생식기는 상대적으로 가늘고, 암컷의 제10배마디는 상대적으로 길어 차이가 있다.

생태 평지의 저수지와 웅덩이에서 사는데, 앞 종과 달리 흐르는 하천에서는 볼 수 없다. 4~6월에 보인다. 짝짓기는 주로 오전 중에 하며, 만약 짝짓기를 하면 그 상태로 높은 나무로 이동하여 한동안 앉곤 한다. 암컷은 홀로 물가의 축축한 바닥으로 이루어진 풀밭 위에 알을 하나씩 떨어뜨린다.

분포 한국(내륙), 중국, 러시아 극동 지역

어원 우리 이름은 '몸 색이 검은 측범잠자리'라는 뜻으로, 원래는 검정측범잠자리(조복성, 1958)라고 하였고, 이승모(1996)는 가시측범잠자리라고 하였다. 종 이름(*nigripes*)은 '검은 발'이라는 뜻이다.

분류 Doi (1932, 1935)가 기록했던 애측범잠자리[*melampus* (Selys, 1869)와 *unifasciatus* Oguma, 1926]는 오동정이다. 이에 Asahina (1939)는 이 종으로 수정하여 처음 기록하였지만, 중국 동북부 지역에 분포하는 *Trigomphus succumbens* (Needham, 1930)를 이 종의 동종이명이라고 잘못 보기도 하였다.

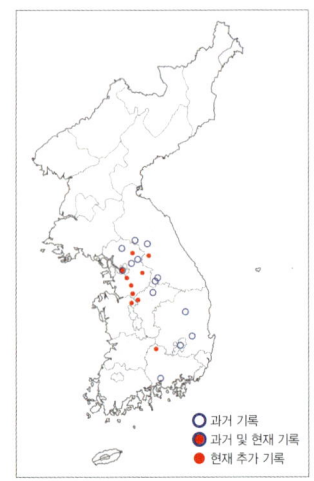

〈♂ (왼쪽), ♀ (오른쪽), 경기 용인〉

▲ 수컷(경기 용인, 2014. 5. 19)

▲ 수컷 비행(경기 용인, 2014. 5. 19)

▲ 짝짓기(경기 용인, 2017. 5. 11)

▲ 알 낳기(경기 용인, 2012. 5. 7)

ENG Northern Clubtail

Size AL: 33mm, HL: 27mm.
Flight period April to June (univoltine).
Habitat Huge lentic waters like reservoirs and lakes.
Distribution Korea (inland), Japan, China (E, N).
Status Common.

Genus *Anisogomphus* Selys, 1857

Anisogomphus Selys, 1857, Mon. Gomphines: 120.
  Type species: *Gomphus occipitalis* Selys, 1854.

→ 넓은배측범잠자리(마아키측범잠자리) *Anisogomphus maacki* (Selys, 1872)

Gomphus maacki Selys, 1872, Ann. Soc. Ent. Belg. 15: 33. Type locality: Irkutzk.
Gomphus emarginatus: Okumura, 1937: 124, Doi, 1937: 124.
Anisogomphus maacki: Asahina, 1939a: 193; Asahina, 1989b: 9.

형태 배 길이 39mm, 뒷날개 길이 31mm 안팎으로 겹눈은 미숙할 때에 황갈색이다가 성숙해지면 광택이 있는 푸른색으로 변하며, 암컷 쪽이 더 푸른색에 가깝다. 날개가슴 앞의 노란 무늬는 어깨선과 만나 역 'M'자 무늬가 된다. 제1가슴선은 중간에서 떨어지고, 제2가슴선은 가늘지만 완전하다. 배 위의 중앙에 제7배마디까지 가느다란 노란 줄이 있다. 각 배마디에는 노란 고리무늬가 없다. 수컷의 제7, 8, 9배마디는 폭이 넓다. 제8배마디의 옆에는 노란무늬가 뚜렷하다. 수컷의 위부속기는 침 모양이다. 암컷 생식판은 끝이 장방형이다.

생태 모래와 작은 자갈이 바닥에 깔린 산지의 중, 상류 계곡 하천에 폭넓게 살며, 개체수가 많다. 5~8월에 보인다. 미숙 개체는 산지에서 잘 보인다. 수컷은 종일 볼 수 있으며, 암컷은 주로 저녁에 배 끝 밑에다 알을 모았다가 덩어리째 낳는다.

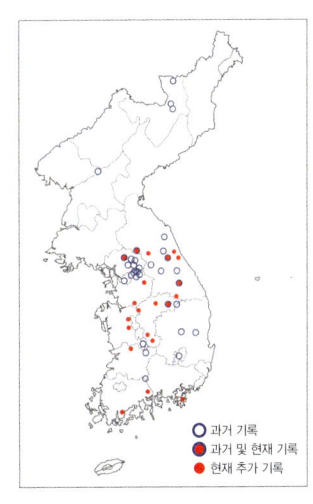

흑화형

〈♂ 경기 연천〉

〈♀ 경기 양평〉

▲ 수컷(경기 연천, 2012. 7. 2)

▲ 수컷(강원 철원, 2016. 7. 19)

▲ 암컷 미숙(강원 인제, 2014. 7. 21)

▲ 알 모으는 암컷(경기 연천, 2017. 6. 30)

분포 한국(내륙 산지), 일본, 중국, 러시아 극동 지역, 트랜스바이칼, 몽골, 인도

어원 우리 이름은 '배가 넓다'라는 뜻이며, 지금까지 써왔던 '마아크(Maack)'는 한반도와 관련 없는 시베리아를 탐험했던 곤충 채집가이다. 여기에서는 외래어 대신 김성수(2011)가 사용한 이름을 따른다. 군이 외래어를 쓰려면 마아크측범잠자리가 맞다. 속 이름(*Anisogomphus*)은 'aniso (부등의)와 gomphus (측범잠자리의)'의 합성어이다.

분류 Okumura (1937)는 전라북도의 구봉산에서 채집한 개체를 기준으로 신종을 기재하였지만 후에 이 종으로 동종이명 처리되었다. 제1가슴선의 검은 줄이 끊어지지 않는 일본 개체군과 달리 우리나라 개체군은 끊어지는 경향이 있다.

ENG Oriental Riverine Clubtail

Size AL: 39mm, HL: 31mm.

Flight period May to August (univoltine).

Habitat Clean-water streams.

Features The 7-10 abdominal segments widened, and the color of the bottom of the abdomen is black.

Distribution Korea (inland), Japan, China, Russian Far East, Transbaikalia, Mongolia, India.

Status Common.

Genus ***Stylurus*** Needham, 1897

Stylurus Needham, 1897, Canad. Ent. 29: 166.

Type species: *Gomphus plagiatus* Selys, 1854.

→ 호리측범잠자리 *Stylurus annulatus* (Djakonov, 1926)

Davidius annulatus Djakonov, 1926, Rev. Russ. Ent. 2. Type locality: Suifenhe (Suifenhe, Siberia).

Gomphus occultus: Doi, 1936b: 156; Lee, 1996: 87; Lee, 2001: 83.

Gomphus oculatus: Cho, 1958: 323.

Stylurus annulatus: Obana, 1972: 21; Hamada and Inoue, 1985: 197; Asahina, 1989b: 9; Seehausen and Fiebig, 2016: 207.

형태 배 길이 42mm, 뒷날개 길이 33mm 안팎으로 겹눈은 광택이 있는 푸른색이다. 날개가슴 앞의 노란 무늬는 등깃줄과 만나지 않는다. 어깨선은 위의 작은 점과 이어진다. 제1가슴선은 밑에만 보이고, 제2가슴선은 완전하며, 양 선의 아래 부분 사이에 작은 점이 있다. 제3~7배마디에서는 노란 고리무늬가 있다. 앞다리 넓적다리 밑은 노랗다. 수컷의 위부속기는 끝이 뾰족하다. 암컷 생식판은 작고, 'W'자 모양이며, 끝이 벌어진다.

생태 흐름이 느리고, 바닥이 세립질인 중류와 하류 하천에 산다. 개체수는 적은 편인데, 주로 하천의 중앙에서 날거나 높은 나무 위에 앉기 때문에 덜 눈에 띈다. 6~10월에 보이며, 가장 늦은 시기까지 활동한다. 하천 주변의 풀이나 나무에 잘 앉는다. 암컷은 나무 위나 돌에 앉아 알을 낳아 배 끝 밑에서 덩어리로 만든 후, 흐르는 물 위에 서너 차례 배로 물을 두드리며 알을 털어내듯 낳는다.

분포 한국(내륙), 일본, 중국(동부, 동북부), 러시아 극동 지역

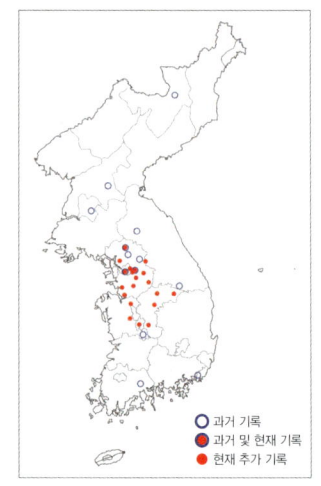

〈♂ 경기 연천(왼쪽), ♀ 서울 강동(오른쪽)〉

▲ 수컷(경기 연천, 2009. 6. 15)

▲ 수컷 비행(경기 연천, 2016. 6. 27)

▲ 암컷(서울 강동, 2012. 10. 8)

▲ 알 모으는 암컷(경기 연천, 2012. 7. 2)

어원 우리 이름은 '몸이 날씬하고 가늘다'를 뜻한다. 조복성(1958)은 '안경재비측범잠자리', 이승모(1996)는 '큰안경재비측범잠자리'라고 했는데, Yoon (1988)이 이름을 바꿨다. 종 이름(*annulatus*)은 '고리 무늬가 있다'라는 뜻이고, 속 이름(*Stylurus*)은 '단검 모양의 꼬리'라는 뜻이다.

분류 Doi (1936b)는 평안남도 양덕군 자하산에서 채집한 개체로 처음 기록하였지만 오동정이었다. 실제 부산 금정산에서 채집한 이 종을 처음 기록한 학자는 Obana (1972)이었다. Asahina (1989b)는 부산 지역의 개체군이 일본 개체군과 생김새가 닮았지만 한반도 북부의 개체군은 조금 달라 중국 북부에 분포하는 '*Stylurus occultus* (Selys, 1878)'일지도 모른다고 하였다. 아마 한반도의 개체들을 충분히 살피지 못해 한반도 개체군에 변이가 있거나 2종 이상이 섞인 것으로 추측한 것 같다.

이승모(1996)는 경기도 화야산과 충청남도 부리(금산)에서 채집한 개체를 *occultus* (Selys, 1878)라고 했던 적이 있다. 그런데 이후 어디에도 이 표본들을 싣지 않아 그의 기록이 옳은지 그른지를 확인할 수 없다. 따라서 현재 *occultus* (Selys, 1878)라고 볼 수 있는 증거는 없다. 조복성(1958)은 경기도 소요산에서 채집한 개체를 전혀 다른 종인 *oculatus* Asahina, 1949라고 했으나 잘못이라고 Asahina (1989b)가 지적하였다. 종 *oculatus*는 현재까지 일본 고유종이다. 최근 Seehausen과 Fiebig (2016)은 이 종(*Stylurus annulatus*)을 평양 등에서 채집하여 보고함으로써 북한에서의 실체를 확인할 수 있었다.

Skinny-bellied Clubtail
Size AL: 42mm, HL: 33mm.
Flight period June to October (univoltine).
Habitat Sandy streams and rivers.
Distribution Korea (inland), Japan, China (E, NE).
Status Less common.

Genus ***Shaogomphus*** Chao, 1984

Shaogomphus Chao, 1984, Odonatol. 13(1): 73.

Type species: *Shaogomphus lieftincki* Chao, 1984.

→ 어리측범잠자리 *Shaogomphus postocularis* (Selys, 1869)

Gomphus postocularis Selys, 1869, Bull. Acad. Belg. (2): 181; Doi, 1932: 66; Doi, 1937: 10; Doi, 1943: 164. Type

locality: Japon.
Gomphus epophthalmus: Doi, 1943: 165, 176; Cho, 1958: 21; Asahina, 1989b: 8.
Shaogomphus postocularis: Chao, 1990: 147.

형태 배 길이 33mm, 뒷날개 길이 32mm 안팎으로 겹눈은 광택이 있는 푸른색이다. 몸통은 굵은 편이다. 날개가슴 앞의 노란 무늬는 등깃줄과 만나 중앙이 끊어진 역 'Ω'자 무늬가 된다. 어깨선 안의 노란 선이 생긴다. 제1가슴선은 짧게 아래에만 있고, 제2가슴선은 완전하고 아래에서 양 선이 합쳐진다. 배 위의 중앙에 있는 노란 무늬는 제1, 2배마디에서 넓어지고, 제3~7배마디에서 가늘어지지만 각 마디의 뒤에서 짧게 끊긴다. 수컷의 위부속기는 옆에서 보면 아래로 구부러진다. 암컷 생식판은 위에서 보면 작고, 나란하다.

생태 여울과 소가 많고 바닥에 작은 자갈과 굵은 모래가 깔린 하천 중류에 살며, 개체수는 적다. 4~6월에 보인다. 하천 주변의 풀, 나무, 돌 위에 잘 앉는다. 미숙할 때에는 물가 주위의 숲으로 이동하여 지낸다. 성숙한 수컷은 돌 위에 앉거나 하천을 따라 왕복하며 암컷을 탐색한다. 늦은 오후에 암컷은 생식판에 알을 낳아 덩어리로 만든 후, 배로 2, 3회 물에 때리며 알을 털어내듯 낳는다.

분포 한국(중부), 일본, 중국 동북부, 러시아 극동 지역, 시베리아 동부

어원 우리 이름은 '작고 여린 측범잠자리'를 뜻한다. 종 이름(*postocularis*)은 '눈뒷무늬의'라는 뜻인데, 암컷 겹눈에 있는 1쌍의 작은 돌기를 두고 한 말이다. 속 이름(*Shaogomphus*)은 'Shao (중국 사람의 성)과 gomphus (측범잠자리의)'의 합성어이다.

♂ (왼쪽), ♀ (오른쪽), 경기 연천

분류 Doi (1932)는 평양에서 채집한 개체로 처음 기록하였다. 조복성(1958)은 이 종을 어리측범잠자리(*postoculais*)와 소요산측범잠자리(*epophthalmus*)로 나누어 기록하였다. 이 종은 원래 일본 개체를 기준으로 Sélys (1869)가 기재했던

종이었다. Asahina (1989b)는 한반도 개체군은 일본과 다른 치환종(*Gomphus epophthalmus* Selys, 1872)이라는 입장이었다. 사실 일본과 한반도, 중국 동북부, 시베리아 지역의 개체군 각각의 형태 특징이 조금 다르다. 최근의 분류는 지역 변이가 존재하지만 이들 모두 같은 종으로 보고 있으나 여전히 각각을 독립종으로 나누는 시각도 존재한다. 여기에서는 일본의 개체군을 기준아종으로, 한반도를 포함한 대륙 지역의 개체군을 아종 *epophthalmus* Selys, 1872라고 보는 의견(Chao, 1990)에 따른다.

▲ 등에류 사냥하는 수컷(강원 철원, 2012. 5. 28)

▲ 수컷 비행(경기 연천, 2017. 5. 29)

▲ 수컷들(강원 철원, 2017. 5. 29)

▲ 알 모으는 암컷(경기 연천, 2019. 5. 20)

Asiatic Common Clubtail

Size AL: 33mm, HL: 32mm.

Flight period April to June (univoltine).

Habitat Clean rocky streams.

Distribution Korea (C), Japan, China (NE), Russian Far East, East Siberia.

Status Less common. We surveyed this species in Yangpyeong, Yeoncheon, Hongcheon, Yeongwol, Sangju, Jinju and Cheolwon. This species shares those habitats with *N. ruptus*.

Genus ***Burmagomphus*** Williamson, 1907

Burmagomphus Williamson, 1907, Proc. U.S. Natn. Mus. 33: 298.

Type species: *Gomphus vermiculatus* Martin, 1904.

자루측범잠자리 *Burmagomphus collaris* (Needham, 1930)

Gomphus collaris Needham, 1930, Zool. Sinica 11: 60; Doi, 1937: 11. Type locality: China.
Gomphus flavolinrvatus: Doi, 1934a: 66. (misspelling)
Burmagomphus sowerbyi: Miyazaki, 1986: 69; Asahina, 1989b: 10.
Burmagomphus campestris: Lee, 2001: 80; Lee, 2006: 26.
Burmagomphus collaris: Lee, 1996: 88.

형태 배 길이 33mm, 뒷날개 길이 28mm 안팎으로 겹눈은 광택이 있는 밝은 푸른색이다. 날개가슴 앞의 노란 무늬는 등깃줄과 만나지 않는다. 몸 색은 수컷이 푸른색을, 암컷이 노란색을 더 띠어 조금 다르다. 노란 어깨선은 앞다리 밑마디까지 이어진다. 제1가슴선은 절반 아래에만 있고, 제2가슴선은 완전하나 가늘다. 제1~8배마디 앞에는 노란 고리가 있는데, 배 아래에서 끊어진다. 제9배마디 앞 아래와 뒤의 윗부분에 노란 점이 있다. 수컷의 위부속기는 작고, 끝이 뾰족하다. 암컷 생식판은 짧고, 제9배마디의 1/9 정도의 길이이며, 끝이 뾰족하게 둘로 갈라진다.

생태 바닥에 가는 모래와 세립질 흙이 깔린 하천 중, 하류에서 산다. 6~8월에 보인다. 하천 주변의 풀과 나무, 돌 위에 잘 앉는다. 알을 낳는 습성은 앞 종과 거의 같다.

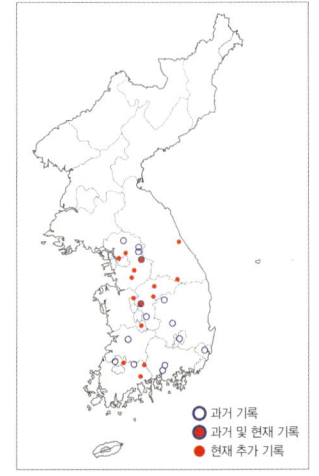

▲ 수컷(경기 일영, 2015. 6. 27)

▲ 수컷 비행(경기 일영, 2014. 7. 28)

▲ 알 모으는 암컷(경기 연천, 2015. 6. 15)

▲ 짝짓기(경기 연천, 2015. 7. 20)

⟨♂ 경기 연천(왼쪽), ♀ 경기 용인(오른쪽)⟩

분포 한국(중부, 남부), 중국, 인도

어원 우리 이름은 '연장이나 기구 따위의 물체에 달린 손잡이'를 뜻하며, Yoon (1988)이 지었다. 종 이름(*collaris*)은 '옷깃'을 뜻하고, 속 이름(*Burmagomphus*)은 'Burma (미얀마)와 Gomphus (측범잠자리)'의 합성어이다.

분류 Doi (1934a)는 대구 부근에서 채집한 개체로 *Gomphus flavolinrvatus*라는 이름으로 기록하였다. 다시 Doi (1937)가 이 종으로 수정한 것이 최초이다. Tsuda (2000)는 *Burmagomphus sowerbyi* Chao (1990)를, 이승모(2001)는 *collaris*의 동종이명으로 처리된 '*campestris*'를 잘못 기록한 적이 있다.

ENG **Asiatic Dog-legged Clubtail**

Size AL: 33mm, HL: 28mm.
Flight period June to August (univoltine).
Habitat Clean sandy streams.
Distribution Korea (C, S), China, India.
Status Common.

Genus ***Asiagomphus*** Asahina, 1985

Asiagomphus Asahina, 1985, Gekkan-Mushi 169: 6.

Type species: *Gomphus melanops* Selys, 1854.

> ***Asiagomphus*속의 종 검색표**
>
> 수컷은 제7배마디 앞에서 노란 무늬가 뚜렷하고, 부생식기는 작고 덜 튀어나온다. 암컷의 산란판은 아래에 돌기가 없다.
> -------------------------------- 노란배측범잠자리
> 수컷은 제7배마디 앞에서 노란 무늬가 희미하고, 부생식기는 크고 많이 튀어나온다. 암컷의 산란판은 아래로 길게 뻗은 침 돌기가 있다. -------------------------------- 산측범잠자리

〈산측범잠자리(위)와 노란배측범잠자리(아래)의 비교〉

→ 노란배측범잠자리 *Asiagomphus coreanus* (Doi et Okumura, 1937)

Gomphus coreanus Doi et Okumura, 1937, Ins. Matsum. 11 (3): 125. Type locality: Kyuhozan (Mt. Gubongsan), Taikyu (Daegu).

Gomphus sp.: Doi, 1936: 105.

Anisogomphus coreanus: Doi, 1943: 164.

Asiagomphus coreanus: Asahina, 1985: 6; Asahina, 1989b: 8; Lee, 2001: 77, Lee, 2006: 25.

형태 배 길이 38mm, 뒷날개 길이 36mm 안팎으로 겹눈은 광택이 있는 푸른색이다. 여느 측범잠자리들과 달리 배가 긴 편이다. 날개가슴 앞의 노란 무늬는 역 'Ω'자 무늬가 된다. 노란 어깨선은 앞다리 밑마디와 떨어진다. 제1가슴선은 절반 아래에만 있고, 위로 흔적만 남는다. 제2가슴선은 완전하고 조금 굵다. 제1~6배마디의 위에는 노란 줄이 가늘게 이어지나 개체에 따라 떨어지기도 한다. 제7, 9배마디의 위에는 노란 무늬가 있다. 수컷 부생식기는 작다. 배 끝 아래부속기보다 짧은 위부속기는 넓게 양쪽으로 벌어지고, 끝이 뾰족하다. 아래부속기는 납작하고, 끝에서 위로 굽는다. 암컷 생식판은 넓은 'W'자 모양이고, 제9배마디 길이의 1/3 정도이며, 가장자리에 작은 톱날모양의 돌기가 있다.

생태 바닥이 모래와 세립질 흙이고 물 흐름이 빠른 하천 중류에서 살며, 개체 수는 적다. 6월에 보인다. 하천 주변의 모래와 돌, 풀, 나무 위에 잘 앉는다. 수컷은 제자리날기를 오래 하며, 한 장소를 점유하는 습성이 강하다. 알을 낳는 습성은 앞 종과 같다.

분포 한국(경기 연천, 양평, 강원 철원, 경상도 일부 지역), 한국 고유종

어원 우리 이름은 '배의 색이 노랗다'라는 뜻이다. 종 이름(*coreanus*)은 '한국의'라는 뜻이고, 속 이름(*Asiagomphus*)은 'Asia (아시아)와 Gomphus (측범잠자리)'의 뜻이다.

분류 Doi (1936)가 경북 의성의 구봉산과 대구에서 채집한 개체로 *Gomphus* sp.로 기록하였다. 다시 Doi와 Okumura (1937)는 이 개체로 신종을 기재하였다.

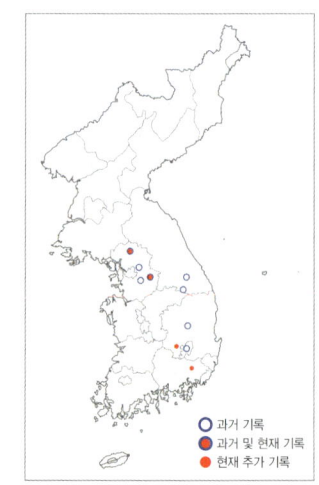

한편 이승모(2001: pl. 7: 4)는 산측범잠자리의 암컷을 이 종으로 잘못 실었고, 암컷 생식기의 그림(p. 78의 c)은 넓은배측범잠자리(*Anisogomphus maacki*)의 암컷을 잘못 실었다.

▲ 수컷(경기 연천, 2018. 6. 18)

▲ 수컷 비행(경기 양평, 2020. 6. 22)

▲ 암컷(경기 연천, 2018. 6. 18)

▲ 알 낳기 비행하는 암컷(경기 양평, 2020. 6. 22)

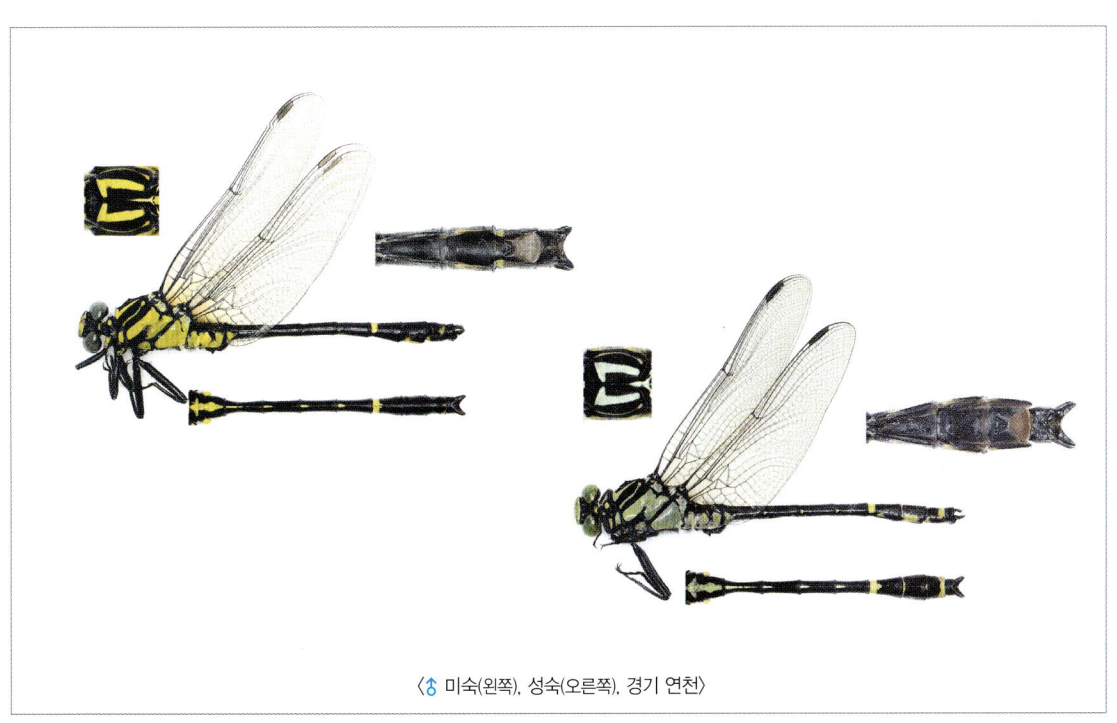
〈♂ 미숙(왼쪽), 성숙(오른쪽), 경기 연천〉

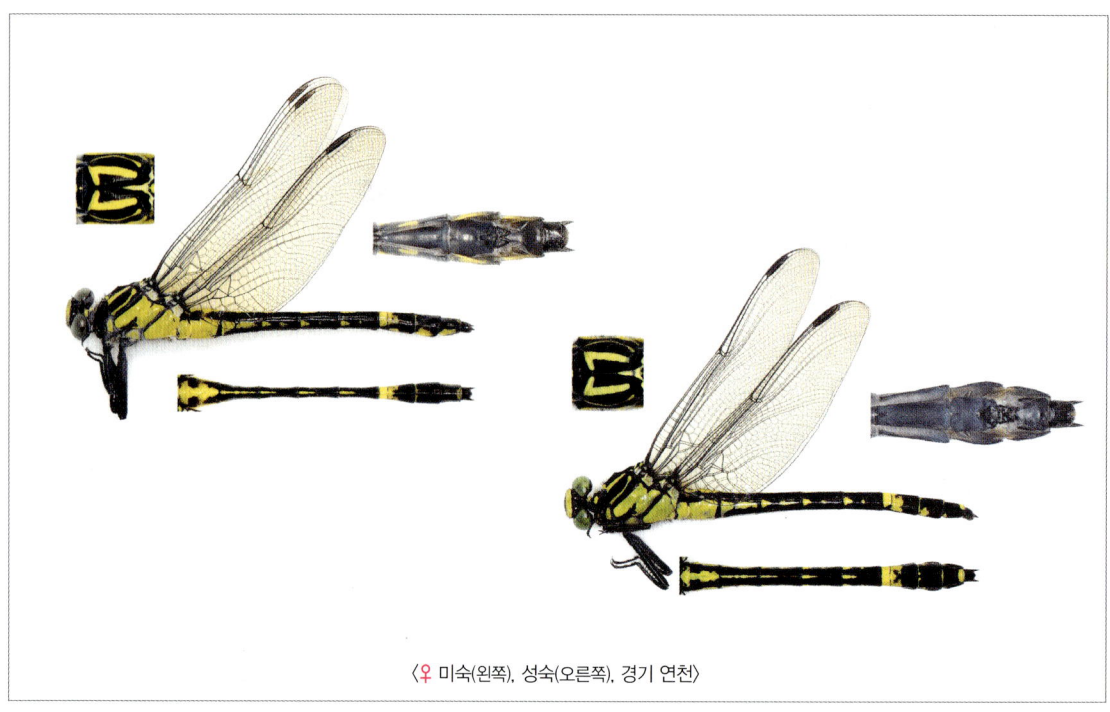

〈♀ 미숙(왼쪽), 성숙(오른쪽), 경기 연천〉

Korean Clubtail

Size AL: 38mm, HL: 36mm.

Flight period Early June to July (univoltine).

Habitat Swift spots of sandy streams.

Distribution Korea (Yangpyeong, Cheolwon, Yeoncheon, Prov. Gyeongsang).

Status Rare. This Korean endemic species inhabits clean sandy streams especially swift spots and appears for breeding, mating, and patrolling at noon time.

산측범잠자리 *Asiagomphus melanopsoides* (Doi, 1943)

Anisogomphus melanopsoides Doi, 1943b, Entom. World 11 (110): 164. Type locality: Pyeongyang, Taeneung, Gogseong.

Gomphus melanops: Doi, 1933: 94.

Asiagomphus pryeri: Bae and Lee, 2012: 15. (misidentification)

Asiagomphus melanopsoides: Asahina, 1989b: 8; Lee, 2001: 78; Jung, 2011, 148.

형태 배 길이 35mm, 뒷날개 길이 33mm 안팎으로 겹눈은 광택이 있는 푸른색이나 앞 종보다 탁한 편이다. 앞 종과 생김새가 닮았으나 조금 작고, 다음의 차이가 있다. 윗입술에는 앞 종이 둘로 나뉜 노란 무늬가 있지만 이 종에서는 검다. 제1가슴선은 앞 종보다 더 짧고 가늘며, 끝 아래의 검은 점이 있고, 제2가슴선은 더 가늘다. 제7~9배마디 옆의 노란 무늬는 이 종에서 보이지 않는다. 수컷의 부생식기는 상대적으로 크다. 배 끝 아래부속기는 위부속기보다 훨씬 길고 위에서 보면 위부속기보다 더 벌어진다. 암컷의 산란판에는 아래로 길게 뻗은 침 돌기가 있다.

생태 고운 흙으로 이루어진 퇴적층이 있는 하천 중류에 살며, 개체수는 적다. 6월에 보인다. 하천 주변의 풀과 나무, 돌 위에 잘 앉는다. 앞 종들과 달리 암컷은 흐르는 물 위나 물가의 얕고 축축한 진흙이 섞인 모래 바닥에 배를 치며 알을 낳는다.

분포 한국(강원도, 경기도 연천, 충청북도, 경상남도 등), 러시아 극동 지역

어원 우리 이름은 '산에 사는 측범잠자리'라는 뜻이다. 이승모(1996)는 '작은노랑측범잠자리'라고 하였다. 종 이름(*melanopsoides*)은 '얼굴이 검다(표정이 어둡다)'라는 뜻이다.

분류 Doi (1933)는 평양에서 채집한 개체로 기록했으나 오동정이다. 이후 Doi (1943)는 신종으로 기재하였다. 하지만 Asahina (1989b)는 Doi의 이 기재문이 불완전하다고 보았고, 기준표본을 직접 보지 못해 결론을 유보하였다. 자신이 경기도 광릉에서 직접 채집한 개체와 Herz가 1904년에 채집하여 벨기에 브뤼셀 박물관에 보관된 표본들을 더 살피고 이 종임을 확인하였다. 배 끝 생식기를 작성하고, 이후 더 많은 표본을 살펴 다시 기재되기를 기대하였다. 지금까지 우리나라 고유종이었으나 러시아 극동 지역에서도 발견되고 있다 (Malikova와 Ivanov, 2001; Malikova와 Kosterin, 2019).

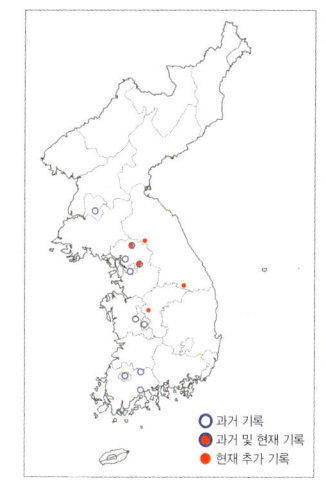

⟨♂ (왼쪽), ♀ (오른쪽), 충북 청주⟩

▲ 수컷(충북 청주, 2012. 6. 18)

▲ 수컷(충북 청주, 2013. 7. 19)

▲ 수컷들(충북 청주, 2013. 7. 19)

▲ 알 낳기(경기 연천, 2017. 6. 5)

ENG **Yellow Clubtail**

Size AL: 35mm, HL: 33mm.
Flight period Late May to July (univoltine).
Habitat Slow running and sandy streams.
Distribution Korea (inland), Russian Far East.
Status Rare. This species was found only at 3 sites (Jeonju, Goisan, Yeoncheon) in South Korea.
Remarks This species was known to occur only in the Korean peninsula, but is also found in the Russian Far East (Malikova and Ivanov, 2001; Malikova and Kosterin, 2019).

Genus *Lamelligomphus* Fraser, 1922

Lamelligomphus Fraser, 1922, J. Bombey Nat. Hist. Soc. 29: 983.

Type species: *Onychogomphus modestus* Selys, 1878.

노란측범잠자리 *Lamelligomphus ringens* (Needham, 1930)

Onychogomphus ringens Needham, 1930, Zool. Sinica (A) 11: 40. Type locality: China.
Lidenia viridicosta: Doi, 1933: 94.
Onychogomphus viridicosta: Doi, 1937: 10.
Onychogomphus ridens: Asahina, 1939: 193; Doi, 1943: 163.
Onychogomphus ringens: Asahina, 1989b: 11; Lee, 2001: 94.
Lamelligomphus ringens: Zhao, 1990: 363.

형태 배 길이 41mm, 뒷날개 길이 37mm 안팎으로 겹눈은 광택이 있는 남색에 가까운 푸른색 또는 비취색이다. 윗입술은 전체가 노란색이거나 분리되는 형태가 있다. 어깨선 위의 검은 줄은 굵어지고, 제1, 2가슴선은 합쳐져 굵고 검은 줄이 된다. 제3~7배마디에 고리 모양의 노란 무늬가 굵고 뚜렷하다. 수컷의 배 끝 부속기는 옆에서 보면 손가락으로 ok라고 하듯 'O'자처럼 보인다. 암컷의 산란판은 제9배마디의 절반 정도이고, 'W'자 모양이며, 서로 벌어진다. 배끝털은 노랗다. 암컷의 날개밑은 노랗다.

생태 평지와 산지에서 굵은 모래가 쌓인 하천 중류에 살며, 개체수는 적지 않다. 6~8월에 보인다. 수컷은 세력권을 만드는 습성이 강하고, 하천 중간에 솟은 돌에 앉거나 하천 주변의 마른 나무 위에 잘 앉는다. 때때로 서식지에서 떨어진 산지 등에서도 볼 수 있다. 늦은 오후에 개울 위에서 암컷은 제자리날기를 하면서 생식판에 알 덩어리를 만든 후, 여러 번에 걸쳐 알을 떨어뜨린다.

분포 한국(내륙), 중국 동북부

어원 우리 이름은 '노란색의 측범잠자리'라는 뜻이다. 배 끝의 생식기 모양을 보고 갈구리측범잠자리라고 한 적도 있다(이승모, 1996). 종 이름(*ringens*)은 '가락지 또는 손가락으로 동그랗게 만든'의 뜻이다. 속 이름(*Lamelligomphus*)은 'lamelli (얇은 판)과 gomphus (측범잠자리)'의 합성어이다.

분류 Doi (1933, 1937, 1943)와 Asahina (1939)가 오동정한 적이 있다. Asahina (1989b)가 자강도 강계와 경기도 소요산 등지에서 채집한 개체로 처음 기록하였다.

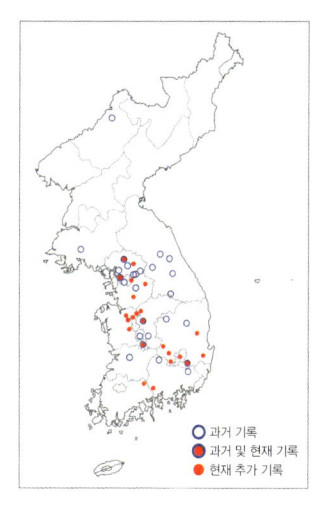

〈♂ (왼쪽), ♀ (오른쪽), 강원 영월〉

▲ 수컷(경기 연천, 2014. 6. 25)

▲ 수컷 영역 다툼(경기 일영, 2015. 6. 27)

▲ 암컷 비행(경기 일영. 2015. 6. 24)

▲ 날개돋이 껍질(경기 양평. 2017. 6. 21)

ENG Sapphire-eyed Clubtail

Size AL: 41mm, HL: 37mm.

Flight period June to August (univoltine).

Habitat Clean rocky streams.

Distribution Korea (inland), China (NE).

Status Quite common.

Genus ***Nihonogomphus*** Oguma, 1926

   Nihonogomphus Oguma, 1926, Ins. Matsum. 1 (2): 97.

      Type species: *Nihonogomphus viridis* Oguma, 1926.

고려측범잠자리 *Nihonogomphus ruptus* (Selys, 1858)

Onychogomphus ruptus Selys, 1858, Monogr. Gomph.: 393. Type locality: Amur.

Nihongomphus viridis: Doi, 1936: 105.

Nihongomphus minor Doi, 1943b, The Entomological World 8 (79): 172. Type locality: Mt. Shyoyo (Mt. Soyosan).

Nihonogomphus sp.: Asahina, 1989b: 12.

Gomphus bifurcatus: Doi, 1940a: 591.

Nihonogomphus bifurcatus: Doi, 1943: 163.

Nihonogomphus ruptus: Asahina, 1989b: 11.

형태 배 길이 33mm, 뒷날개 길이 28mm 안팎으로 겹눈은 광택이 있는 푸른색이다. 날개가슴 앞의 노란 무늬는 역 'Ω'자 무늬가 되는데, 중간이 조금 끊어진다. 노란 어깨선은 가늘다. 얼굴과 윗입술은 노란색이어서 밝다. 제1가슴선은 아래에서 절반에 못 미치고 아래로 조금 뻗친 부분이 있다. 제2가슴선은 완전하고 아래가 'ㅅ'자 무늬가 된다. 제1~9배마디의 위와 옆에 노랗고 작은 무늬가 있고, 제10배마디에 노란 고리 무늬가 완전하다. 수컷의 배 끝 부속기는 제10배마디의 2배보다 길다. 위부속기는 길고 위에서 보면 중앙이 끊긴 'U'자 모양이고, 아래부속기는 짧고 서로 벌어진다. 암컷의 산란판은 제9배마디의 1/4 정도이고, 둥글고 W자 모양으로 끝이 조금 벌어진다.

생태 평지의 자갈이 많은 하천 중류에 산다. 4월 말~7월 초에 보인다. 미숙할 때에는 숲과 가까운 하천의 풀밭에서 산다. 성숙해지면 하천 주변의 돌이나 마른 나무 위로 날아와 잘 앉으며 세력권을 만든다. 짝짓기를 마친 암컷은 앞 종처럼 알을 낳는다.

분포 한국(중부), 중국 북부, 러시아 극동 지역, 시베리아

어원 Doi는 'コウライ(高麗)サナエ'로 하였는데, 조복성(1958)이 '고려측범잠자리'라고 우리말로 바꾼 것이다. 이승모(1996)는 푸른측범잠자리라고 하였다. 종 이름(*ruptus*)은 '깨지다'라는 뜻이고, 속 이름(*Nihonogomphus*)은 'Nihono (일본)과 Gomphus (측범잠자리)'를 뜻한다.

분류 Asahina (1989b)는 경기도 용문산과 Corea (Herz, 1904), 상종리(?)의 개체로 처음 기록하였다. 한편 이승모(2001: 93, Fig. c)가 이 종으로 동정한 암컷 표본은 북방측범잠자리(*Ophiogomphus obscurus*)이고, 꼬마측범잠자리로 기록했던 표본들과 부속기 그림은 이 종이다. Doi (1943b)와 Lieftinck (1964) 그리고 경기도 연천에서 채집한 개체의 수컷 부속기를 보면 전체의 모습에서나 기본 틀에서 큰 차이가 없다. 따라서 모두 같은 종이라고 할 수 있다. 이승모(2001)의 꼬마측범잠자리의 수컷 생식기의 그림도 아래의 범주에 속한다.

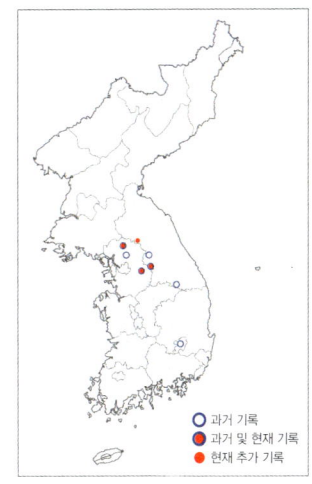

⟨♂ (왼쪽), ♀ (오른쪽), 경기 연천⟩

▲ 수컷 비행(경기 연천, 2017. 5. 15)

▲ 암컷(경기 연천, 2014. 5. 5)

▲ 암컷 비행(경기 연천, 2017. 5. 15)

▲ 짝짓기(경기 연천, 2015. 5. 14)

ENG **Rapid-flying Clubtail**

Size AL: 33mm, HL: 28mm.

Flight period Late April to early July (univoltine).

Habitat Swift spot of clean rocky streams.

Distribution Korea (C), China (N), Russian Far East, Siberia.

Status Rare. This species was found in the following sites (Yangpyeong, Yeoncheon, Hongcheon, Cheolwon, Donggang).

Note This species has been confused with *N. minor* which was once reported by Doi (1943) as new species in Korean peninsula. *N. minor* is excluded from the list of Korean dragonflies in this book.

Genus ***Ophiogomphus*** Selys, 1854

Ophiogomphus Selys, 1854, Synopsis des Gomphines: 20.

Type species: *Ophiogomphus menetriesii* Selys, 1854.

북방측범잠자리 *Ophiogomphus obscurus* Bartenev, 1909

Ophiogomphus cecilia var. *obscurus* Bartenev, 1909, Rep. Imp. Tomsk Univ. 37: 34. Type locality: Siberia.

Nihongomphus sp.: Doi, 1934a: 66.

Ophiogomphus forficula Okumura, 1937, Insceta Matsumura 11 (3): 122; Doi, 1937: 10. Type locality: Yotoku (Yangdeok), Onpo Shuotsu (Onbo Jueul).

Ophiogomphus obscurus: Asahina, 1939: 193; Doi, 1943: 163; Asahina, 1979: 8; Asahina, 1989b: 12; Lee, 2001: 96; Lee, 2006: 30.

형태 배 길이 39mm, 뒷날개 길이 40mm 안팎으로 겹눈은 광택이 있는 밝은 푸른색이다. 몸은 넓게 연두색을 띤다. 날개가슴 앞의 연두색 무늬는 굵은 역 'Ω'자 무늬가 되는데, 중간에서 가늘게 이어진다. 어깨선 사이의 푸른 줄은 뚜렷하다. 가느다란 제1가슴선은 아래에서 절반도 못 미치고 그 아래에 작은 점이 있다. 제2가슴선은 가늘지만 완전하다. 제1~9배마디에서 각 마디의 위와 아래에 푸른 무늬가 길게 있는데, 각 마디의 끝에서는 끊어진다. 노란색의 수컷의 배 끝 부속기는 제10배마디의 1.5배 정도이다. 위부속기는 아래부속기보다 조금 짧고 나란

하다. 아래부속기는 서로 붙는다. 연갈색을 띠는 암컷의 산란판은 제9배마디와 거의 같은 길이이며, 배끝털은 나란하다. 다리의 넓적마디 안팎 가장자리는 노랗다.

생태 높은 산지에서 수량이 많고 흐름이 빠르며, 바닥에 굵은 모래와 자갈이 깔린 상류 하천에 산다. 개체수는 적다. 6월 말~8월에 보인다. 하천 주변의 돌이나 마른 나무, 풀, 나무 위에 잘 앉는다. 수컷은 날이 맑으면 정오쯤 높이 5m 정도에서 제자리날기를 한다. 짝짓기 후 암컷은 오후 늦게 물가의 나무와 돌 위에 앉아 알을 낳아 산란판에 덩어리로 만든 후 흐르는 물 위에 두세 차례 배를 물에 담그며 털어내듯 알을 낳는다.

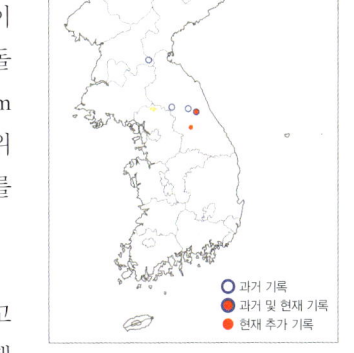

분포 한국(강원도 이북), 중국, 몽골, 러시아 극동 지역, 중앙아시아

어원 우리 이름은 '칡범(호랑이)'을 뜻한다. 이승모(1996)는 북방측범잠자리라고 하였는데, 북쪽에 치우쳐 분포하는 특징을 살렸다. 여기에서는 이 이름을 채택하였다. 종 이름(*obscurus*)은 '모호한'이라는 뜻이고, 속 이름(*Ophiogomphus*)은 'Ophio (뱀)와 Gomphus (측범잠자리)'를 뜻한다.

분류 Okumura (1937)는 평안남도 양덕과 함경북도 주을에서 채집한 개체로 *Ophiogomphus forficula*라는 신종을 기재하였다. 이후 Asahina (1939)가 이 종의 동종이명으로 처리하였다. 한편 Allen et al. (1984)은 이 종을 *O. reductus*라고 동종이명을 다르게 처리하였다. 하지만 양 분류군은 생식기의 차이가 뚜렷하고(Bae와 Lee, 2012), *O. reductus*가 우리나라와 멀리 떨어진 중앙아시아에서 인도, 시베리아 서부에 분포한다. 현재의 World Odonata List (29 October 2018)에서는 이 *Ophiogomphus forficula* Okumura, 1937을 *Ophiogomphus reductus* Calvert, 1898의 동종이명으로 싣고 있다.

〈♂ (왼쪽), ♀ (오른쪽), 강원 인제〉

153

▲ 수컷(강원 인제, 2013. 7. 26)

▲ 수컷(강원 인제, 2016. 7. 11)

▲ 알 모으는 암컷(강원 인제, 2017. 7. 6)

▲ 짝짓기(강원 인제, 2014. 6. 30)

ENG **Northern Snaketail**

Size AL: 39mm, HL: 40mm.

Flight period Late June to August (univoltine).

Habitat Clean sandy streams.

Distribution Korea (Prov. Gangwon, N), China, Russian Far East, Mongolia, Central Asia.

Status Rare.

잠자리아목(Anisoptera)
장수잠자리과 Family Cordulegastridae Calvert, 1893

대형으로, 양 겹눈이 한 점에서 가까스로 붙거나 떨어진다. 세모방은 앞, 뒷날개 모두에서 같은 모양이거나 뒷날개에서만 가로로 길기도 한다. 중실(r+m)에는 횡맥이 있거나 없다. 수컷의 항각은 종에 따라 둥글거나 각이 진다. 암컷의 생식판은 산란관 모양으로 길게 나온다. 북반구에 46종이 알려져 있고, 우리나라에는 1종이 있다.
어른벌레는 노란색과 검은색이 교대로 나타나며, 미숙과 성숙의 색이 크게 다르지 않다. 날개돋이는 주로 밤에 하며 물구나무형으로 한다.

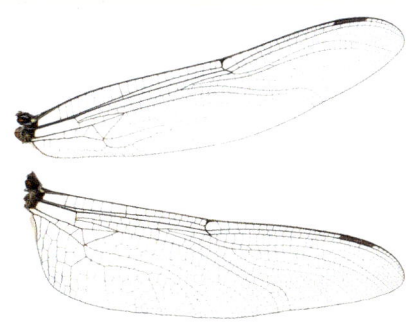

〈장수잠자리과의 날개맥〉

Genus ***Anotogaster*** Selys, 1854

Anotogaster Selys, 1854, Synopsis des Gomphines. Bull. Acad. R. Belg. 21 (2): 101.
Type species: *Anotogaster nipalensis* Selys, 1854.

장수잠자리 *Anotogaster sieboldii* (Selys, 1854)

Cordulegaster sieboldii Selys, 1854, Synopsis des Gomphines: 88. Type locality: Japon.
Anotogaster cieboldii: Doi, 1933: 93. (misspelling)
Anotogaster kuchenbeiseri: Doi, 1937: 9.
Anotogaster sieboldii: Haku, 1937: 72; Asahina, 1989c: 193.

형태 배 길이 62mm, 뒷날개 길이 53mm 안팎으로 우리나라에서 가장 크다. 겹눈은 미숙할 때 회갈색이다가 성숙해지면 짙은 풀색이고, 몸은 측범잠자리와 닮았다. 날개가슴의 노란 무늬는 있으나 어깨선은 없다. 제1, 2가슴선은 서로 합쳐져 굵은 검은 띠가 된다. 제2~8배마디의 각 마디에는 굵고 노란 고리무늬가 하나씩 있다. 암컷 산란관(5mm 안팎)은 배 끝마디를 넘어 길다. 미숙한 암컷은 날개의 밑과 전연부가 등황색이다가 성숙해지면 이 색이 없어진다.

생태 계곡 원류에 해당하고, 고운 흙이나 작은 모래가 바닥에 깔린 산지의 하천 상류에서 산다. 바닥의 진흙이나 모래 속에서 애벌레가 발견된다. 6월 말~9월에 보인다. 수컷은 개울 위를 낮게 왕복 비행하며, 가끔 나뭇가지에 머리를 위로 하고 배 끝을 아래로 늘어뜨려 거의 땅과 수직으로 앉는다. 암컷은 개울의 모래와 진흙 퇴적물에 꼿꼿이 선 채로 배 끝을 아래로 찌르듯 알을 낳는다.

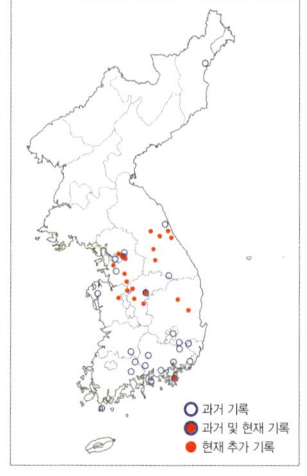

〈 인천 중구(왼쪽), 충북 보은(오른쪽)〉

미숙

성숙

〈♀ 인천 중구(왼쪽), 충북 보은(오른쪽)〉

▲ 수컷 비행(충남 천안, 2014. 8. 12)

▲ 암컷(경기 진접, 2015. 8. 7)

▲ 알 낳기(충남 천안, 2014. 8. 12)

▲ 알 낳기(경기 진접, 2014. 8. 14)

분포 한국(일부 섬을 포함한 내륙), 일본, 러시아 극동 지역, 중국, 타이완

어원 우리 이름은 '장수처럼 큰 잠자리'라는 뜻이다. 종 이름(*sieboldii*)은 독일의 잠자리 학자 'D. F. Siebold'이고, 속 이름(*Anotogaster*)은 'anoto (귀 모양 돌기), gaster (배)'이다.

분류 Doi (1933)는 서울과 전라북도 남원에서 채집한 개체로 처음 기록하였다. 북쪽으로 갈수록 몸이 작아지는 경향이 있다.

Eastern Spiketail

Size AL: 62mm, HL: 53mm.

Flight period Late June to September (univoltine).

Features It has yellow stripes with a black background and the compound eyes touch at one point. It is the largest dragonfly in Korea. The female's ovipositor has a long tip, which is a distinct feature.

Habitat Small streams.

Distribution Korea, Japan, China, Russian Far East, Taiwan.

Status Less common.

잠자리아목(Anisoptera)
산잠자리과 Family Macromiidae Needham, 1903

원래 청동잠자리과(Corduliidae)의 한 아과로 다루어오다가 새로 분리되었다. 대형으로, 양 겹눈은 짧은 선으로 맞닿는다. 뒷날개의 세모방은 호맥(Arc)에서 떨어져 뚜렷이 바깥에 있다. 항고리방(al)은 덜 발달한다. 제7, 8배마디는 폭이 넓다. 수컷 제10배마디에는 원추상의 돌기가 있다. 암컷의 생식판은 작다. 전 세계에 125종이 분포하고, 우리나라에 4종이 분포한다. 날개돋이는 밤에 이루어지며, 물구나무형으로 한다.

〈산잠자리과의 날개맥(♂ 왼쪽, ♀ 오른쪽)〉

산잠자리과(Macromiidae)의 속 검색표
머리 앞에는 2줄의 노란 줄이 있다. 수컷 제10배마디의 위에는 원추형 돌기가 있다. 뒷날개의 세모방은 바깥이 호 모양으로 구부러지고, 가운데에 횡맥이 하나 있다. --- *Epophthalmia*
머리 앞에는 1줄의 노란 줄이 있다. 수컷 제10배마디의 위에는 원추형 돌기가 없다. 뒷날개의 세모방은 바깥이 똑바르고, 가운데에 횡맥이 없다. -- *Macromia*

Genus *Epophthalmia* Burmeister, 1839

Epophthalmia Burmeister, 1839, Ent. 2: 844.
　　Type species: *Epophthalmia vittata* Burmeister, 1839.

산잠자리 Epophthalmia elegans (Brauer, 1865)

Macromia elegans Brauer, 1865, Verh. Zool. Bot. Ges. Wien 15: 905. Type locality: Shanghai.
Azuma elegans: Doi, 1932: 66; Doi, 1939: 13.
Epophthalmia elegans: Doi, 1943: 165; Asahina, 1989c: 16; Lee, 2001: 117.
Epophthalmia elegans yagasakii: Eda, 1986: 62.

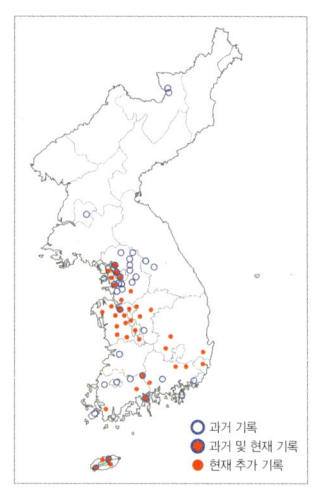

형태 배 길이 55mm, 뒷날개 길이 51mm 안팎으로 겹눈은 미숙할 때 황갈색이고 성숙해지면 광택이 강한 푸른색으로 변한다. 앞이마는 금속성 남색이고, 얼굴은 수컷이 위아래 모두 흰색을 띠며, 암컷은 '- -' 모양으로 보이는데, 위가 노랗고 아래가 흰색이다. 가슴에는 굵은 노란 무늬가 있고, 제1, 2가슴선이 합쳐져 굵게 일정한 띠가 된다. 배 위의 중앙에는 제2~5배마디(암컷은 제1~6배마디)에 노란 무늬가 나타나고, 제3배마디의 것은 아래의 노란 무늬와 합쳐져 'J'자 모양이 된다. 수컷의 제10배마디는 노란 무늬와 원추형 돌기가 보인다. 수컷의 위부속기는 아래부속기보다 조금 짧다. 암컷은 날개끝에서 등색을 띠기도 한다.

생태 평지와 산지의 저수지처럼 큰 호수에 살며, 이따금 흐름이 더딘 중류 하천에서도 보인다. 6~9월에 보인다. 수컷은 물가 안쪽에서 1m 정도의 높이로 일정하게 날아다닌다. 암컷은 물 위를 얕게 불규칙하게 날면서 배로 물을 때리며 알을 낳는다.

분포 한국(울릉도를 뺀 전국), 일본, 중국, 러시아 극동 지역, 타이완, 호주

어원 우리 이름은 '산에 사는 잠자리'라는 뜻이다. 종 이름(*elegans*)은 '우아한'이라는 뜻이고, 속 이름(*Epophthalmia*)은 '꼼짝 않고 바라보는 것'을 뜻한다.

분류 Doi (1932)는 평양과 경기도 안양 삼성산에서 채집한 개체로 처음 기록하였다.

▲ 수컷(제주 한경, 2015. 6. 29)

▲ 수컷 비행(경기 평택, 2014. 8. 29)

▲ 암컷(제주 한경, 2011. 7. 11)

▲ 짝짓기(제주 한경, 2011. 7. 11)

⟨♂ 경기 용인(왼쪽), ♀ 충북 보은(오른쪽)⟩

Regal Pond Cruiser

Size AL: 55mm, HL: 51mm.

Flight period June to September (univoltine).

Habitat Wide open waters like reservoir or lake.

Distribution Korea (inland, Is. Jeju), Japan, China, Russia (NE), Taiwan, Australia.

Status Quite common.

Genus *Macromia* Rambur, 1842

Macromia Rambur, 1842, Hist. nat. Ins. Neuropt., Paris 137.

Type species: *Macromia cingulata* Rambur, 1842.

***Macromia*속의 종 검색표**

1. a 제3배마디의 노란 무늬는 위에서 아래까지 이어지지 않는다. ---------------------- 노란잔산잠자리
   b 제3배마디의 노란 무늬는 위에서 아래까지 이어진다. ------------------------------- 2
2. a 제4~8배마디 중앙의 노란 무늬는 위에서 아래까지 이어지지 않는다. ------------------ 잔산잠자리
   b 제4~8배마디 중앙의 노란 무늬는 위에서 아래까지 이어진다. ---------------------- 만주잔산잠자리

〈노란잔산잠자리(첫째 줄)와 잔산잠자리(둘째 줄), 만주잔산잠자리(셋째 줄), 산잠자리(넷째 줄)의 비교〉

→ 노란잔산잠자리 *Macromia daimoji* Okumura, 1949

Macromia daimoji Okumura, 1949, Matsumushi 3: 120; Asahina, 1964: 112; Asahina, 1989c: 16. Type locality: Aichi-Ken, Japan.

형태 배 길이 55mm, 뒷날개 길이 45mm 안팎으로 겹눈은 미숙할 때 황갈색이다가 성숙해지면 광택이 강한 푸른색으로 변한다. 아랫입술의 바깥은 노란색이다. 얼굴에 'ㅡ'자 모양의 노란 무늬가 있고 그 위로 노란 점이 2개 있다. 가운데가슴 앞의 노란 무늬는 위까지 굵고, 어깨선과 넓게 만난다. 배 위의 노란 무늬는 제2~6배마디에 있다. 제3배마디의 노란 무늬는 옆에서 보면 위와 아래가 떨어진다. 수컷 제8배마디의 옆에는 작은 돌기가 있다. 위부속기는 위에서 보면 안쪽이 직선형이고, 바깥에 뚜렷한 돌기가 있다. 암컷의 날개는 밑과 끝에서 황갈색이 조금 보인다.

생태 바닥에 모래가 두껍게 퇴적한 하천의 중류에 산다. 6~8월 초에 보인다. 잔산잠자리와 같은 하천 지역에서 보이기도 한다. 수컷은 느리게 직선으로 날면서 암컷을 찾는다. 암컷은 간헐적으로 직선으로 날면서 배로 물을 때리며 알을 낳는다.

분포 한국(경기도 연천, 강원도 철원), 일본, 중국, 타이완, 러시아, 동남아시아

어원 우리 이름은 '노란색을 띠는 잔산잠자리'라는 뜻으로 Yoon (1988)이 지었다. 이승모(1996, 2001)는 이 속의 종들을 '노란멧잠자리'라고 한 적도 있었다. 종 이름(*daimoji*)은 '대문자'라는 뜻으로, 제7배마디의 노란 무늬가 '대(大)'자로 보인다는 뜻이다.

분류 Asahina (1964)는 서울 북한산에서 채집한 개체로 처음 기록하였다. 환경부가 지정한 멸종위기 Ⅱ급의 보호종이다.

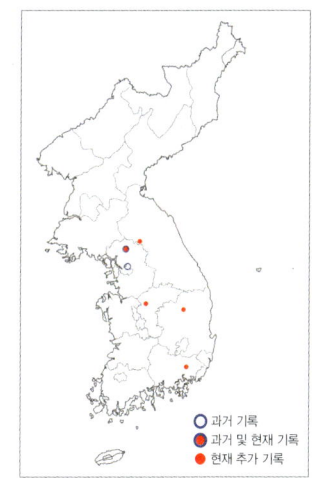

◀ ♂ (왼쪽), ♀ (오른쪽), 경기 연천

▲ 수컷(경기 연천, 2019. 7. 19)

▲ 수컷 비행(경기 연천, 2017. 6. 5)

▲ 암컷(경기 연천, 2015. 6. 18)

▲ 암컷 미숙(경기 연천, 2009. 5. 18)

Splendid Cruiser

Size AL: 55mm, HL: 45mm.

Flight period June to early August (univoltine).

Habitat Clean sandy streams.

Distribution Korea (Yeoncheon, Cheolwon), Japan, China, Taiwan, Russia, Southeast Asia.

Status Rare. This species is classified as VU, LC by IUCN. Recently, the sandy bottom of the Nakdong River in the eastern part of the Korean peninsula has been turned into mud, which could not help them to survive. This species lives near the midstream and is active in the evening.

잔산잠자리 *Macromia amphigena* Selys, 1871

Macromia amphigena Selys, 1871, Synopsis des Cordulines: 101. Type locality: Japan.
Macromia amphigena fraenata Martin, 1906, Coll. Zool.: 17. Type locality: Corea.
Macromia fraenata: Doi, 1937: 13.
Epophthalmia amphigena: Doi, 1932: 66.
Macromia amphigena: Lieftinck, 1929: 86; Asahina, 1989: 17; Lee, 2001: 120.

형태 배 길이 51mm, 뒷날개 길이 44mm 안팎으로 겹눈은 미숙할 때 황갈색이다가 성숙해지면 광택이 강한 푸른색으로 변한다. 얼굴에 '一'자 모양의 노란 무늬가 있다. 가슴의 무늬는 앞 종과 닮았다. 제1배마디 아래에 노란 무늬가 있다. 제3배마디의 노란 무늬를 옆에서 볼 때, 고리 모양이 된다. 위부속기는 위에서 보면 안쪽이 'S'자형이고, 바깥에 뚜렷한 돌기가 있다. 암컷은 배가 굵고, 날개밑과 끝에서 황갈색이 조금 보인다.

생태 바닥에 모래가 두껍게 퇴적한 중류 하천에서 산다. 6~8월 초에 보인다. 수컷은 빠르게 하천변을 직선으로 날면서 암컷을 찾는다. 암컷은 하천의 느리게 흐르는 구간에서 배로 물을 때리며 알을 낳는데, 날아갔다가도 같은 장소로 되돌아와 알을 낳는다.

분포 한국(묘향산 이남 내륙), 일본, 중국 동북부, 러시아 극동 지역

어원 우리 이름은 '산잠자리보다 작다'라는 뜻이다. 다만 잔산이 '산이 작다'라

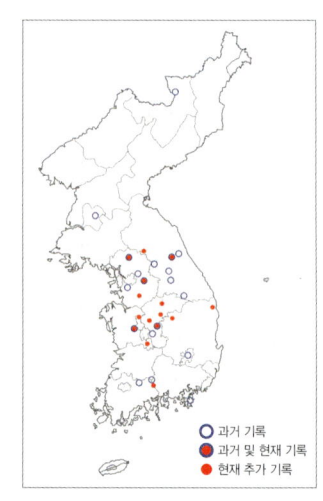

고도 해석될 수 있어 정확한 의미 전달이 안 된다. 왜 이토록 큰 잠자리에게 '잔'이라는 말을 넣었는지 아쉽다. 종 이름(*amphigena*)은 '양쪽 뺨'이라는 뜻이고, 속 이름(*Macromia*)은 '큰 어깨'를 뜻한다.

분류 Martin (1906)은 'Corea'라고 표기하여 처음 기록하였다. 우리나라 개체군을 아종 *fraenata* Martin, 1906으로 다루기도 하나 의미가 크지 않다.

⟨♂ 충북 청주(왼쪽), ♀ 경남 밀양(오른쪽)⟩

▲ 수컷(강원 철원, 2017. 5. 29)

▲ 수컷 비행(강원 인제, 2009. 6. 8)

▲ 수컷 비행(경기 연천, 2009. 7. 6)

▲ 암컷(강원 철원, 2016. 5. 16)

Common Stream Cruiser
Size AL: 51mm, HL: 44mm.
Flight period June to early August (univoltine).
Habitat Clean-water streams.
Distribution Korea (inland), Japan, China (NE), Russian Far East.
Status Less common.

만주잔산잠자리 *Macromia manchurica* Asahina, 1964

Macromia manchurica Asahina, 1964, Jap. J. Zool. 14 (2): 116; Yoon, 1988: 278; Lee, 2001: 120; Jung, 2007: 388.
　Type locality: Manchuria.

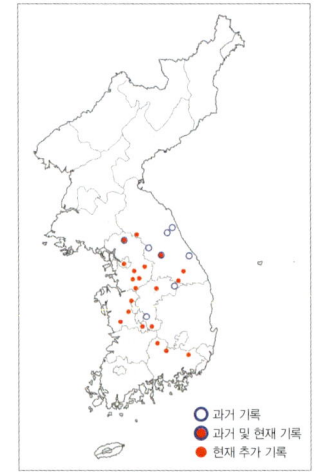

형태 배 길이 52mm, 뒷날개 길이 45mm 안팎으로 겹눈은 미숙할 때 황갈색이다가 성숙해지면 광택이 강한 푸른색으로 변한다. 얼굴에 '一'자 모양의 노란 무늬가 있다. 가슴의 무늬는 앞 2종들과 닮았다. 제1배마디 아래에 노란 무늬가 없지만 옆에서 볼 때 제3배마디의 노란 무늬가 위아래가 이어져 고리 무늬가 된다. 수컷은 제6배마디의 노란 무늬가 위에만 있고, 암컷은 이 부분이 고리 무늬를 이룬다. 수컷 부속기는 앞 종들보다 뚜렷이 길고, 옆에서 보면 위부속기 앞쪽 위로 작은 돌기가 있으며, 아래부속기가 위부속기보다 더 길다. 암컷은 배가 굵고, 날개밑과 끝에서 황갈색이 조금 보인다.

생태 한강처럼 큰 하천의 중, 하류 지역에서 산다. 6~8월 초에 보인다. 수컷은 하천변을 빠르게 직선으로 날면서 암컷을 찾는다. 암컷은 불규칙하게 하천가에서 배로 물을 때리며 알을 낳는다.

분포 한국(중부, 남부), 중국 동북부

어원 우리 이름은 '중국 동북부 지역의 잔산잠자리'라는 뜻으로 Yoon (1988)이 지었다. 종 이름(*manchurica*)은 '만주'라는 뜻이다.

분류 Yoon (1988)은 강원도 춘천호와 강릉 낙풍저수지, 충청북도 단양과 옥천에서 채집한 애벌레로 처음 기록하였다.

▲ 수컷(경기 용인, 2019. 7. 22)

▲ 얼굴 씻는 수컷(경기 용인, 2019. 7. 22)

▲ 수컷 비행(강원 철원, 2014. 6. 16)

▲ 암컷 미숙(경기 연천, 2019. 6. 1)

〈♂ 경기 용인(왼쪽), ♀ 미숙, 강원 철원(오른쪽)〉

Asiatic Riverine Cruiser

Size AL: 52mm, HL: 45mm.

Flight period June to early August (univoltine).

Habitat Slow-running streams, lakes.

Distribution Korea (C, N), China (NE).

Status Less common.

잠자리아목(Anisoptera)
청동잠자리과 Family Corduliidae Selys, 1871

중, 대형으로, 양 겹눈은 짧은 선으로 맞닿으며, 뒷부분에 작은 돌기가 있다. 매듭 앞 횡맥은 제2차(Ans)만 있다. 앞날개의 세모방은 세로로 길고, 뒷날개의 세모방은 안쪽에 호맥이 위치한다. 항고리방(al)은 장화 모양으로 발달한다. 수컷은 뒷날개 항각이 각이 진다. 암컷에는 완전한 산란관이 있다. 신, 구대륙에 154종이 분포하고, 우리나라에는 8종이 분포하고 있다. 날개돋이는 밤에 이루어지며, 물구나무형으로 한다.

〈청동잠자리과의 날개맥(♂ 왼쪽, ♀ 오른쪽)〉

청동잠자리과(Corduliidae)의 속 검색표

1. a 몸은 흑갈색이고, 날개가슴 옆에 2개의 노란 줄이 있다. 수컷의 부생식기의 넓은 판은 길다. ------------- Epitheca
   b 몸은 금속광택이 있는 검푸른색이고, 날개가슴 옆에 2개의 노란 줄이 있거나 없다. -------------------- 2
2. a 수컷 배 끝 위부속기는 원통형으로 단순하다. 아래부속기는 위부속기보다 조금 짧고 앞 끝에 깊게 둘로 갈라진다. --- Cordulia
   b 수컷 배 끝 위부속기는 길고 복잡하다. 아래부속기는 뚜렷이 짧고 단순하다. ----------------- Somatochlora

Genus *Cordulia* Leach, 1815

Cordulia Leach, 1815, Eding. Ency. 9: 137.
Type species: *Libellula aenea* Linnaeus, 1758.

청동잠자리 *Cordulia aenea* (Linnaeus, 1758)

Libellula aenea Linnaeus, 1758, Syst. Nat.: 644. Type locality: Europe.
Cordulia aenea: Doi, 1940c: 70; Doi, 1943: 165; Lee, 2001: 107.
Cordulia aenea var. *amurensis* Selys, 1887, Ann. Soc. Ent. Belg. 31: 51. Type locality: Pokrofka, Région de fleuve Amur.
Cordulia aenea amurensis: Asahina, 1950: 156; Asahina, 1989c: 17.

형태 배 길이 36mm, 뒷날개 길이 31mm 안팎으로 겹눈은 미숙할 때 푸른색을 머금은 황갈색이다가 성숙해지면 광택이 강한 푸른색으로 변한다. 몸은 금록색이나 제2배마디에 가느다란 테두리 무늬가 있고, 제3배마디 아래에 옅은 부분이 있다. 날개에는 날개밑에만 작은 노란 무늬가 있다. 수컷의 배 끝 위부속기는 원통형이고, 아래부속기를 옆에서 보면 중앙의 윗부분에 돌기가 있고, 끝이 올라간다. 암컷의 배는 둥근 막대 모양으로, 생식판이 작고, 그 끝이 교차한다.
생태 고위도의 한랭한 산지(대택, 백두산 밀영, 삼지연, 대홍단, 북계수, 백암)에서 고산 습원이나 수생식물이 무성한 크고 작은 못에 산다. 6월 말~8월에 보인다. 미숙할 때에는 주변 산지로 이동하여 먹이활동을 하다가 성숙해지면 날개돋이한 습지와 못으로 돌아온다.
분포 한국(양강도), 일본, 중국 동북부, 사할린, 러시아 극동 지역, 시베리아 동부
어원 우리 이름은 '청동색의 잠자리'를 뜻한다. 종 이름(*amurensis*)은 기준 표본의 채집지인 '러시아 극동 지역 아무르의'를 뜻하고, 속 이름(*Cordulia*)은 '곤봉'이라는 뜻으로 배 모양에서 유래한다.

〈♂ (왼쪽), ♀ (오른쪽), 대택〉

분류 Doi (1940c)는 양강도 백암군 대택에서 채집한 개체로 처음 기록하였다. Jodicke et al. (2004)은 분자학 연구를 통해 *aenea*의 아종으로 다루던 *amurensis* Selys, 1887을 종으로 승격하였다. 이에 대해 Kosterin과 Zaika (2010)는 다음의 세 가지의 문제점을 지적하였다. 1) Jodicke et al. (2004)이 검사한 개체들의 유전자 다양성이 높다. 2) *C. aenea*와 *C. amurensis*는 형태의 차이가 뚜렷하지 않다. 3) 두 분류군은 유럽에서 극동아시아까지 띠처럼 이어져 분포하고, 형태면에서 일정한 경향성을 보인다. 무엇보다 두 분류군이 함께 분포하는 접경 지점이 뚜렷하지 않다. 따라서 이들 분류군에 대한 고찰이 더 필요하다고 본다. 여기에서는 후자의 의견에 따랐다.

▲ 수컷(러시아 중부, 2014. 7. 4)

▲ 수컷(러시아 중부, 2018. 6. 26)

▲ 암컷(러시아 중부, 2018. 6. 26)

ENG Downy Emerald

Size AL: 36mm, HL: 31mm.

Flight period Late June to August (univoltine).

Habitat Lakes and canals especially in wooded areas.

Distribution Korea (N), Japan, China (NE), Sakhalin, East Siberia.

Status Unknown. This species inhabits North Korea.

Genus *Epitheca* Charpentier, 1840

Epitheca Charpentier, 1840, Handb. Ent. 2: 845.

Type species: *Libellula bimaculata* Charpentier, 1825.

언저리잠자리 *Epitheca marginata* (Selys, 1883)

Somatochlora marginata Selys, 1883, Ann. Soc. Ent. Belg. 27: 109. Type locality: Japon.
Epitheca bimaculata: Doi, 1932: 66.
Epitheca marginata: Doi, 1937: 13; Asahina, 1989c: 17; Lee, 2001: 108.

형태 배 길이 36mm, 뒷날개 길이 36mm 안팎으로 언뜻 보면 잠자리과에 속하는 것처럼 보인다. 겹눈은 미숙할 때 옅은 회색이다가 성숙해지면 수컷이 광택이 강한 청회색, 암컷이 녹회색으로 변한다. 앞이마는 검다. 날개가슴에는 황갈색 무늬가 있고, 어깨선은 없다. 제1, 2가슴선은 서로 합쳐져 넓은 검은 띠가 된다. 배는 조금 납작하고 옆 테두리가 도드라지며, 제1~8배마디의 각 마디의 옆에 황갈색 무늬가 있다. 수컷의 부생식기의 넓은 판은 길다. 위부속기는 짧은 편이고, 옆에서 보면 끝이 굵고 잘린 것처럼 보인다. 암컷의 산란판은 길고, 깊게 파이듯 보인다. 암컷은 날개의 밑에서 전연부로 흑갈색을 띤다.

생태 평지의 식생이 좋은 못과 저수지, 웅덩이, 하천 주위 습지에서 산다. 4~6월 초에 보인다. 미숙할 때는 주변 산지로 이동하여 먹이활동을 한다. 성숙해지면 못으로 돌아와 수컷은 제자리날기와 직선으로 날기를 되풀이하며 암컷을 탐색한다. 암컷을 만나면 짝짓기 상태로 날거나 주변 나무 위에 앉는다. 암컷은 앉은 상태로 알을 미리 낳아 젤라틴 성분으로 산란판과 배 사이에 뭉쳐 놓았다가 한 번에 물에 풀어놓는다.

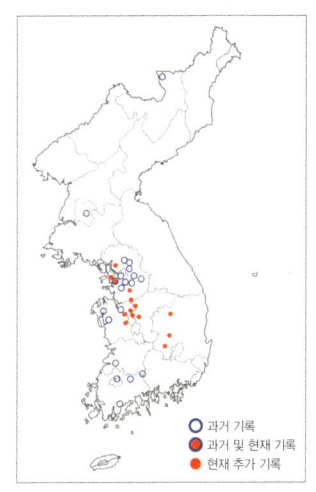

〈♂ 경기 용인(왼쪽), ♀ 충북 청주(오른쪽)〉

분포 한국(백두산 이남, 백두산 일대에는 수가 적으나 볼 수 있다.), 일본, 중국

어원 우리 이름은 '배 가장자리의 호랑 무늬'를 뜻한다. 종 이름(*marginata*)은 '가장자리가 있다'를 뜻하고, 속 이름(*Epitheca*)은 '위의 자루'라는 뜻으로 암컷이 배 끝에 알을 젤라틴 성분으로 알을 붙여둔 모양에서 유래한다.

분류 Doi (1937)는 서울 영등포에서 채집한 개체로 처음 기록하였다.

▲ 수컷(경기 성남, 2014. 5. 6)

▲ 수컷 비행(경기 광주, 2012. 5. 9)

▲ 짝짓기(경기 광명, 2012. 5. 7)

▲ 알 모으는 암컷(경기 광주, 2017. 5. 11)

ENG Eastern Baskettail

Size AL: 36mm, HL: 36mm.
Flight period April to June (univoltine).
Habitat Reservoirs and big ponds, marshes.
Distribution Korea (inland), Japan, China.
Status Common.

Genus *Somatochlora* Selys, 1871

Somatochlora Selys, 1871, Bull. Acad. r. Belg. 31(2): 279.

Type species: *Libellula metallica* van der Linden, 1825.

*Somatochlora*속의 종 검색표

1. a 깃무늬는 옅은 갈색이다. 수컷의 위부속기는 위에서 보면 집게 모양으로 구부러진다. 우 생식판은 뒤로 길어져 제9배마디 끝에 이른다. --------------------------------- 작은북방잠자리
   b 깃무늬는 검다. 수컷의 위부속기는 집게 모양으로 구부러지지 않는다. 우의 생식판은 뒤로 길어지지 않는다. -------- 2
2. a 수컷의 위부속기는 위에서 보면 외연 뒷부분 옆으로 나오고, 옆에서 보면 신발의 뒤꿈치 모양으로 나온다. 우의 생식판은 주머니 모양으로 뒤로 향한다. ------------------------------ 밑노란북방잠자리
   b 수컷의 위부속기는 옆으로 나오지 않고, 옆에서 보면 가늘고 길지만 뒤꿈치 모양으로 나오지 않는다. 암컷의 생식판은 삼각형으로 비스듬히 아래쪽으로 향한다. ---------------------------- 3
3. a 앞날개의 주맥방(cu)에 횡맥이 2개 있다. -------------------- 북방잠자리
   b 앞날개의 주맥방(cu)에 횡맥이 1개 있다. -------------------- 4
4. a 수컷의 위부속기는 위에서 보면 외연이 각지고 끝은 안쪽으로 향한다. 날개가슴 옆에 암수 모두 노란 무늬가 없이 전체가 금록색이다. ------------------------------------- 참북방잠자리
   b 수컷의 위부속기는 위에서 보면 외연이 각지고 끝은 뒤쪽으로 향한다. 암컷과 미숙한 수컷에는 날개가슴 옆에 노란 무늬가 있다. -- 5
5. a 제6, 7배마디 옆에 노란 무늬가 있으며, 암컷에서 더 뚜렷하다. ------------- 삼지연북방잠자리
   b 제6, 7배마디 옆에 노란 무늬가 없다. ----------------------- 백두산북방잠자리

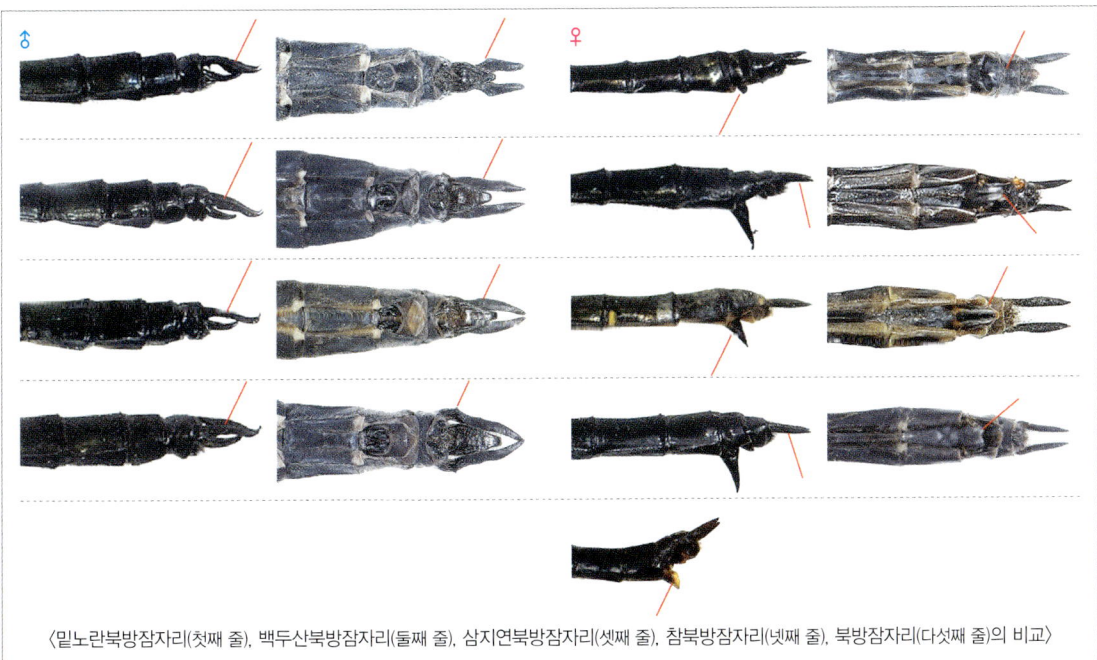

〈밑노란북방잠자리(첫째 줄), 백두산북방잠자리(둘째 줄), 삼지연북방잠자리(셋째 줄), 참북방잠자리(넷째 줄), 북방잠자리(다섯째 줄)의 비교〉

→ 작은북방잠자리 *Somatochlora arctica* (Zetterstedt, 1840)

Aeshna arctica Zetterstedt, 1840, Ins. Lapp.: 1040. Type locality: Norge.

Somatochloa arctica: Asahina, 1939: 194; Doi, 1953: 105; Asahina, 1989c: 18.

생태 한반도 북부의 고위도 한랭한 산지에서 식생이 좋은 못에서 산다. 7~8월에 보인다. 확 트인 풀밭에서 먹이활동을 한다. 암컷은 홀로 배로 물을 때리며 알을 낳는다.

분포 한국(양강도, 함경도), 일본(북해도, 혼슈의 고지대), 중국 동북부, 사할린, 캄차카, 러시아 극동 지역, 시베리아를 거쳐 유럽 북부까지

어원 우리 이름은 '이 무리 중에서 작다'는 뜻인데, 원래 조복성(1958)이 '밑노란잠자리붙이'로 이름을 지었으나 이승모(1996)가 위의 이름으로 바꾸었다. 종 이름(*arctica*)은 '북극의'라는 뜻이고, 속 이름(*Somatochlora*)은 '황록색의 몸'이라는 뜻이다.

분류 Asahina (1939)는 양강도 운흥군 대진평에서 채집한 1♂으로 처음 기록하였다. 이후 함경북도 장지[潛池], 함경북도 무산군 삼사면에 있는 못(면적: 0.306km²)]에서의 Doi (1943)의 기록이 있을 뿐 더 이상의 자세한 기록이 없다. 이 종을 일본의 국립과학박물관에 보관된 Asahina 채집품 중에서 아쉽게 발견하지 못했다.

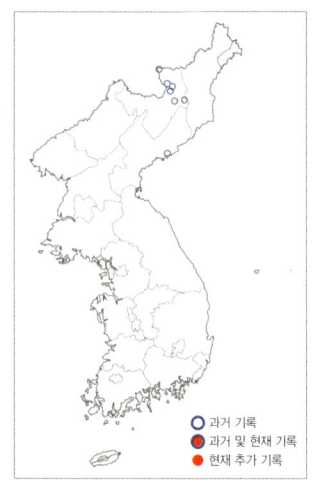

▲ 수컷(러시아 중부, 2018. 6. 29)

▲ 암컷(러시아 중부, 2018. 8. 3)

ENG Northern Emerald

Flight period July to August (univoltine).

Habitat Shallow bog pools.

Distribution Korea (N), Japan (Hokkaido, high altitude area of Honshu), China (NE), Sakhalin, Kamchatka.

Status Unknown. This species inhabits North Korea.

북방잠자리 *Somatochlora alpestris* (Selys, 1840)

Cardulia alpestris Selys, 1840, Mono. Lib. Euro. Paris: 210. Type locality: Switzerland.
Somatochlora alpestris: Asahina, 1939: 104; Asahina, 1989c: 17.

형태 배 길이 30mm, 뒷날개 길이 30mm 안팎으로 겹눈은 미숙할 때 푸른색을 머금은 황갈색이다가 성숙해지면 광택이 강한 푸른색으로 변한다. 날개가슴에는 특별한 무늬가 없다. 제2배마디 뒤에 가느다란 노란 무늬가 있다. 수컷의 배 끝 위부속기를 옆에서 보면 아래로 2개의 돌기가 있고 끝이 말리듯 위로 올라간다. 암컷의 배는 둥글지 않고, 생식판은 넓은 조각 모양으로 비스듬하게 뒤로 튀어나온다.

생태 한반도 북부의 고위도 추운 지역에서 잎갈나무가 주위에 많은 고산지의 못에서 산다. 7~8월에 보인다. 수컷은 확 트인 풀밭에서 순항하듯 날면서 먹이활동을 한다. 암컷은 홀로 배로 물을 때리며 알을 낳는다.
분포 한국(양강도), 일본(북해도, 대설산), 중국 동북부, 시베리아에서 유럽(알프스)까지
어원 우리 이름은 '북쪽에 사는 잠자리'라는 뜻이고, 종 이름(*alpestris*)은 '알프스의'란 뜻이다.
분류 Asahina (1939)는 북한의 대평과 대진평에서 채집한 개체로 처음 기록하였다. 이후 기록은 없다.

⟨♂ 대평⟩

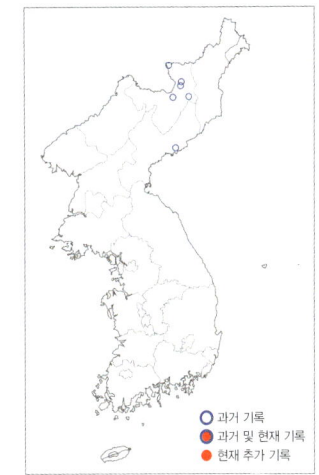

▲ 알 낳기(러시아 연해주, 2017. 6. 29)

ENG Alpine Emerald

Size AL: 30mm, HL: 30mm.

Flight period July to August (univoltine).

Habitat Swamps surrounded by forests.

Distribution Korea (N), Japan (Hokkaido), China (NE), Siberia to Europe (Alps).

Status Unknown. This species inhabits North Korea.

밑노란북방잠자리(개칭) *Somatochlora graeseri* Selys, 1887

Somatochlora graeseri Selys, 1887, Ann. Soc. Ent. Belg. 31: 58; Asahina, 1939: 104; Lee, 2001: 111. Type locality:

Amur River.

Cordulia aenea: Doi, 1932: 66. (misidentification)
Somatochlora borealis: Doi, 1936: 106.
Somatochlora uchidai: Doi, 1936: 106.
Somatochlora graeseri graeseri: Asahina, 1989c: 18.
Somatochlora graeseri aureola: Ju, 1969: 10; Kim, 2009: 36.

형태 배 길이 37mm, 뒷날개 길이 35mm 안팎으로 겹눈은 미숙할 때 푸른색을 머금은 황갈색이다가 성숙해지면 광택이 강한 푸른색으로 변한다. 암수 모두 제1, 2배마디에 노란 무늬가 있다. 암컷은 제2, 3배마디가 굵고, 제3배마디 옆에는 둥근 황백색 무늬가 있다. 수컷의 위부속기는 위에서 보면 중간에서 옆으로 돌출한다. 또 옆에서 보면 아래에 가시가 있고, 전체 길이의 1/2 부근에서 부풀지만 발뒤꿈치 모양의 돌기는 거의 없다. 끝은 갈고리 모양이고 조금 솟는다. 암컷의 생식판은 주머니 모양이고, 짧은 배끝털이 있다.

생태 서식지 주변의 식생이 좋고, 조금 그늘지고 유기질이 많은 산지의 샘 습지와 못, 웅덩이에서 산다. 6~9월에 보인다. 미숙한 개체는 숲 주위의 공간에서 먹이사냥을 하고 성숙한 수컷은 나무그늘이 있는 못 주위 가장자리를 돌면서 텃세를 부린다. 암컷은 배 끝에 물을 묻혀 알을 낳아 모은 후 물가 주변에서 뿌리듯 알을 낳는다.

〈♂ 경기 연천〉

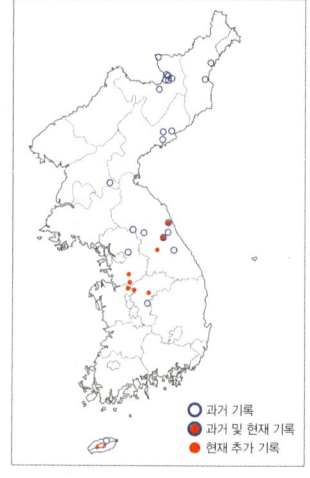

〈♀ 경기 용인(왼쪽), 제주 한라산(오른쪽)〉

분포 한국[한반도 내륙(국지적), 제주도(한라산)], 일본, 중국 동북부, 몽골, 러시아 극동 지역, 시베리아, 사할린

어원 우리 이름은 '제1, 2배마디 밑의 노란색'을 뜻한다. 종 이름(*graeseri*)은 독일 곤충 학자 'Ludwig Carl Friedrich (Louis) Graeser'를 뜻하고, 날개가 노란색을 띠는 아종으로 쓰이는 이름(*aureola*)은 '황금색의'라는 뜻이다.

분류 Doi (1936)는 함경남도 단천군 웅덕에서 채집한 개체로 처음 기록하였다. 이승모(2001)는 이 종에 붙여진 '*aureola*, *sibirica*, *borealis*' 등의 분류명에 대해서 모두 색 변이의 일종이라고 생각하였다. 한편 Kim (2009)은 제주도 한라산의 개체를 아종 *aureola* Oguma, 1913으로 다루었고, 이에 직접 확인한 제주민속자연사박물관(3♀)에 보관된 암컷이 모두 날개밑에서 거의 1/4까지 등황색 무늬가 뚜렷하다. 북한 지역에서는 이 아종으로 다루고 있다 (Ju. 1969). 다만 한반도 북부의 개체들에서 이 특징이 어떻게 나타나는지 충분히 검토하지 못했다.

제주도를 포함한 한반도의 개체들은 날개 색과 달리 노란 제3배마디의 무늬만의 특징이 모두 이 아종(*aureola*)의 형질인 것으로 보인다. 앞으로 분류적인 연구가 필요하다.

한편 이 종과 가까운 *Somatochlora uchidai* Forster, 1909라는 종이 있는데, 일본에서는 2종(*graeseri*, *uchidai*)이 지리적으로 어느 정도 격리되어 있다. 원래 *S. uchidai*는 일본의 고유종으로 알려졌다가 이후 중국과 러시아 극동 지역에서도 발견되고 있다. 이 종과의 차이는 유전자 분석으로도 미세할 뿐이다(Li와 Zhang, 2018; Kohli et al., 2018). 형태면에서도 암컷의 제3배마디 옆의 노란 무늬가 이 종이 네모, *uchidai*는 세모이며, 수컷의 배 끝 위부속기 아래의 작은 돌기가 이 종 쪽이 더 큰 편일 뿐 차이가 크지 않다(石田 등, 1988). 중국과 러시아 극동 지역의 *uchidai* 기록이 옳은지가 논란이 있으며, 혹 밑노란북방잠자리 한 종만 분포하는 것이 아닐지 모르겠다.

▲ 수컷 비행(충북 괴산, 2013. 7. 19)

▲ 암컷(경기 용인, 2016. 8. 11)

▲ 짝짓기(경기 용인, 2014. 7. 11)

▲ 알 낳기(충북 청주, 2016. 7. 8)

ENG Common Asiatic Emerald

Size AL: 37mm, HL: 35mm.

Flight period June to September (univoltine).
Habitat Ponds and marsh sites near mountains.
Distribution Korea, Japan, China (NE), Mongolia, Sakhalin, Russian Far East, Siberia.
Status Common.

삼지연북방잠자리 *Somatochlora viridiaenea* (Uhler, 1858)

Cordulia viridiaenea Uhler, 1858, Proc. Acad. Nat. Sci. Phil.: 31. Type locality: Hakodadi (Japon).
Somatochlora viridiaenea: Ju, 1993: 259; Jung, 2012: 176.

형태 배 길이 38mm, 뒷날개 길이 37mm 안팎으로 겹눈은 미숙할 때 윗가장자리가 암적색이다가 성숙해지면 광택이 강한 어두운 푸른색으로 변한다. 제1가슴선 앞과 제2가슴선 뒤의 노란 무늬가 있고(성숙한 수컷은 없어짐), 제1, 2배마디 아래에 가느다란 고리 무늬가 있다. 수컷의 위부속기는 위에서 보면 각지지 않고 완만하게 뒤쪽으로 굽어진다. 옆에서 보면 기부 아래에 돌기가 있고 끝은 뚜렷하게 말려 올라간다. 암컷은 생식판이 삼각형이고 비스듬히 아래로 향하며, 길이는 폭의 1.6배 정도이다. 수컷 날개는 무늬가 없고, 암컷은 날개밑이 갈색이고, 전체가 옅은 갈색이다.

분포 한국(강원 고성 이북), 일본, 중국 동북부, 러시아 극동 지역, 사할린

생태 추운 지역의 산지에서 주변이 확 트인 샘 습지와 둠벙, 못에서 살며, 7~9월 말에 보인다. 미숙한 개체는 물가를 떠나 숲 가운데 공터로 이동하여 높게 천천히 날면서 사냥을 한다. 성숙한 수컷은 습지 위를 같은 속의 다른 종들보다

상대적으로 높게 날면서 먹이사냥을 하고, 암컷을 발견하면 공중에서 연결하여 꽤 먼 거리를 날아간다. 암컷은 홀로 알을 낳으며, 물가의 얕고 축축한 진흙에 배로 때리며 낳는다.

어원 우리 이름은 '북한 양강도의 삼지연'을 뜻하고 처음 발견된 장소를 뜻한다. 이승모(2001)가 지었다. 종 이름(*viridiaenea*)은 '녹청동색의'라는 뜻이다.

분류 이 종은 북한 학자인 Ju (1993)가 먼저 기록했는데, 증거 표본이 없을 뿐더러 오동정일 가능성이 짙다. 정광수(2012)의 기록이 실체가 있는 우리나라 첫 기록이라고 할 수 있다.

▲ 수컷(강원 고성, 2016. 8. 3)

▲ 수컷(강원 고성, 2016. 8. 3)

▲ 수컷 비행(일본 북해도 하마나카, 2010. 8. 23)

▲ 암컷(일본 나가노 마쓰모토, 2012. 8. 19)

⟨♂ (왼쪽), ♀ (오른쪽), 강원 고성⟩

Eastern Emerald

Size AL: 38mm, HL: 37mm.

Flight period July to late September (univoltine).

Habitat Ponds or wetlands near the high mountain.

Distribution Korea (C, N), Japan, China (NE), Mongolia, Sakhalin, Russian Far East.

Status Rare. We have found this species only in Goseong.

백두산북방잠자리 *Somatochlora clavata* Oguma, 1913

Somatochlora clavata Oguma, 1913, Dobutsugaku-Zasshi (Zool. Mag. Tokyo)25 (299): 449; Jung, 2007: 378. Type locality: Hokkaido.

형태 배 길이 39mm, 뒷날개 길이 40mm 안팎으로 겹눈은 미숙할 때 윗부분이 암적색이다가 성숙해지면 광택이 강한 어두운 푸른색으로 변한다. 가슴과 제1~3배마디의 무늬는 삼지연북방잠자리와 닮았으나 제4배마디 이후에는 암수 모두 노란 무늬가 없어 조금 다르다. 수컷의 위부속기는 옆에서 보면 아래에 곧은 돌기가 있고, 폭이 넓으며, 끝이 말리듯 올라간다. 암컷의 배는 곤봉 모양이 아니라 제2, 3배마디가 공 모양으로 부풀고, 제3배마디 끝에서 급하게 가늘어진다. 생식판은 이 속 중에서 가장 많이 아래로 돌출한다. 날개는 암수 모두 뒷날개 밑에서 옅은 노란색을 띤다. 날개돋이 직후의 미숙 상태에서는 가슴 옆의 노란 띠가 뚜렷하게 보이나 성숙해지면 수컷은 이 무늬가 없어지거나 겨우 남는 정도이나 암컷은 성숙 후에도 뚜렷하게 남는다.

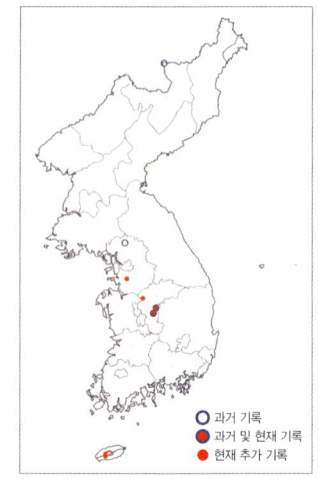

생태 낮은 산지에서 흐름이 더딘 개울이나 상류 지역에서 사는데, 주위에 달뿌리풀과 고마리 등 수생식물들이 늘 보이는 곳이다. 7~9월에 보인다. 미숙한 개체는 숲 주위의 공간에서 높게 천천히 날면서 사냥을 한다. 성숙한 수컷은 제자리날기를 하면서 세력권을 만든다. 암컷을 발견하면 짝짓기 후 숲으로 날아가 나뭇가지에 앉는다. 암컷은 홀로 천천히 흐르는 모래가 섞인 진흙 바닥이나 축축한 이끼 등에 연속해서 배를 때리며 알을 낳는다.

분포 한국(내륙(국지적), 제주도), 일본

어원 우리 이름은 이 종이 처음 발견된 지역인 '백두산'을 뜻하는데, 이승모(2001)가 지었다. 종 이름(*clavata*)은 '줄이 있다'라는 뜻이다.

분류 이 종의 첫 기록은 북한 학자인 Ju (1993)에 따르는데, 엄밀히 살피면 이 종인지의 여부가 불확실하다. 이승모(2001)는 백두산북방잠자리로 했다가 이 기록을 다시 참북방잠자리로 수정한 적도 있다(이승모, 2006). 이런 혼동은 이 종과 참북방잠자리의 차이가 크지 않기 때문으로 생각한다. 실체를 뚜렷이 제시한 정광수(2007)의 기록이 처음이라고 할 수 있다.

〈♂ (왼쪽), ♀ (오른쪽), 충북 보은〉

▲ 수컷 비행(충북 보은, 2013. 8. 26)

▲ 수컷 비행(충북 미원, 2013. 7. 19)

▲ 수컷(충북 보은, 2013. 8. 13)

ENG **Grand Brilliant Emerald**

Size AL: 39mm, HL: 40mm.

Flight period July to September (univoltine).

Habitat Clean-water streams.

Distribution Korea (Inland locally, Is. Jeju), Japan.

Status Less common.

참북방잠자리 *Somatochlora exuberata* Bartenev, 1910

Somatochlora exuberata Bartenev, 1910, Zool. Jahrb. 32: 236; Asahina, 1989c: 18; Lee, 2001: 112. Type locality: Siberia.

Somatochlora coreana Doi, 1938a, Akitu 1(4): 150; Doi, 1943: 165. Type locality: Yotoku (Yangdeok).

Somatochlora sp.: Asahina, 1939: 104.

Somatochlora metallica: Lee, 2006: 35; Jung and Lee, 2018: 16.

형태 배 길이 35mm, 뒷날개 길이 34mm 안팎으로 겹눈은 미숙할 때 푸른색을 머금은 황갈색이다가 성숙해지면 광택이 강한 푸른색으로 변한다. 가슴 전체에는 노란 무늬가 없다. 제2배마디에 가느다란 고리 무늬가 있고, 제2, 3배마디의 옆 아래 부분에 옅은 색이 있으나 제4배마디 이후에서는 이 무늬가 없다. 수컷의 위부속기는 위에서 보면 외연이 각 지고 끝으로 갈수록 안쪽으로 굽는다. 암컷의 제2, 3배마디는 부풀고 나머지 부분은 홀쭉하다.

생식판은 비스듬하게 아래로 돌출하고, 끝이 뾰족하다. 날개는 암수 모두 앞날개의 밑과 항각의 일부분에서 등갈색을 띠기도 한다.

생태 산지에서 계곡 주위의 웅덩이, 흐름이 더딘 상류 지역에서 산다. 7월 중순~9월에 보인다. 못 주위에서 수컷은 '제자리날기'를 하면서 텃세를 부린다. 암컷은 물이 얕은 습지에서 배로 물을 때리며 알을 낳는다.

분포 한국(중부 이북), 일본(북해도), 중국, 러시아 극동 지역, 시베리아 동부(이승모(2001)가 제주도에 분포한다고 했으나 백두산북방잠자리를 오동정한 것으로 보인다.)

어원 '참'은 '조선'을 바꾼 이름인데, '옳다'라는 뜻보다 '우리나라'라는 뜻이 어울린다. 종 이름(*exuberata*)은 '기운이 철철 남아도는'이라는 뜻이다.

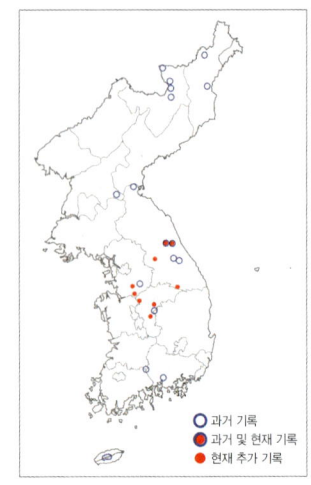

분류 Doi (1938a)는 평안남도 양덕에서 채집한 개체를 신종(*coreana*)으로 처음 기록하였는데, 이 종의 동종이명이다. 이 종은 지리적 차이가 있어서 학자에 따라 종의 적용이 달랐다. 최근 우리나라의 기록들은 *metallica* (Vander Linden, 1825)로 다루고 있었다(이승모, 2006; 정광수, 2018). 하지만 Kosterin et al. (2012)과 Zhang et al. (2014)은 각각 러시아 투바(Tuva) 지역과 중국에서 2종(*metallica*와 *exuberata*)이 같은 지역에서 발견된다고 하였다. 이 사실은 이들이 2종이라는 것을 증명한다. 종 *metallica*가 분포하는 지역은 스페인 북동부와 프랑스에서 페노스칸디아(Fennoscandia) 북부와 중앙시베리아, 남쪽으로 유고슬라비아, 불가리아 서부, 루마니아의 일부의 산악 호수에 이른다(Boudot, 2010). 반면 러시아 투바 동쪽에서 우리나라와 일본까지는 종 *exuberata*가 분포한다. 한편 일본의 북해도북방잠자리(*japonica* Matsumura, 1911)는 이 종의 아종으로 다룬다(이승모, 2006; Malikova, 2006; Karube et al., 2012; Medvedev et al., 2013). 이승모(1996)는 이 종을 제주도에서 채집하였다고 했으나 백두산북방잠자리의 오동정으로 보인다.

▲ 수컷(충북 속리산, 2014. 8. 29)

▲ 수컷 비행(충북 속리산, 2014. 8. 29)

▲ 알 낳기(경기 용인, 2013. 8. 7)

▲ 알 낳기(경기 용인, 2013. 8. 7)

⟨♂ 성숙, 강원 인제⟩

⟨♀ 성숙, 강원 홍천⟩

Oriental Brilliant Emerald

Size AL: 35mm, HL: 34mm.

Flight period Mid-July to September (univoltine).

Habitat Upper streams.

Distribution Korea (C, N), Japan.

Status Less common.

잠자리아목(Anisoptera)

잠자리과 Family Libellulidae Selys, 1840

소, 중형으로, 양 겹눈은 짧거나 긴 선으로 만난다. 앞날개의 세모방은 세로로 길고, 호맥(Arc)에서 떨어져 바깥에 위치하나 뒷날개의 세모방은 가로로 길고, 그 안 가장자리는 호맥 부근에 있다. 항고리방(al)은 발달하여 중맥축(MA)의 장화 모양인 종류가 많다. 수컷의 뒷날개 항각부는 잘록하지 않고 둥글다. 날개가슴의 어깨선은 'S'자 모양이다. 암컷은 생식판이 있다. 오세아니아를 뺀 전 세계에 1,037종이 알려져 있고, 우리나라에는 33종이 있다. 어른벌레는 보통 긴 기간 생존하기도 하고 한 해에 여러 세대를 거듭하기도 한다. 날개 돋이는 밤에 하며 물구나무형으로 한다.

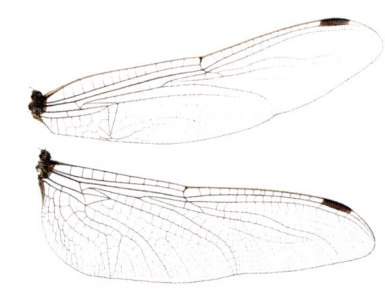

〈잠자리과의 날개맥〉

잠자리과(Libellulidae)의 속 검색표

1. a 앞날개 세모방의 앞가장자리는 구부러져 사각형이 된다. 크기는 작다(몸길이 20mm 안팎). ---------- Nannophya
   b 앞날개 세모방의 앞가장자리는 구부러지지 않는다. 크기는 작다(몸길이 30mm 이상). ---------- 2
2. a 배 전체의 색이 고른 편이다. ---------- 3
   b 제3, 4배마디는 흰색이거나 노란색이다. ---------- Pseudothemis
3. a 뒷날개의 항각부가 안쪽으로 넓어지지 않는다. 배의 폭이 좁다. ---------- 4
   b 뒷날개의 항각부가 안쪽으로 넓어진다. 배의 폭이 넓다. ---------- Lyriothemis
4. a 뒷날개의 항각이 크고, 날개밑 아래로 넓어진다. ---------- 5
   b 상대적으로 뒷날개의 항각이 작다. ---------- 6
5. a 날개에 짙은 무늬가 있다. ---------- Rhyothemis
   b 날개밑에 테두리가 황갈색인 흑갈색 무늬가 있다. ---------- Tramea
6. a 날개에 특별한 무늬가 없다. ---------- 7
   b 날개에 흑갈색 무늬가 있다. ---------- Libellula
7. a 앞이마는 흰색이다. 깃무늬 바깥의 맥이 흰색이다. ---------- Leucorrhinia
   b 앞이마는 흰색이 아니다. 깃무늬 바깥의 맥이 흰색이 아니다. ---------- 8
8. a 앞이마는 광택이 있는 남색이다. ---------- Brachydiplax
   b 앞이마는 광택이 있는 남색이 아니다. ---------- 9
9. a 제2~4배마디에는 비스듬한 주름이 있다. ---------- Deielia
   b 제2~3배마디에는 비스듬한 주름이 있다. ---------- 10
10. a 앞가슴 뒷가장자리에 긴 털이 없다. ---------- Crocothemis
    b 앞가슴 뒷가장자리에 긴 털이 수북하다. ---------- 11
11. a 날개 매듭 앞 횡맥은 11~19개이다. ---------- Orthetrum
    b 날개 매듭 앞 횡맥은 6.5~8.5개이다. ---------- Sympetrum

Genus **Rhyothemis** Hagen, 1867

Rhyothemis Hagen, 1867, Stettiner Ent. Ztg. 28: 232.

Type species: *Libellula phyllis* Sulzer, 1776.

나비잠자리 Rhyothemis fuliginosa Selys, 1883

Rhyothemis fuliginosa Selys, 1883, Ann. Soc. Ent. Belg. 27: 88; Ris, 1913: 956; Okamoto, 1924: 52; Doi, 1943: 166; Asahina, 1990: 17; Lee, 2001: 171. Type locality: Yokohama; Shanghai.

형태 배 길이 23mm, 뒷날개 길이 35mm 안팎으로 눈은 미숙할 때 절반 위가 어두운 적자색, 절반 아래가 검은색이다가 성숙해지면 절반 위가 광택이 강한 적자색으로 변한다. 앞이마는 금속성으로 검고 남색을 띠며, 가슴과 배 전체가 검다. 뒷날개의 대부분과 앞날개의 결절 부근까지 흑갈색이다. 수컷의 날개 윗면은 보는 각도에 따라 청록색으로 빛난다. 암컷은 날개 윗면이 수컷처럼 청록색으로 빛나거나 금색으로 보이는 개체가 있다. 수컷의 배 끝 위부속기는 가늘고 길며, 암컷의 생식판은 중앙이 오므라지고 겨우 제8배마디를 넘는다.

생태 나비처럼 나는 듯 보인다. 주변의 식생이 좋고, 수생식물이 무성한 저수지처럼 큰 호수와 그 주변의 논 습지에 산다. 6~9월에 보인다. 오전 중에는 물 위를 끊임없이 날면서 텃세를 부리다가 오후에 부들 등에 잘 앉는다. 암컷은 수컷의 경호 아래 또는 홀로 침수식물의 잠긴 부분에서 배로 물을 때리며 알을 낳는다.

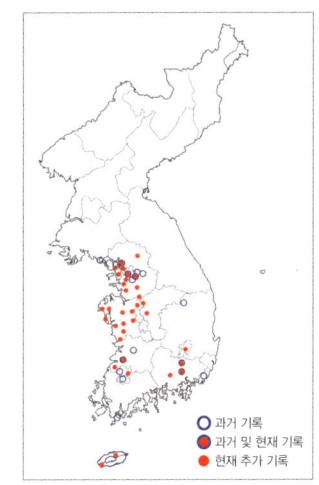

분포 한국(중부, 남부, 제주도), 일본, 중국, 타이완

어원 우리 이름은 '나비처럼 나는 잠자리'라는 뜻이다. 종 이름(*fulignosa*)은 '그을림처럼 검어지는'이라는 뜻으로, 날개 색과 몸 전체가 고르게 검은 특징을 잘 나타낸다. 속 이름(*Rhyothemis*)의 뜻은 뚜렷하지 않다.

분류 Ris (1913)는 우리나라에 분포한다고 처음 기록하였다.

⟨♂ (왼쪽), ♀ (오른쪽), 경기 용인⟩

▲ 수컷(인천 서구, 2012. 6. 14)

▲ 수컷 비행(인천 서구, 2015. 6. 29)

▲ 암컷(경기 부천, 2012. 6. 14)

▲ 짝짓기(인천 서구, 2017. 7. 19)

ENG Butterfly Dragonfly

Size AL: 23mm, HL: 35mm.

Flight period June to September (univoltine).

Habitat Large ponds and wetlands.

Features This species is unique, as its hindwings and the nodus of its forewings are dark brown.

Distribution Korea (C, S, Is. Jeju), Japan, China, Taiwan.

Status Common.

Genus *Leucorrhinia* Brittinger, 1850

Leucorrhinia Brittinger, 1850, SitzBer. Akad. Wiss., Wien. 4: 333.

Type species: *Libellula albifrons* Burmeister, 1839.

→ 진주잠자리 *Leucorrhinia dubia* (Vander Linden, 1825)

Libellula dubia Vander Linden, 1825, Ann. Soc. Ent. Belg. 31: 54. Type locality: "Belgium".
Leucorrhinia dubia: Doi, 1935: 57.
Leucorrhinia dubia orientalis: Asahina, 1939: 194; Doi, 1943: 166. Asahina, 1990b: 16.

형태 배 길이 24mm, 뒷날개 길이 27mm 안팎으로 몸은 검은색이고, 적갈색 무늬가 있다. 앞이마방패는 옥색이다. 날개가슴에 '!!' 무늬가 있다. 수컷의 배 끝 위부속기는 위로 뾰족하다. 표본 사진은 이승모 선생이 중국 동북부 지역에서 채집한 개체이다.

생태 고위도의 한랭한 고지에 위치한 습지에서 산다. 6~7월에 보인다. 수컷은 확 트인 습지 위에서 세력권을 만든다.

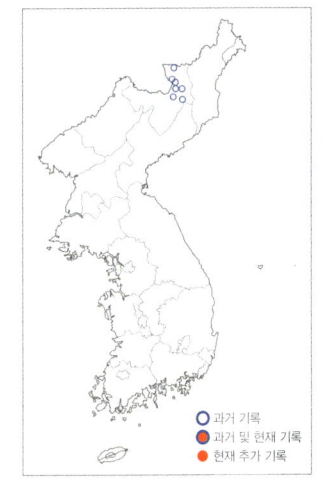

▲ 수컷(일본, 2012. 8. 5)

⟨♂ (왼쪽), ♀ (오른쪽), 러시아 극동 지역⟩

분포 한국(양강도), 일본, 중국, 러시아, 유럽

어원 우리 이름은 '몸이 진주색'이라는 뜻이다. 종 이름(*dubia*)은 '의심을 가진'을 뜻하는데, 다가가면 빠르게 날아가 관찰하기 쉽지 않은 데에서 비롯한 것으로 보인다. 속 이름(*Leucorrhinia*)은 '흰 코 또는 흰 얼굴'을 뜻한다.

분류 Doi (1958)는 함경북도 합수에서 채집한 개체로 처음 기록하였다. 한반도의 아종은 *orientalis* Selys, 1887로 다루나 우리나라를 포함한 동아시아 개체군에 적용하는 이 아종을 종으로 승격하여, 조심스럽게 새로운 해석을 하고 있다(Johansson et al., 2017). 그러나 Kosterin과 Zaika (2010)는 이미 유럽에서 일본까지의 구북구의 유럽과 일본의 종이 지역 변이의 범주에 들어간다고 하였다. 따라서 이 종의 이름은 앞으로 변화가 생길 여지가 있다.

ENG White-faced Darter

Size AL: 24mm, HL: 27mm.

Flight period June to July (univoltine).

Habitat Lake, big ponds, and wetlands.
Distribution Korea (N), Japan, China, Russia, Europe.
Status Unknown. This species inhabits North Korea.

Genus ***Sympetrum*** Newman, 1833

Sympetrum Newman, 1833, Ent. Mag. 1: 511.

Type species: *Libellula vulgata* Linnaeus, 1758.

***Sympetrum*속의 종 검색표**

1. a 종아리마디에는 넓적마디에 이어진 노란 무늬가 있다. ------------------------------- 2
   b 종아리마디에는 노란 무늬가 없거나 있어도 넓적마디와 이어지지 않는다. ------------------- 3
2. a 깃무늬는 옅은 황갈색으로 그 앞과 뒤에 바로 뚜렷한 흑갈색 띠가 있다. 전연맥은 노란색, 날개밑은 등황색이다.
   -- 두점배고추잠자리
   b 깃무늬는 옅은 갈색으로 그 앞과 뒤는 뚜렷하지 않다. 전연맥은 갈색과 검은색, 날개밑은 넓게 오렌지색이다. - 붉은고추잠자리
3. a 날개에는 뚜렷한 흑갈색 무늬가 있다. -------------------------------------- 4
   b 날개에는 뚜렷한 흑갈색 무늬가 있다. -------------------------------------- 7
4. a 흑갈색 무늬는 날개 중앙에서 조금 바깥에 있다. ------------------------- 노란띠고추잠자리
   b 흑갈색 무늬는 날개끝에 있다. --- 5
5. a 제1가슴선 위의 검은 줄은 나뉘어 제2가슴선 위의 검은 줄과 만나 굵어진다. ------------ 산깃동고추잠자리
   b 제1가슴선 위의 검은 줄은 굵어지지 않는다. --------------------------------- 6
6. a 제1가슴선 위의 검은 줄은 위까지 이어지고, 날개가슴에 옅은 색 부분이 있다. ----------- 깃동고추잠자리
   b 제1가슴선 위의 검은 줄은 위까지 이어지지 않고, 날개가슴은 황갈색으로 특별한 무늬가 없다. ----- 들깃동고추잠자리
7. a 날개가슴에 옅은 색 띠가 있다. --------------------------------------- 8
   b 날개가슴에 옅은 색 띠가 없다. --------------------------------------- 11
8. a 제1가슴선 위의 검은 줄은 없거나 가늘다. ---------------------------------- 9
   b 제1가슴선 위의 굵은 검은 줄이 있다. 몸이 검다. ------------------------- 검은고추잠자리
9. a 어깨선과 제1가슴선 사이에 뚜렷한 검은 무늬가 있다. ----------------------- 흰얼굴고추잠자리
   b 어깨선과 제1가슴선 사이에 뚜렷한 검은 무늬가 없다. ------------------------------ 10
10. a 날개가슴에 노란색과 검은 무늬는 경계가 뚜렷하다. 수컷의 배 끝 위부속기 끝의 위로 조금 굽고, 암컷 생식판은 가늘고 길며 송
    곳 모양으로 돌출하여, 끝이 배 끝을 넘는다. ----------------------------- 애기고추잠자리
    b 날개가슴에 노란색과 검은 무늬는 경계가 뚜렷하지 않다. 수컷의 배 끝 위부속기 끝의 뚜렷이 위로 굽고, 암컷 생식판은 길어지
    나 배 끝을 넘지 않는다. ------------------------------------- 두점박이고추잠자리
11. a 가슴과 배에 무늬가 없다. --- 12
    b 가슴과 배에 무늬가 있다. --- 13
12. a 날개는 전연을 따라 날개끝까지 등색을 띠며, 그 경계는 뚜렷하다. ------------------ 노란고추잠자리
    b 날개 전체가 등황색으로 그 경계는 뚜렷하지 않다. -------------------------- 큰노란고추잠자리
13. a 제1, 2가슴선 위의 검은 줄은 합쳐져 굵다. ------------------------------ 하나고추잠자리
    b 제1, 2가슴선 위의 검은 줄은 합치지 않는다. --------------------------------- 14
14. a 제1가슴선 위의 검은 줄은 끝에서 굵어지며 끊어진다. ----------------------- 작은고추잠자리
    b 제1가슴선 위의 검은 줄은 없거나 가늘고, 끝이 굵게 끊어지지 않는다. ---------------------- 15
15. a 종아리마디 바깥은 노란색이다. --------------------------------- 대륙고추잠자리
    b 종아리마디 바깥은 검은색이다. --------------------------------------- 16
16. a 이마윗줄은 가늘고, 제1가슴선 위의 검은 줄은 작은 점이거나 짧다. 성숙한 수컷의 얼굴은 희다. 암컷의 생식판은 송곳 모양으로
    길다. -- 긴꼬리고추잠자리
    b 이마윗줄은 굵고, 제1가슴선 위의 검은 줄은 뚜렷하다. 성숙한 수컷의 얼굴은 황갈색이다. 암컷의 생식판은 짧다. - 고추잠자리

두점배고추잠자리 *Sympetrum fonscolombii* (Selys, 1840)

Libellula fonscolombii Selys, 1840, Monogr. Libell. Europe: 49. Type locality: France.
Sympetrum fonscolombei: Jung, 2007: 456.
Sympetrum fonscolombii: Jung, 2012: 238.

형태 배 길이 25mm, 뒷날개 길이 27mm 안팎으로 눈은 절반 위가 적갈색, 절반 아래가 옅은 녹갈색이다. 앞이마는 황(적)갈색, 이마위선은 가늘다. 날개가슴 앞쪽은 황갈색으로 무늬가 없다. 어깨선과 제2가슴선은 가늘고 검은 줄이다. 제1가슴선 위의 검은 줄이 가늘고, 아래 반쪽에서 위로 뾰족하며, 아래에서 어깨선과 합쳐져 그 윗부분이 성숙해지면 색이 옅어진다. 다리는 넓적마디와 종아리마디에 노란 줄이 있다. 배는 덜 편평하며, 수컷에서 무늬가 없으나 암컷은 각 마디 옆에 가로로 검은 무늬가 나타난다. 암컷의 생식판은 짧다. 날개밑은 옅은 주황색이고, 전연맥이 노란색, 깃무늬가 옅은 황갈색이다. 성숙한 수컷은 머리와 배가 붉어진다.

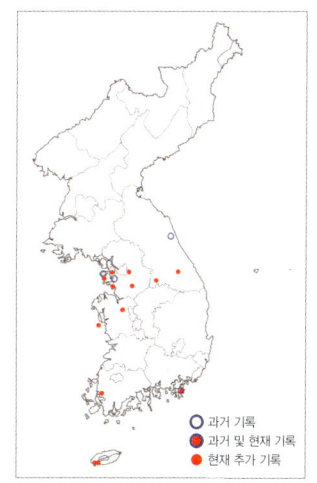

생태 키 작은 식물이 무성한 해안 염습지와 둠벙, 묵논 등에서 산다. 섬에서도 볼 수 있으며, 정착할 가능성도 있으나 현재까지 나그네종이다. 8~11월에 보인다. 수컷은 섬의 산 정상이나 능선의 확 트인 공간에서 바위, 나뭇가지 등에 앉아 텃세를 부린다. 암컷도 같은 곳에서 발견되며, 재빠르다. 제자리날기를 곧잘 한다. 오전에 이어진 채로 암컷이 배로 물을 때리며 알을 낳는다. 강원도의 높은 산지에서도 이따금 발견된다.

분포 한국(경상남도 거제도, 인천광역시 영종도, 인천광역시 소래포구, 강원도 동해 망상, 고성 화진포, 가리왕산, 인천광역시 굴업도, 충청남도 보령시 외연도, 제주도), 일본(나그네종), 중국, 중앙아시아, 인도, 소아시아, 유럽 중부와 남부, 아프리카

어원 우리 이름은 '배에 2점이 있는 고추잠자리'라는 뜻이다. 종 이름(*fonscolombii*)은 프랑스의 잠자리 학자인 'Boyer de Fonscolombe'를 뜻한다. 속 이름(*Sympetrum*)은 '돌 위에 앉는'이라는 뜻이다.

분류 정광수(2007)는 경상남도 거제도에서 채집한 개체로 처음 기록하였다.

♂ (왼쪽), ♀ (오른쪽), 경기 화성

▲ 수컷(경기 안산, 2014. 8. 22)

▲ 암컷(경기 안산, 2013. 9. 9)

▲ 짝짓기(인천 중구, 2019. 9. 23)

▲ 알 낳기(인천 중구, 2019. 10. 25)

ENG **Red-veined Darter**

Size AL: 25mm, HL: 27mm.

Flight period August to November (univoltine).

Habitat Coastal saltine marshes.

Distribution Korea (Is. Geojedo, Is. Yeongjongdo, Sorae port, Mangsang beach, Hwajin port, Mt. Gariwangsan, Is. Guleopdo, Is. Oeyeondo, Is. Jeju), Japan (migrant), China, Central Asia, India, Asia minor, Central & Southern Europe, Africa.

Status Rare. It is assumed to be an immigrant coming from China.

작은고추잠자리 *Sympetrum darwinianum* (Selys, 1883)

Diplax darwinianum Selys, 1883, Ann. Soc. Ent. Belg. 27: 94. Type locality: "Japan".

Diplax sinensis: Ichikawa, 1906: 183.

Sympetrum sp.: Doi, 1932: 68.

Sympetrum darwinianum: Asahina, 1990a: 20; Lee, 2001: 150.

형태 배 길이 26mm, 뒷날개 길이 30mm 안팎으로 고추잠자리와 닮았지만 조금 작고, 성숙해지면 수컷이 겹눈을 포함하여 몸이 더 붉어지는 점과 암컷이 배 위의 대부분이 붉어지는 점이 다르다. 겹눈은 미숙할 때 절반 위가 회색을 띤 적갈색, 절반 아래가 황갈색이다가 성숙해지면 수컷이 절반 위가 붉은색, 절반 아래가 녹갈색으로, 암컷이 절반 위가 짙은 붉은색, 절반 아래가 옅은 녹갈색으로 변한다. 앞이마는 수컷이 적갈색, 암컷이 붉은 기가 있는 황갈색이다. 이마위선은 가늘다. 날개가슴 앞쪽은 황갈색으로 별 무늬가 없다. 어깨선과 제2가슴선은 굵은 검은 줄이 있다. 제1가슴선도 굵고, 아래에서 2/3까지 직각으로 잘린 듯 보인다. 앞다리의 넓적마디 안쪽은 황갈색이고, 종아리마디는 검다. 수컷의 배는 편평하며 거의 무늬가 없으나 뒤의 제2, 3배마디가 조금 검다. 암컷은 제2, 3배마디가 부풀며, 각 마디 옆에 쐐기 무늬가 있다. 암컷의 생식판은 짧다. 전연맥은 황갈색에서 검은색이고, 깃무늬가 검다.

생태 해안과 가까운 낮은 산지 또는 논과 같은 습지에서 산다. 늦가을에는 도심의 인공호수에서도 볼 수 있다. 6월 말~10월에 보인다. 미숙한 개체는 산지로 이동하며, 산길 등에서 먹이사냥을 하며, 반 음지 상태의 풀과 잎 위에 앉는다. 성숙하여 몸이 붉어지면 논으로 오며, 수컷은 확 트인 곳에서 텃세행동을 한다. 오전 중에 암수가 이어지거나 수컷의 경호 아래 암컷 홀로 알을 마른 땅에 떨어뜨리며 낳는다.

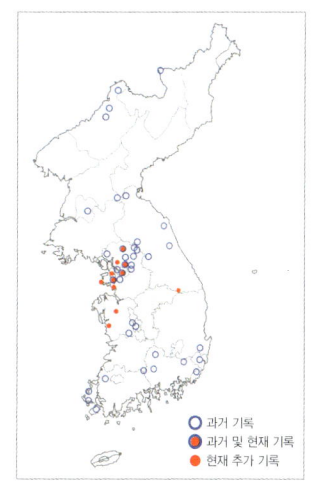

〈♂ 경기 파주〉

〈♀ 성숙(왼쪽), 경기 연천 / 미숙(오른쪽), 인천 중구〉

분포 한국(제주도와 울릉도를 뺀 전국, 서해안과 가까운 지역에 많으나 강원도 산지에는 많지 않다.), 일본, 중국 중부, 타이완

어원 우리 이름은 '작은 크기의 고추잠자리'라는 뜻으로, 이승모(1996)가 지었다. 원래는 조복성(1958)이 '여름고추잠자리'라고 했으나 실제로는 한여름보다 가을 늦게 잘 보이고 고추잠자리보다 작으므로 위의 이름을 쓴다. 종 이름(*darwinianum*)은 영국의 진화학자 'C. R. Darwin'이다.

분류 Ichikawa (1906)는 제주도 표본으로 처음 기록하였다. Asahina (1990a)는 Ichikawa와 도이(Doi)의 기록들이 옳은지를 확신하지 못했다. 현재 이들 표본들은 남아 있지 않다.

▲ 수컷(파주 교하, 2011. 10. 27)

▲ 수컷 경호(인천 중구, 2019. 10. 21)

▲ 짝짓기(파주 교하, 2013. 11. 8)

▲ 알 낳기(인천 중구, 2019. 10. 21)

ENG Red-headed Darter

Size AL: 26mm, HL: 30mm.

Flight period Late June to October (univoltine).

Habitat Dry wetlands like rice paddies.

Distribution Korea (N, C, S), Japan, China (C), Taiwan.

Status Less common.

→ 들깃동고추잠자리 *Sympetrum risi* Bartenev, 1914

Sympetrum risi Bartenev, 1914, Hor. Soc. Ent. Ross. 41: 5. Type locality: South Ussuri.

Sympetrum risi risi: Asahina, 1990a: 22.

Sympetrum risi: Lee, 2001: 164.

형태 배 길이 25mm, 뒷날개 길이 30mm 안팎으로 깃동고추잠자리와 닮았으나 조금 작고, 가슴선이 다르며, 성숙해지면 배가 더 붉어진다. 겹눈은 미숙할 때 절반 위가 회색을 띤 적갈색, 절반 아래가 황갈색이다가 성숙해지면 절반 위가 짙은 적갈색, 절반 아래가 녹갈색으로 변한다. 이마무늬는 없고, 앞이마는 황갈색, 이마위선은 가늘다. 날개가슴은 어두운 황갈색으로 무늬가 없다. 어깨선과 제2가슴선은 굵다. 제1가슴선은 굵으나 아래에서 3/4인 부분이 꺾이면서 잘린다. 앞다리의 넓적마디 안쪽은 노랗다. 수컷의 배는 조금 편평하고, 작고 검은 무늬가 있다. 암컷은 위 중앙에 막대 모양의 검은 줄이 있고, 옆에도 검은 무늬가 있다. 암컷의 생식판은 작다. 날개밑은 등황색을 조금 띠고, 날개끝에 흑갈색 깃동무늬가 있다. 성숙한 수컷만 배가 붉어지는데, 드물게 암컷 개체에서도 붉어진다.

생태 평지와 낮은 산지에서 숲 내부의 작은 못과 소류지에서 산다. 6~10월에 보인다. 미숙한 개체는 나뭇가지 끝에 앉아 먹이사냥을 한다. 성숙한 수컷은 물가로 돌아와 텃세권을 만들며 늦가을에 양지에서 활동한다. 오전에 암수가 이어진 채 또는 수컷 경호 아래 홀로 물가의 축축한 땅 위에 알을 떨어뜨린다.

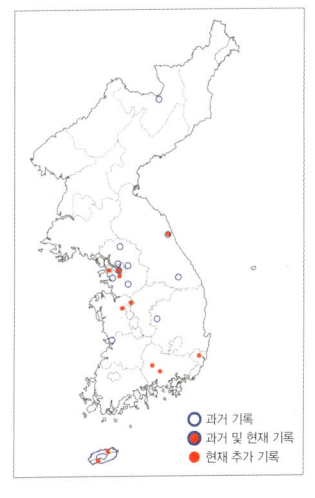

〈♂ 경남 산청〉

〈♀ 한색형(왼쪽), 인천 중구 / 딴색형(오른쪽), 경기 용인〉

분포 한국[전국(국지적)], 일본, 중국(동북부, 중부), 러시아 극동 지역

어원 우리 이름은 '들에 사는 고추잠자리'라는 뜻으로, 이승모(2001)가 지었다. 종 이름(*risi*)은 영국의 잠자리 학자 '리스(F. Ris)'를 뜻한다.

분류 Asahina (1990a)는 Herz의 표본으로 처음 기록하였다.

▲ 수컷 비행(경기 용인, 2019. 7. 22)

▲ 짝짓기(서울 마포, 2011. 10. 10)

▲ 암컷 한색형(경기 용인, 2019. 7. 22)

▲ 알 낳기(암컷 딴색형, 경기 용인, 2018. 7. 17)

ENG Ruby Black-tipped Darter

Size AL: 25mm, HL: 30mm.

Flight period Late June to October (univoltine).

Habitat Ponds near mountains.

Distribution Korea, Japan, China (C, NE), Russian Far East.

Status Less common.

깃동고추잠자리(깃동잠자리) *Sympetrum infuscatum* (Selys, 1883)

Diplax infuscata Selys, 1883, Ann. Soc. Ent. Belg. 27: 90. Type locality: Japon.
Sympetrum infuscatum: Ichikawa, 1906: 183; Doi, 1932: 67; Asahina, 1990a: 22; Lee, 2001: 161.

형태 배 길이 30mm, 뒷날개 길이 35mm 안팎으로 날개끝에 흑갈색 줄이 있다. 겹눈은 미숙할 때 절반 위가 적갈색, 절반 아래가 황갈색이다가 성숙해지면 절반 위가 짙은 적갈색, 절반 아래가 옅은 녹갈색으로 변한다. 작은

이마무늬가 있다. 앞이마는 황갈색, 이마위선은 굵다. 성숙한 수컷은 앞이마가 흑갈색으로 변한다. 어깨선과 제2가슴선은 굵고, 제1가슴선은 옅은 풀색을 띤 노란 바탕에 검은 줄이 굵고 어깨선까지 이어진다. 앞다리 넓적마디 안쪽은 녹갈색이다. 수컷의 배는 호리호리하며, 배 위 중앙에는 가늘고 검은 줄이 있고, 옆에 굵고 검은 줄이 띠를 이룬다. 미숙한 수컷의 배 위쪽은 주황색 기가 있는 갈색이지만 성숙해지면 어두운 갈색에 제8~10배마디 위쪽이 붉어지거나 검어진다. 암컷 배 위는 등황색이고 배 아래가 회색 가루가 생긴다. 수컷의 위부속기의 끝은 검다. 날개밑이 등황색인데 암컷에서 더 넓어진다. 전연맥은 검고, 깃무늬는 흑갈색이다.

생태 평지와 낮은 산지의 못, 논에서 사는데, 수생식물이 무성한 곳을 좋아한다. 6~10월에 보인다. 미숙한 개체는 산지로 이동하여 먹이사냥을 한다. 가끔 높은 산지(1,500m)에서도 볼 수 있다. 암컷은 응달진 숲 가장자리에서 풀줄기에 앉아 먹이사냥을 한다. 날개의 검은 띠가 이런 환경에서 천적을 피하는 데 유리한 것으로 보인다. 오전에 습지의 흙 위와 풀 위에서 암수가 이어진 채로 공중에서 알을 뿌리듯 낳으나 드물게 암컷 홀로 낳기도 한다.

분포 한국(전국, 제주도에서는 첫 기록 후 발견되지 않고 있다.), 일본, 중국(동북부, 중부), 러시아 극동 지역

어원 우리 이름은 '날개에 깃동 무늬가 있는 고추잠자리'라는 뜻으로 이승모(2001)가 지었다. 원래는 조복성(1958)이 깃동잠자리라고 하였다. 종 이름(*infuscatum*)은 '갈색을 띤'이라는 뜻이다.

분류 Ichikawa (1906)는 제주도 표본으로 처음 기록하였다. 이후 제주도에서의 채집기록은 없다. 산깃동고추잠자리를 잘못 기록한 것으로 보인다.

▲ 암컷(경기 연천, 2008. 7. 28)

▲ 짝짓기(서울 마포, 2013. 10. 6)

▲ 알 낳기 비행(경기 파주, 2016. 10. 17)

▲ 알 낳기(서울 마포, 2011. 10. 20)

⟨♂ (왼쪽), ♀ (오른쪽), 충북 보은⟩

Black-tipped Darter

Size AL: 30mm, HL: 35mm.
Flight period Late June to October (univoltine).
Habitat Swamps and wet vegetated areas.
Distribution Korea, Japan, China (C, NE), Russian Far East.
Status Quite common.

붉은고추잠자리 *Sympetrum flaveolum* (Linnaeus, 1758)

Libellula flaveola Linnaeus, 1758, Syst. Nat.: 543. Type locality: Europa.
Sympetrum flaveolum: Doi, 1941: 128; Cho, 1958: 37.

형태 성숙해지면 수컷은 붉은색이 강해진다. 앞이마는 황갈색을 띠고, 이마위 선이 굵다. 날개가슴 앞부분은 황갈색으로 별 무늬가 없다. 어깨선과 가슴선은 거의 고추잠자리와 닮았으나 선이 가늘다. 날개밑과 날개 중앙에 등적색 무늬가 보이는데, 수컷보다 암컷에서 넓게 나타난다. 여기에 실린 표본(1♂, 9. Ⅶ. 2001, Academic town, Novosibirsk, Russia; 1♀, 14. Ⅶ. 2001, Chulshman river, Altai, Russia; 1♀, 18. Ⅶ. 2001, Teletski lake, Altai, Russia)은 이승모가 러시아에서 직접 채집한 것이다.

생태 드문 편이며, 백두산과 한반도 북부의 2,000m 이상의 산지에 사는 한랭종이다. 7~8월에 보인다.

분포 한국(양강도), 일본(북해도), 중국 북부, 러시아 극동 지역, 사할린, 캄차카, 시베리아, 아프가니스탄, 카자흐스탄에서 유럽까지의 구북구 중북부

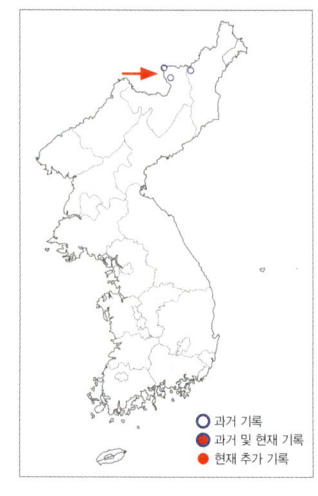

○ 과거 기록
● 과거 및 현재 기록
● 현재 추가 기록

어원 우리 이름은 '색이 붉은 고추잠자리'라는 뜻이다. 이승모(1996)는 북방고추잠자리라는 딴 이름을 지었다. 종 이름(*flaveolum*)은 '황금색의'라는 뜻으로, 몸과 날개 색의 특징을 잘 나타낸다.

분류 Doi (1941)는 함경북도의 열결수(冽結水)에서 채집한 개체로 처음 기록하였다.

〈♂ (왼쪽), ♀ (오른쪽), 러시아 극동 지역〉

▲ 수컷 미숙(러시아 중부, 2018. 6. 21)

▲ 수컷(러시아 연해주, 2018. 9. 4)

▲ 암컷(러시아 노보시비르스크, 2005. 8. 9)

Yellow-winged Darter

Flight period July to August (univoltine).

Habitat Confined to stagnant water, usually in peat bogs.

Distribution Korea (high altitude areas of Prov. Yanggang), Japan (Hokkaido), China (N), Russian Far East, Sakhalin, Kamchatka, Siberia, Afghanistan, Kazakhstan to Europe, Palaearctic region.

Status Unknown. This species inhabits North Korea.

검은고추잠자리 *Sympetrum danae* (Sulzer, 1776)

Libellula danae Sulzer, 1776, Abgek. Geschichte der Insecten nach dem Linnaeischen System 1: 169. Type locality: Lac de Joux.

Sympetrum arcticum: Doi, 1941: 128.

Sympetrum scoticum: Doi, 1941: 128.

Sympetrum danae: Doi, 1943: 167; Asahina, 1990a: 20.

형태 성숙해도 몸이 붉어지지 않고, 특히 수컷은 검어진다. 몸길이가 짧아 보이는 작은 종으로, 제1, 2가슴선이 검은 줄이 굵은 특징이 있다. 여기에 실은 표본 사진은 일본 표본이다.

▲ 짝짓기(러시아 노보시비르스크, 2008. 8. 9)

▲ 끈끈이주걱에 걸린 미숙한 암컷(러시아 톰스크, 2006. 7. 18)

▲ 수컷(러시아 노보시비르스크, 2005. 8. 7)   ▲ 수컷(러시아 노보시비르스크, 2010. 10. 13)

생태 한반도 북부의 높은 곳(삼지연, 무포, 백암 등)의 습지에만 사는 것으로 알려져 있다. 7~10월에 보인다. 8월에 흔하다.

분포 한국(양강도), 일본, 중국 동북부, 러시아 극동 지역, 사할린, 시베리아, 알류샨 열도, 북미대륙 북부를 포함한 전북구

어원 우리 이름은 '검은 고추잠자리'라는 뜻이다. 종 이름(*danae*)은 그리스 신화에 나오는 여성으로, '아르고스(Argos)의 왕 아크리우스(Acricius)의 딸 페르수스(Persus)의 어머니'를 뜻한다.

분류 Doi (1941)는 양강도 북계수에서 채집한 개체로 처음 기록하였다.

⟨♂ 러시아 극동 지역⟩

ENG Black Darter

Flight period July to October (univoltine).
Habitat well-vegetated still water including garden and farm ponds.
Distribution Korea (high altitude areas of Prov. Yanggang), Japan, China (NE), Russian Far East, Sakhalin, Siberia, Aleutian Islands, Holarctic region including North America.
Status Unknown. This species inhabits North Korea.

고추잠자리 *Sympetrum depressiusculum* (Selys, 1841)

Libellula depressiuscula Selys, 1841, Rev. Zool. Cuv. 1841: 244. Type locality: Eurasia.
Sympetrum frequens: Ris, 1911: 656 (Corée); Oguma, 1915: 8; Jung, 2007: 430.
Sympetrum depressiusculum: Asahina, 1990a: 21; Lee, 2001: 146.

형태 배 길이 27mm, 뒷날개 길이 32mm 안팎으로 겹눈은 미숙할 때 절반 위가 회색을 띤 적갈색, 절반 아래가 황갈색이다가 성숙해지면 절반 위가 짙은 적갈색, 절반 아래가 푸른 기가 있는 황갈색으로 변한다. 앞이마는 황갈색, 이마 위선은 3, 4개의 검은 무늬가 있다. 날개가슴 앞쪽은 어두운 황갈색으로 별 무늬가 없다. 검은색의 어깨선과 제2가슴선은 가늘고, 제1가슴선은 아래 반쪽만 있는데, 대륙고추잠자리보다 뚜렷하다. 앞다리의 넓적마디 안쪽만 노란색이지만 성숙해지면 검어진다. 배는 조금 편평하며 미숙할 때 황갈색을 띠고, 수컷은 무늬가 없으나 암컷의 옆에서 보면 검은 쐐기 모양 무늬가 뚜렷하다. 또 암컷의 배 아래가 회백색 가루가 보인다. 암컷의 생식판은 짧고, 끝 양쪽이 튀어나와 뾰족하다. 수컷은 뒷날개 밑이 등황색이다. 암컷은 날개밑 가까이와 중앙 언저리에만 등황색 무늬가 조금 있다. 성숙한 수컷은 날개가슴에 붉은 기가 나타나고 배가 붉어지지만 암컷은 미숙할 때 황갈색, 성숙해지면 수컷보다 붉은 기가 덜하다.

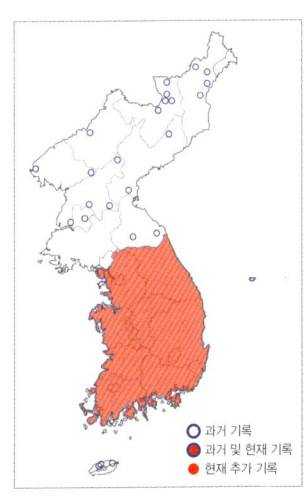

생태 평지와 산지에서 흐르지 않는 못과 논 등지에서 사는데, 주로 초여름에는 산지, 가을에는 평지에서 더 흔하다. 6~11월에 보인다. 강원도 1,000m 이상의 산지에서는 6월 말~8월에 보인다. 오전에 암수가 이어진 채 또는 수컷의 경호 없이 홀로 농수로 등 물이 얕게 고인 곳에서 알을 낳는다.

분포 한국(전국, 울릉도와 제주도에서는 최근 발견되지 않고 있다.), 일본, 중국 동북부, 러시아 극동 지역, 몽골에서 트랜스바이칼을 거쳐 스페인까지

어원 우리 이름은 '가장 흔하게 볼 수 있는 고추잠자리'라는 뜻이다. 종 이름(*depressiusculum*)은 '편평한 배의'라는 뜻이다.

분류 Ris (1911)가 한반도와 일본 개체군을 *frequens* (Selys, 1883)로 처음 기록하였다. 이후 Asahina (1990a)는 한반도의 개체군을 *depressiusculum*으로 정리하였다. 이 종과 일본고추잠자리(*frequens*)는 종 적용의 논란이 많았다. 사실 한반도와 일본에 서식하는 개체군을 다른 종으로 분리하려는 시도가 있었음에도 불구하고 형태면에서 차이가 적다. 또 한반도 안에서도 북부와 남부 지역, 고산지와 저산지에서의 개체들 간에는 크기와 색, 무늬의 변이가 존재하지만 이런 차이는 미미하다. 이에 대해 이승모 선생은 생전에 러시아의 여러 지역을 돌아보고, 1) 세계의 한랭지에 넓게 분포하고, 2) 여러 지역에서 변이가 있으며, 3) 동아시아의 논농사 지역에 한하여 개체가 커지고, 가슴의 줄이 굵어지는 경향이 있다는 개인 견해를 피력한 적이 있었다.

일본에서는 일본고추잠자리를 고유종으로 오랫동안 다뤘다. Asahina (1990a)는 한반도 북부(개마고원)의 고지대에 서식하는 개체군이 소형(뒷날개 길이 23~29mm)으로, 전형적인 구북구의 개체들과 일치한다고 하였고, 한반도의 중, 남부의 개체는 이보다 더 크고(뒷날개 길이 29~34mm), 제1, 2가슴선이 더 뚜렷하여 일본에 분포하는 *frequens* (Selys, 1883)와 닮았지만 *depressiusculum*의 연속 변이(cline)라고 보았다. 그는 종 *frequens*가 일본 고유종이라고 보았다. 즉 그의 견해는 종 *frequens*가 *depressiusculum*의 일본 치환종이라는 것이다. 최근의 연구에서는 한국과 일본 개체들의 미토콘드리아 염기 서열이 사소한 차이뿐이라고 하여, 단일종이 확실해 보인다(Sawabe et al., 2012). 일부의 학자는 *frequens*를 *depressiusculum*의 아종으로 다루기도 한다(Malikova와 Kosterin, 2019).

〈♂ 경북 상주(왼쪽), 경기 용인(오른쪽)〉

⟨♀ 경기 용인(왼쪽), 경북 상주(오른쪽)⟩

▲ 수컷(서울 마포, 2014. 8. 25)

▲ 암컷 한색형(경기 파주, 2019. 10. 4)

▲ 암컷 딴색형(경기 시흥, 2009. 10. 1)

▲ 알 낳기 비행(서울 상암, 2016. 10. 3)

ENG Spotted Darter

Size AL: 27mm, HL: 32mm.

Flight period June to November (univoltine).

Habitat Still waters (slow-running streams, rivers, lakes, swamps).

Distribution Korea (except Is. Jeju and Is. Ulleung), Japan, China (NE), Russian Far East, Mongolia to Spain via Trans-Baikal.

Status Quite common.

대륙고추잠자리 *Sympetrum striolatum* (Charpentier, 1840)

Libellula striolata Charpentier, 1840, Libell. Europe Lipsiae.: 78. Type locality: Silesia.
Sympetrum vulgare: Doi, 1932: 67.
Sympetrum striolatum imitoides: Doi, 1943: 166; Asahina, 1990a: 19.
Sympetrum striolatum: Lee, 2001: 149.

형태 배 길이 30mm, 뒷날개 길이 32mm 안팎으로 겹눈은 미숙할 때 절반 위가 회색을 띤 적갈색, 절반 아래가 황갈색이다가 성숙해지면 절반 위가 짙은 적갈색, 절반 아래가 푸른 기가 있는 황갈색으로 변한다. 앞이마는 황갈색, 이마 위선은 없거나 가늘다. 날개가슴 앞쪽은 풀색기가 있는 어두운 황갈색으로 무늬가 없으나 어깨선 위쪽으로 수컷은 성숙해지면 짙은 고동색을 띤다. 어깨선과 제1, 2가슴선은 고추잠자리보다 조금 가늘다. 앞다리와 가운뎃다리의 넓적마디 안쪽은 미숙할 때 황갈색이나 성숙해지면 검어진다. 수컷 배는 편평하지 않으며 거의 무늬가 나타나지 않고, 암컷에서는 절반 위가 황갈색으로 옆으로 긴 막대 모양의 검은 무늬가 보인다. 암컷의 생식판은 길어져 제9배마디의 1/4까지 이른다. 배의 아랫면 중앙은 검다. 미숙한 개체는 날개가 등황색이다가 성숙해지면 날개 전연과 밑, 날개끝이 등황색을 띠고, 가슴 아래가 붉어지며, 배의 적갈색 부분이 짙어진다.

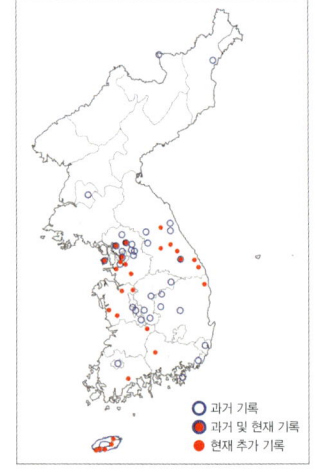

〈♂ 미숙(왼쪽), 강원 평창 / 성숙(오른쪽), 인천 남동〉

〈♀ 미숙(왼쪽), 성숙(오른쪽), 경기 용인〉

▲ 암컷 미숙(경기 송추, 2008. 7. 17)

▲ 짝짓기(서울 은평, 2014. 10. 22)

▲ 알 낳기 비행(경기 광주, 2017. 9. 21)

▲ 알 낳기(서울 은평, 2014. 11. 3)

생태 평지와 낮은 산지에서 수생식물이 있는 못, 해안, 중류 하천에서 산다. 6~11월에 보인다. 서해안의 산지에 많은데, 확 트인 산길의 억새 위에 앉아 먹이사냥을 한다. 땅바닥이나 바위, 포장된 도로의 옹벽에도 곧잘 앉으며, 이 성향은 여느 고추잠자리류보다 강한 편이다. 산지(300~800m)의 정상 부근이나 헬기장 주변에서 볼 수 있다. 제주도에서는 서귀포 해안 바위에 앉는다. 짝짓기는 오전 중에 잘 이루어진다. 오전에 암수가 이어지거나 수컷의 경호 아래 홀로 또는 경호 없이 홀로 배로 물을 때리며 알을 낳는다. 오후에는 짝짓기에 무관심해지고 주변으로 흩어진다.

분포 한국(울릉도를 뺀 전국), 일본, 중국 동북부, 러시아 극동 지역–유럽

어원 우리 이름은 '대륙에 분포하는 고추잠자리'라는 뜻이다. 종 이름(*striolatum*)은 '배 옆에 줄이 있다'라는 뜻이다.

분류 Doi (1932)는 서울과 안양의 삼성산에서 채집한 3개체로 *S. vulgare* (만주고추잠자리)로 기록했으나 Asahina (1990a)는 이 종으로 보았다.

Asahina의 조언이 있은 후, Doi (1943)는 위의 개체로 대륙고추잠자리(*S. striolatum*)로 수정하였다. 그런데 이때에 만주고추잠자리(채집지가 서로 겹침)를 삭제하지 않았다. 아쉽게 설명을 달지 않았지만 단순한 착오로도 보이는데, 같은 표본으로 먼저 만주고추잠자리로 기록했다가 이 종으로 바꾼 것으로 추측된다. 아마 Doi는 Asahina의 조언을 잘못 이해한 것으로 이해된다. 그동안의 여러 문헌에서의 만주고추잠자리의 기록들은 이런 내력을 잘 알지 못했기 때문이다. 따라서 우리나라의 '만주고추잠자리'의 기록 자체가 무효로 보는 것이 타당하며, 동일한 개체로 다른 2종을 기록했던 것이라고 보는 것이 합리적이다. 만약 당시의 Doi의 표본이 남아있더라면 이런 혼란을 막을 수 있었다고 본다. 한반도 개체군은 아종 *imitoides* Bartenev, 1919로 다룬다.

ENG Common Darter

Size AL: 30mm, HL: 32mm.
Flight period June to November (univoltine).
Habitat Streams, ponds or coastal wetlands.
Distribution Korea, Japan, China (NE), Russian Far East to Europe.
Status Common.

→ 산깃동고추잠자리 *Sympetrum baccha* (Selys, 1884)

Diplax baccha Selys, 1884, Ann. Soc. Ent. Belg. 28: 40. Type locality: China.
Sympetrum matutinum Ris, 1911, Coll. Zool. 12: 666; Doi, 1932: 67. Type locality: Corée, Japon.
Sympetrum baccha matutinum: Asahina, 1990a: 22.
Sympetrum baccha: Lee, 1984: 4; Lee, 2001: 163.

형태 배 길이 29mm, 뒷날개 길이 34mm 안팎으로 날개끝은 '깃동고추잠자리'와 닮았으나 가슴선이 다르고, 성숙한 수컷의 가슴과 배가 붉어지는 점에서 다르다. 겹눈은 미숙할 때 절반 위가 회색을 띤 적갈색, 절반 아래가 황갈색이다가 성숙해지면 절반 위가 짙은 적갈색, 절반 아래가 옅은 녹갈색으로 변한다. 수컷은 이마무늬가 흐리나 암컷은 뚜렷하며, 앞이마 위쪽은 황갈색이다. 이마 위선은 굵다. 어깨선과 제1, 2가슴선은 굵고, 제1가슴선은 위로 갈라져 제2가슴선과 이어진다. 앞다리 넓적마디 안쪽은 수컷이 적갈색, 암컷은 노랗다. 수컷의 배는 조금 납작하고 호리호리한데, 각 마디 뒤의 옆에 작고 검은 고리 무늬가 있다. 암컷의 배 위는 가느다란 검은 줄이 있으며, 옆 줄은 굵고 검다. 암컷의 생식판은 끝이 둘로 갈라지고 제9배마디의 반을 넘는다. 날개밑은 옅은 적황색이고, 날개끝이 넓게 흑갈색을 띤다. 성숙한 수컷은 몸이 짙은 붉은색을 띠

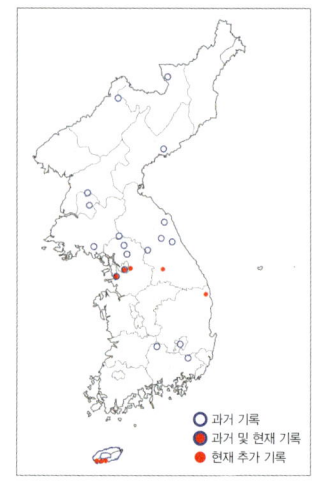

나 암컷은 옅은 갈색이다.

생태 낮은 산지와 평지의 비교적 넓은 못에서 산다. 7~10월에 보인다. 고도가 높은 산지(1,000m)에서 가끔 볼 수 있으나 해발 500m의 강원도 산지와 경기도 대부도 또는 제주도에서 더 많다. 산에서 먹이사냥을 할 때에는 산길 주위의 풀 위에서 앉는다. 강원도에서는 포장도로 위에 잘 앉는다. 오전에 이어진 채로 암컷이 연속 배로 물을 때리며 알을 낳는다.

분포 한국(울릉도를 뺀 전국), 일본, 중국(동북부, 중부, 남부), 러시아 극동 지역, 타이완

어원 우리 이름은 '산에 사는 깃동고추잠자리'라는 뜻으로 이승모(2001)가 지었다. 원래는 조복성(1958)이 '깃동잠자리부치'라고 하였다. 종 이름(*baccha*)은 '박카스신의 무녀'라는 뜻이고, 아종 이름(*matutinum*)은 '아침 일찍'이라는 뜻이다.

분류 Ris (1911)는 Herz가 채집한 개체로 신종으로 기재하였다. 중국 남부와 타이완에 기준아종이 분포하고, 우리나라와 일본, 중국 동북부에 아종 *matutinum* Ris, 1911이 분포한다.

〈♂ 인천 남동(왼쪽), ♀ 서울 중랑(오른쪽)〉

▲ 수컷(서울 강동, 2015. 10. 6)

▲ 암컷(서울 강동, 2014. 9. 30)

▲ 짝짓기(서울 강동, 2014. 9. 19)

▲ 알 낳기(서울 강동, 2015. 10. 6)

ENG Bacchus Darter

Size AL: 29mm, HL: 34mm.
Flight period July to October (univoltine).
Habitat Reservoirs and big size ponds near mountains.
Distribution Korea, Japan, China (NE), Russian Far East, Taiwan.
Status Less common.

애기고추잠자리 *Sympetrum parvulum* (Bartenev, 1912)

Thecadiplax parvula Bartenev, 1912, Ann. Mus. Zool. Sc. St. Petersb. 17: 294. Type locality: Sidemi, South Ussuri Country.
Sympetrum eroticoides: Kobayashi, 1941: 45; Doi, 1943: 167.
Sympetrum eroticoides f. *fuscousus* Kobayashi, 1941, Trans. Kansai Ent. Soc. 11 (1): 45. Type locality: Japan, Korea.
Sympetrum parvulum: Asahina, 1950: 165; Asahina, 1990b: 15; Lee, 2001: 157.

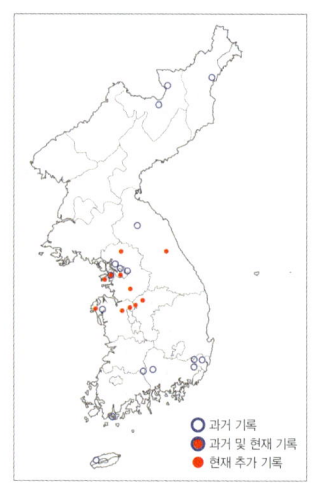

형태 배 길이 19mm, 뒷날개 길이 24mm 안팎으로 흰가슴고추잠자리와 닮았으나 더 작고 가슴선이 다르다. 겹눈은 미숙할 때 절반 위가 회색을 띤 적갈색, 절반 아래가 황갈색이다가 성숙해지면 절반 위가 짙은 적갈색, 절반 아래가 푸른 기가 있는 황갈색으로 변한다. 눈썹 무늬가 있으나 없는 개체도 있다. 앞이마는 풀색기가 있는 황백색. 이마위선은 굵다. 날개가슴의 가슴선 위 중앙에 삼각형의 검은 무늬가 있어, '!!'자를 거꾸로 한 노란 줄이 좁게 나타나나 그 경계는 뚜렷하다. 어깨선은 굵고 윗부분은 거의 갈라지지 않는다. 제1, 2가슴선은 가늘고, 제1가슴선은 아래쪽 절반만 있다. 앞다리 넓적마디 안쪽은 노랗고, 바깥쪽은 검다. 배는 호리한 모양으로, 수컷은 마디 끝에 작고 검은 무늬가 있으며, 암컷에서는 짧은 막대 모양의 검은 무늬가 뚜렷하다. 수컷의 배 끝 위부속기는 솟아 보이나 두점박이고추잠자리에 견주어 덜하다. 암컷 생식판은 원추 모양으로 튀어나오는데, 끝을 아래에서 보면 가늘고 길어서 배 끝을 넘는다. 날개밑은 등황색을 짙게 띠는데, 암컷 쪽이 조금 넓다. 성숙한 수컷은 배가 붉어지고, 암컷은 황갈색이지만 성숙해지면 짙은 갈색으로 변한다.

생태 평지와 낮은 산지의 수생식물이 있는 샘솟는 습지와 웅덩이에서 번식하며, 산의 습지에서 보이고, 평지에서 경작지 주변의 풀밭에서도 보인다. 7~11월 초에 보인다. 미숙한 개체는 숲으로 이동하며, 다음 2종과 같은 환경을 좋아한다. 성숙한 수컷은 습지에서 세력권을 만든다. 암컷과 만나면 공중에서 짝짓기를 하여 풀 위에 앉는다. 오전에 암컷 홀로 또는 수컷의 경호 아래 암컷이 젖은 진흙이나 바닥이 진흙인 물 위에 알을 낳는다.

분포 한국(울릉도를 뺀 전국), 일본, 중국 동북부, 러시아 극동 지역

어원 우리 이름은 '작은 고추잠자리'라는 뜻이다. 이승모(1996)는 꼬마고추잠자리라고 하였다. 종 이름(*parvulum*)은 '매우 작다'라는 뜻이다.

분류 Kobayashi (1941)는 도이(Doi)가 채집한 개체로 *S. eroticoides* Oguma, 1922라는 이름으로 처음 기록하였다. 한국산 개체는 기준아종으로 다룬다.

〈♂ 미숙(왼쪽), 성숙(오른쪽), 경기 용인〉

〈♀ 미숙(왼쪽), 충북 진천 / 성숙(오른쪽), 경기 용인〉

▲ 수컷(서울 은평, 2008. 9. 21)

▲ 짝짓기(서울 은평, 2014. 9. 26)

▲ 경호 비행(경기 용인, 2016. 10. 20)

▲ 알 낳기(서울 은평, 2017. 10. 2)

ENG Parvus Darter

Size AL: 19mm, HL: 24mm.

Flight period July to November (univoltine).

Habitat Shaded shallow wetlands near mountains.

Distribution Korea, Japan, China (NE), Russian Far East.

Status Less common.

두점박이고추잠자리 *Sympetrum eroticum* (Selys, 1883)

Diplax erotica Selys, 1883, Ann. Soc. Ent. Belg. 27: 90. Type locality: Japon.

Sympetrum eroticum eroticum: Ris, 1911: 668; Asahina, 1922: 108; Asahina, 1990b: 15.

Sympetrum ignotum: Kobayashi, 1940: 528; Doi, 1943: 167.

Sympetrum eroticum f. *fastigiata*: Kobayashi, 1941: 45.

Sympetrum eroticum: Needham, 1930: 168; Lee, 2001: 152.

형태 배 길이 24mm, 뒷날개 길이 27mm 안팎으로 겹눈은 미숙할 때 절반 위가 회색을 띤 적갈색, 절반 아래가 황갈색이다가 성숙해지면 절반 위가 짙은 적갈색, 절반 아래가 푸른 기가 있는 황갈색으로 변한다. 앞이마에는 한 쌍의 검은 이마무늬가 있다. 앞이마는 황백색, 이마윗선은 굵다. 날개가슴에서 어깨선의 검은 줄은 굵고 위로 'ㅏ' 모양으로 갈라진다. 제1가슴선의 검은 줄은 2개의 작은 점으로 보인다. 제2가슴선의 검은 줄은 가늘고 위쪽이 뚜렷하다. 앞다리 넓적마디 안쪽이 노랗고, 바깥쪽은 검으며, 밑마디는 노랗다. 수컷의 배는 무늬가 거의 없으나 암컷은 위 중앙 위에 가느다란 검은 줄이 있고, 배 옆에서 보면 검은 쐐기 무늬가 있으며, 배 아래는 검다. 수컷의 배 끝 위부속기는 위로 심하게 굽으며, 맨눈으로도 볼 수 있다. 암컷의 생식판은 길어지나 끝은 둥글게 교차되어 배 끝을 넘지 않는다. 성숙한 암컷은 배가 등갈색을 띠거나 수컷처럼 붉은 기를 띠는데, 뒤의 개체들이 드물다. 날개밑은 등황색이다. 날개끝에 흑갈색 무늬가 있으나 없는 경우도 있다.

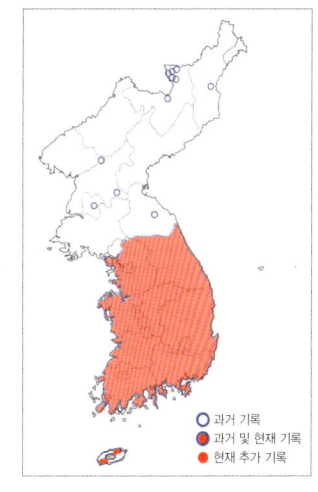

생태 낮은 산지의 고마리와 고랭이 등의 수생식물이 무성한 샘 습지와 둠벙, 묵논, 수심이 깊지 않은 못에서 산다. 6~11월에 보인다. 미숙한 개체는 숲으로 옮겨가 먹이사냥을 하는데, 작아서인지 멀리 이동하지 않는다. 숲 속의 조금 그늘진 곳, 또 그 곳과 가까운 환경을 좋아한다. 성숙한 수컷은 못 둘레의 나뭇가지 끝과 돌, 땅바닥에 앉는다. 암수가 이어진 채, 수컷의 경호가 있거나 없거나 홀로 진흙에 알을 낳는다.

분포 한국(울릉도를 뺀 전국), 일본, 중국(동북부, 북부, 중부, 남부), 타이완, 러시아, 리투아니아

어원 우리 이름은 '제1가슴선의 검은 줄은 2개의 작은 점으로 보이거나 얼굴의 눈썹무늬 2개가 뚜렷한 고추잠자리'라는 뜻이다. 종 이름(*eroticum*)은 '사랑의'라는 뜻이다.

분류 Ris (1911)가 처음 기록하였다. 한국산 개체는 기준아종에 속하고, 타이완에서 중국 중남부에 걸쳐 아종 *ardens* (McLachlan, 1894)가 분포한다.

▲ 수컷 비행(서울 마포, 2011. 9. 26)

▲ 암컷(서울 마포, 2012. 8. 29)

▲ 짝짓기(서울 은평, 2017. 10. 2)

▲ 깃동 무늬가 없는 암컷의 알 낳기(경기 용인, 2016. 10. 19)

〈♂ 미숙(왼쪽), 경기 용인 / 성숙(오른쪽), 충북 보은〉

적화형

〈♀ 미숙(왼쪽), 깃동 무늬, 충북 보은 / 성숙(오른쪽), 깃동 무늬, 충북 보은 / 성숙(아래), 경기 용인〉

Common Asiatic Darter

Size AL: 24mm, HL: 27mm.

Flight period June to October (univoltine).

Habitat Ponds, streams, and marshy sites.

Distribution Korea, Japan, China (NE, N, C, S), Taiwan, Russia, Lithuania.

Status Quite common.

흰얼굴고추잠자리 *Sympetrum kunckeli* (Selys, 1884)

Diplax kunckeli Selys, 1884, Ann. Soc. Ent. Belg. 28: 39. Type locality: Chine centrale (China).
Sympetrum eroticoides: Doi, 1943: 167.
Sympetrum kunckeli: Doi, 1936: 106; Asahina, 1939: 196; Asahina, 1990b: 15; Lee, 2001: 155.

형태 배 길이 21mm, 뒷날개 길이 25mm 안팎으로 두점박이고추잠자리와 닮았으나 가슴선이 다르다. 겹눈은 미숙할 때 절반 위가 회갈색 또는 적갈색, 절반 아래가 황갈색이다가 성숙해지면 절반 위가 짙은 적갈색, 절반 아래가 옅은 갈색으로 변한다. 수컷의 이마무늬는 뚜렷하지 않다. 앞이마는 수컷이 청백색을 띠는 노란색, 암컷이 황갈색이고, 이마위선은 굵다. 어깨선의 검은 줄은 굵고, 거꾸로 된 'h'자 모양으로 갈라지며, 그 뒤로 검은 무늬가 뚜렷하다. 제1, 2가슴선 일부가 굵어진다. 어깨선과 제1가슴선 사이 위쪽, 제1, 2가슴선 위쪽을 잇는 부분에 먹칠한 듯 보인다. 앞다리 넓적마디 안쪽은 노란색, 바깥쪽은 검다. 배는 수컷에서 무늬가 없거나 각 배마디 뒤쪽으로 검은 무늬가 약하게 나타나며, 암컷에서는 검은 쐐기 무늬가 있다. 수컷의 배 끝의 부속기는 끝이 위로 솟는다. 암컷의 생식판은 가늘고, 제9배마디를 넘지 않는다. 수컷은 날개밑에서 조금 등황색이 보이고, 암컷은 넓게 등황색이 나타난다.

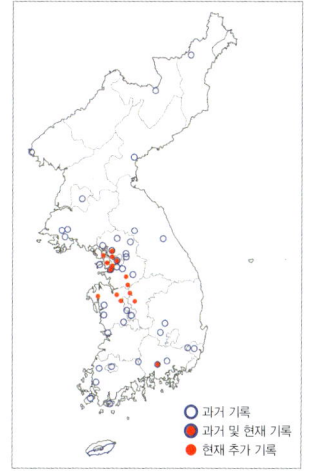

생태 수생식물이 무성한 염습지와 낮은 산지의 묵논, 강 주변의 습지에서 산다. 6~10월에 보인다. 미숙한 개체는 날개돋이한 곳에서 멀지 않은 숲에 날아가 먹이사냥을 한다. 이때 햇빛이 간간이 들어오는 숲 속까지에서 머문다. 성숙해지면 물가로 되돌아온다. 하루 종일 이어진 채로 암컷이 배로 물을 때리며 알을 낳는다.

분포 한국(울릉도를 뺀 전국), 일본, 중국(동북부, 북부), 러시아 극동 지역

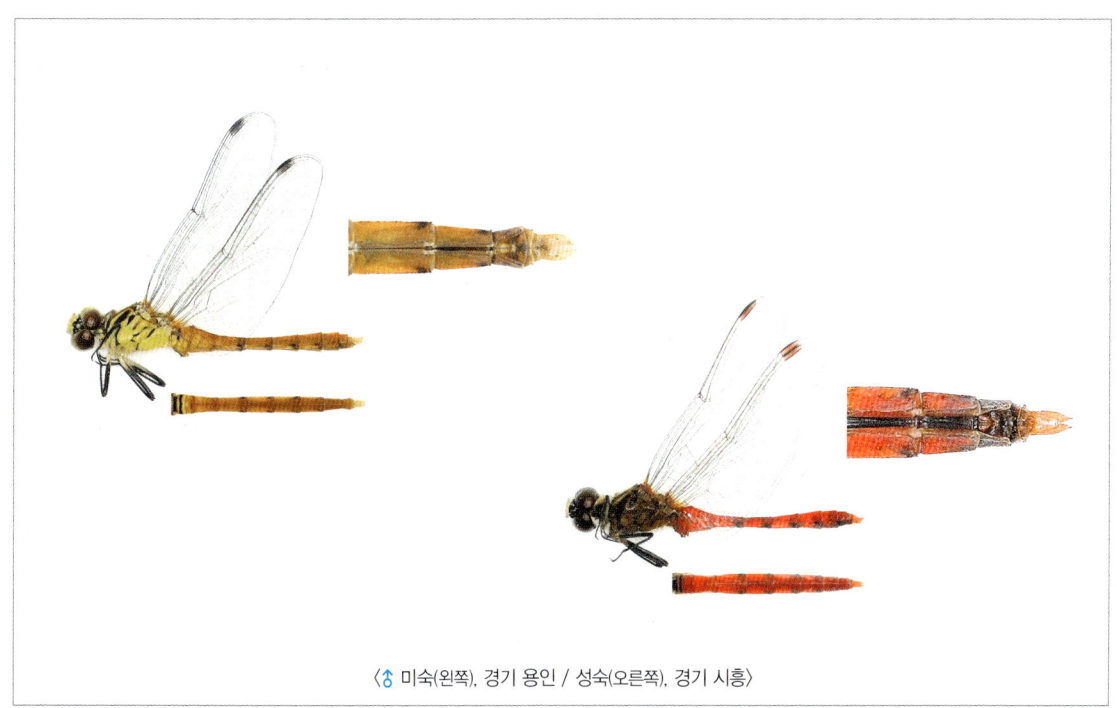

〈♂ 미숙(왼쪽), 경기 용인 / 성숙(오른쪽), 경기 시흥〉

♀ 미숙(왼쪽), 경기 시흥 / 성숙(오른쪽), 경기 용인

어원 우리 이름은 '얼굴이 흰색인 고추잠자리'라는 뜻이다. 이승모(1996)는 흰가슴고추잠자리라고 하였다. 종 이름(*kunckeli*)은 1918년경 파리의 박물관장이면서 곤충 학자였던 'J. P. A. Kunckel d'Hercularis'에서 따왔다.
분류 Doi (1936)는 평양, 서울, 경기도 시흥에서 채집한 개체로 처음 기록하였다.

▲ 수컷 비행(서울 마포, 2012. 8. 29)

▲ 짝짓기(서울 마포, 2015. 8. 31)

▲ 암컷 한색형(서울 상암, 2011. 8. 17)

▲ 알 낳기 비행(서울 마포, 2011. 9. 24)

Ivory-nosed Darter

Size AL: 21mm, HL: 25mm.
Flight period June to October (univoltine).
Habitat Ponds, wetlands, and marshy sites.
Distribution Korea, Japan, China (NE, N), Russian Far East.
Status Quite common.

노란띠고추잠자리 *Sympetrum pedemontanum* (Müller, 1766)

Libellula pedemontana Müller, 1766, Mem. Soc. Tru. 3: 194. Type locality: Italy Turin.
Sympetrum pedemontanum subsp.: Doi, 1932: 67.
Sympetrum pedemontanum pedemontanum.: Asahina, 1939; 195; Asahina, 1990a: 19.
Sympetrum pedemontanum elatum Selys, 1872, Ann. Soc. Ent. Belg. 15: 27: Ris, 1911: 654; Doi, 1943: 166; Asahina, 1950: 163; Asahina, 1990a: 20. Type locality: Japon.
Sympetrum pedemontanum: Lee, 2001: 159.

〈♂ 충북 보은〉

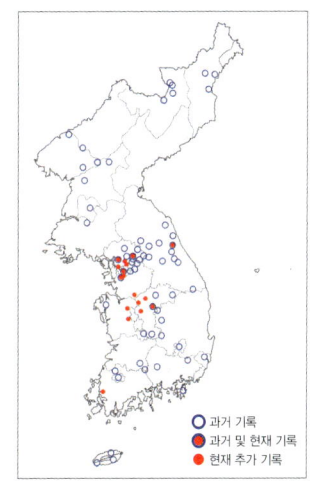

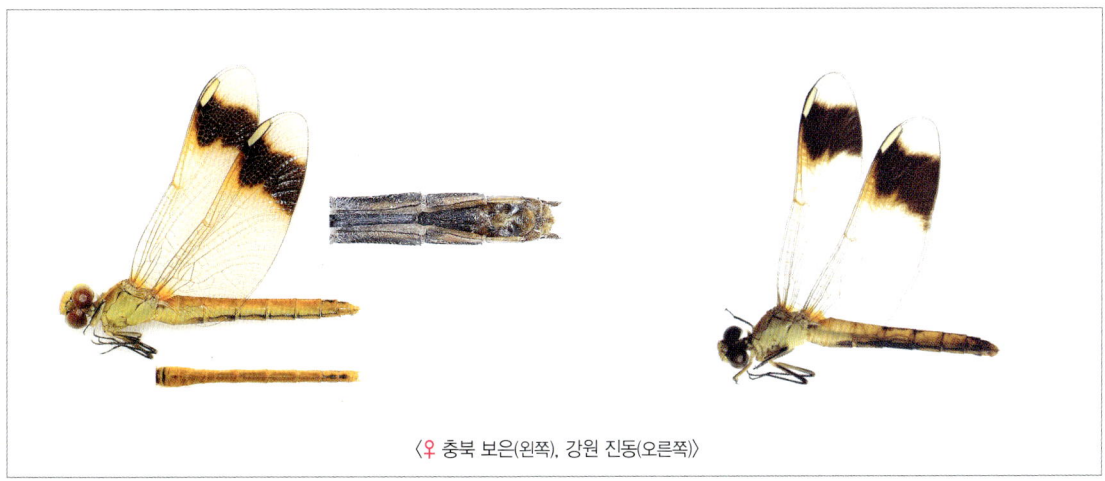

〈♀ 충북 보은(왼쪽), 강원 진동(오른쪽)〉

형태 배 길이 21~26mm, 뒷날개 길이 26~30mm이다. 겹눈은 미숙할 때 절반 위가 적갈색, 절반 아래가 황갈색이다가 성숙해지면 수컷은 절반 위가 붉은색, 절반 아래가 옅은 녹갈색으로 변하고, 암컷은 절반 위가 짙은 갈색, 아래가 푸른 기가 있는 옅은 황갈색으로 변한다. 앞이마는 수컷이 적갈색, 암컷이 밝은 황갈색이고, 이마위선은 흔적뿐이다. 어깨선과 제2가슴선은 아주 가늘다. 성숙한 수컷은 머리와 가슴, 배, 깃무늬가 붉게 변한다. 날개의 갈색(적갈색)의 띠는 넓거나 좁은 변이가 미세하게 난다.

생태 바닥에 고운 모래와 미세한 흙이 퇴적되고 키 작은 수생식물이 무성한 상, 중류의 지역에서 산다. 7~11월에 보인다. 수컷의 텃세 활동은 그리 심하지 않다. 오전에 이어진 채로 하천 주위의 물 위나 진흙, 모래 등에 암컷이 배를 때리며 알을 낳는다. 아침 기온이 낮아지는 늦가을에는 짝짓기와 알 낳기의 시간이 늦춰진다.

분포 한국(전국, 제주도에서는 보기 어렵다.) 일본, 중국 동북부, 러시아 극동 지역 등 구북구

어원 우리 이름은 '날개에 노란 띠가 있다'라는 뜻이다. 종 이름(*pedemontanum*)은 '산록에 사는'이라는 뜻이다.

분류 Ris (1911)는 Herz가 채집한 개체로 처음 기록하였다. 이 종은 날개 중앙의 적갈색 무늬의 발달 정도에 따라 2개의 아종으로 구분하는데, 한반도 내에서 아종을 나눌 근거가 부족하다. 현재 일본에서는 한반도에서 유럽까지를 기준아종으로 보고 일본 개체군을 아종 *elatum* (Selys, 1872)으로 다룬다.

▲ 수컷(충남 공주, 2013. 9. 17)

▲ 암컷(서울 강동, 2014. 9. 4)

▲ 짝짓기(서울 은평, 2016. 10. 24)

▲ 알 낳기 비행(강원 인제, 2019. 8. 26)

ENG **Banded Darter**

Size AL: 21-26mm, HL: 26-30mm.

Flight period July to November (univoltine).

Habitat Clean-water streams.

Distribution Korea (except Is. Ulleung), Japan, China (NE), Russian Far East, Palaearctic region.

Status Common.

긴꼬리고추잠자리 *Sympetrum cordulegaster* (Selys, 1883)

Diplax cordulegastra Selys, 1883, Ann. Soc. Ent. Belg. 27: 139. Type locality: Amur.
Sympetrum cordulegaster: Doi, 1943: 167; Jung, 2007: 466.

형태 배 길이 23mm, 뒷날개 길이 27mm 안팎으로 겹눈은 미숙할 때 절반 위가 회색을 띤 적갈색, 절반 아래가 황갈색이다가 성숙해지면 절반 위가 짙은 적갈색, 절반 아래가 옅은 녹갈색으로 변한다. 앞이마는 황백색, 이마 위선은 가늘다. 날개가슴 앞쪽은 어두운 황갈색으로 무늬가 없다. 어깨선과 제2가슴선은 일부분이 굵다. 제1가슴선은 가늘고 짧아서 점처럼 보인다. 앞다리의 넓적마디 안쪽은 옅은 색이다가 성숙해지면 검어진다. 수컷의 배는 호리하고, 제7배마디 위쪽에서 제8배마디 쪽 아래로 돌출한다. 암컷의 배는 둥근 막대 모양으로, 옆에서 보면 검은 쐐기 무늬가 있다. 수컷의 위부속기는 비스듬하게 잘린 모양으로 끝이 위로 향한다. 암컷의 생식판은 배 끝을 넘는다. 암컷의 날개밑은 등황색을 띤다. 성숙해지면 수컷의 배는 붉어지지만 암컷은 갈색 또는 붉은색이다.

〈♂ 경기 시흥〉

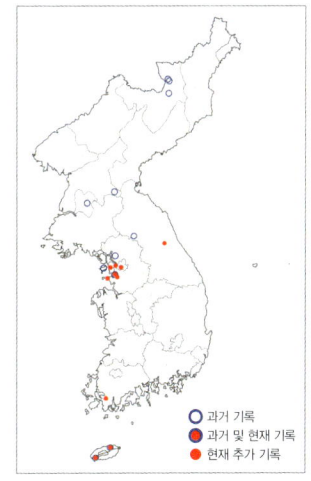

〈♀ 딴색형(왼쪽), 한색형(오른쪽), 경기 시흥〉

생태 해안 지역의 수생식물이 많고, 숲 가까이 트인 묵논과 둠벙, 못, 염습지 등에서 산다. 수컷은 능선의 숲 사이의 공간에서 나뭇가지에 앉아 텃세를 부리는데, 덜 민감하다. 9월 이후 물가에서 볼 수 있으며, 물 위의 수생식물 위와 나뭇가지에 앉는다. 논과 습지가 말라가는 9월 말부터 알을 낳는다. 오전 중에 짝짓기를 1시간 정도 걸려 한다. 이후 수컷은 암컷이 알을 낳기 좋은 곳으로 이동하여 암컷과 떨어져 경호한다. 암컷은 먼저 생식판을 축축한 진흙에 꽂아 알 낳기가 적당한 장소(습도와 땅의 굳기 등)인지 확인한다. 이후 암컷 홀로 장수잠자리의 경우처럼 생식판을 진흙에 꽂으면서 알을 낳는다.

분포 한국(북부, 강원도 철원, 경기도 시흥, 제주도 선흘, 용수저수지, 인천 무의도, 굴업도, 충청남도 삽시도, 외연도), 일본(나고네종), 중국 동북부, 러시아 극동 지역

어원 우리 이름은 '암컷의 생식판이 길다'라는 뜻으로 이승모(1996)가 지었다. 원래는 조복성(1958)이 '대마도좀잠자리'라고 지었는데, Doi (1943)가 붙였던 일본 이름을 그대로 바꾼 것이다. 종 이름(*cordulgaster*)은 '곤봉 모양의 배'라는 뜻이다.

분류 Doi (1943)는 평안남도 양덕에서 채집한 개체로 처음 기록하였다.

▲ 수컷(서울 마포, 2011. 9. 26)

▲ 암컷 한색형(경기 안산, 2016. 10. 6)

▲ 짝짓기(한색형, 인천 중구, 2019. 10. 21)

▲ 짝짓기(딴색형, 인천 중구, 2019. 10. 21)

ENG Long-tailed Darter

Size AL: 23mm, HL: 27mm.

Flight period August to October (univoltine).

Features The female's tip of the egg-laying valve is long enough to exceed the tip of the abdomen.

Habitat Coastal wetlands.

Distribution Korea (west coast area of the Korean peninsula including Is. Jeju), Japan (migrant), China (NE),

Russian Far East.
Status Rare.

하나고추잠자리(하나잠자리) *Sympetrum speciosum* Oguma, 1915

Sympetrum speciosum Oguma, 1915, Ent. Mag. Kyoto 1 (4): 142; Lee, 1985: 5; Lee, 2001: 168. Type locality: Kirishimayama; Mt. Ontake; Minoo (Japan).

형태 배 길이 26mm, 뒷날개 길이 34mm 안팎으로 겹눈은 미숙할 때 절반 위가 회색을 띤 적갈색, 절반 아래가 황갈색이다가 성숙해지면 절반 위가 짙은 적갈색, 절반 아래가 회색을 띤 녹갈색으로 변한다. 앞이마는 황갈색이고, 이마위선은 가늘다. 날개가슴은 어두운 황갈색 줄이 있고, 어깨선은 굵다. 제1, 2가슴선은 서로 이어져서 1개의 굵은 줄로 보인다. 다리는 전체가 검다. 수컷의 배는 편평하며, 무늬가 거의 없다. 암컷은 둥근 막대 모양이고, 옆에 삼각형의 검은 줄이 줄지어 있다. 암컷 생식판은 제8배마디 끝을 가까스로 넘는다. 날개밑은 넓게 등적색을 띤다. 성숙한 수컷은 전체가 붉게 변하며, 암컷은 배 윗부분만 붉어지거나 옅은 노란색을 띤다.

생태 교목과 관목으로 둘러싸이고, 수생식물이 무성한 확 트인 둠벙과 못 등지에서 산다. 6~10월 초에 보인다. 경기도 지역에서는 산 정상에 6~8월에 먹이사냥을 한다. 미숙한 개체는 숲 가장자리에서 보이는데, 8월경 성숙한 수컷은 못 가장자리를 천천히 날다가 물에 솟은 물체에 앉아 오전에 텃세권을 만든다. 오후에는 주변 숲에서 나뭇가지에 잘 앉는다. 공중에 떠서 한동안 날아다니다가 암컷을 발견하면 공중에서 짝짓기 하고 나뭇가지에 내려앉는다. 오전에 이어진 채로 부엽식물이 많은 못에서 암컷이 배로 물을 때리며 연속 알을 낳는다. 때로는 암컷 홀로 낳기도 한다.

분포 한국(중부 이남(국지적)), 일본, 타이완

어원 우리 이름은 '하나 밖에 없는 고추잠자리'라는 뜻으로 보이며, Lee, M.C. (1985)이 지었다. 종 이름(*speciosum*)은 '아름답다'라는 뜻이다.

분류 Lee, M.C. (1985)는 제주도 한라산 성판악에서 채집한 개체로 처음 기록하였다. 한국산은 기준아종으로 다룬다. 타이완에는 다른 아종인 *taiwanum* Asahina, 1951이 분포한다. 이 종이 1985년 전까지 기록에 없던 점으로 보아 원래 우리나라에 분포하지 않다가 이후 위도가 거의 같은 일본의 개체군이 들어온 것으로 보인다. 따라서 이 종을 기후변화에 따른 분포 확산이라고 해석하는 것은 과대하다고 생각한다.

〈♂ 경기 용인〉

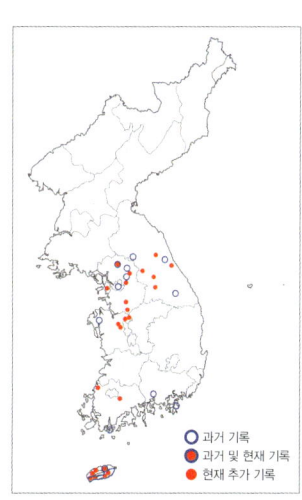

▲ ♀ 딴색형(왼쪽), 한색형(오른쪽), 경기 용인

▲ 수컷 비행(경기 용인, 2016. 8. 29)

▲ 짝짓기(서울 마포, 2014. 8. 26)

▲ 알 낳기(서울 마포, 2012. 8. 17)

▲ 알 낳기 비행(서울 마포, 2014. 8. 25)

ENG Scarlet Darter

Size AL: 26mm, HL: 34mm.

Flight period June to October (univoltine).

Habitat Ponds and wetlands near the mountain.

Distribution Korea (locally), Japan, Taiwan.
Status Common.
Remarks Though Lee (2001) reported that this species can only be found in Jeju Island, it has also been observed in the central region of Korea peninsula.

노란고추잠자리(노란잠자리) *Sympetrum croceolum* (Selys, 1883)

Diplax croceola Selys, 1883, Ann. Soc. Ent. Belg. 27: 94. Type locality: Yokohama.
Sympetrum croceolum: Doi, 1932: 67; Doi, 1943: 167; Lee, 2001: 166.

형태 배 길이 27mm, 뒷날개 길이 27mm 안팎으로 겹눈은 미숙할 때 전체가 옅은 황갈색이다가 성숙해지면 절반 위가 적갈색으로 변한다. 몸 전체에 특별한 줄이 없으며, 날개는 날개밑에서 절반 부분까지와 전연을 따라서 날개끝까지 경계가 뚜렷한 등색 무늬가 있다. 앞이마는 등황색으로 이마위선은 없다. 배는 조금 굵고 짧다. 다리는 전체가 등황색, 암컷 생식판은 제9배마디 반쯤까지 이르며, 아래로 삼각형 모양으로 크게 튀어나온다. 깃무늬는 등갈색이다. 성숙해지면 배 위쪽이 등적색으로 변한다.

생태 드문 편으로, 북한에서도 많지 않은 것으로 알려져 있다. 평지와 산지에서 교목이 둘러싸이고, 여러 수생식물과 죽은 식물 등이 물 위에서 뒤엉킨 소류지와 못에서 산다. 7~11월 초에 보이는데, 8월 중순 이후 개체수가 많아진다. 미숙한 개체는 산지에서 먹이사냥을 하다가 성숙하면 물가로 되돌아온다. 오전에 이어진 채로 날다가 물가의 풀 사이를 다니면서 암컷이 알을 낳는데, 수컷이 경호하거나 홀로 알을 낳는다.

분포 한국(제주도와 울릉도를 뺀 전국에 국지적), 일본, 중국(중부, 동북부), 러시아 극동 지역

어원 우리 이름은 '색이 노란 고추잠자리'라는 뜻이다. 종 이름(*croceolum*)은 '등황색의'라는 뜻이다.

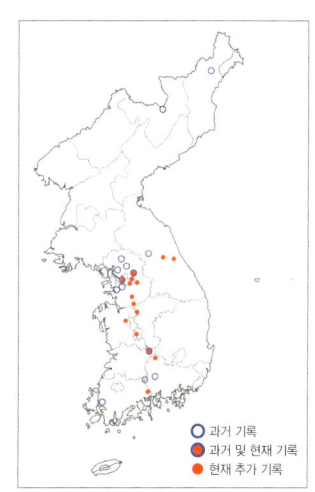

○ 과거 기록
● 과거 및 현재 기록
● 현재 추가 기록

〈♂ 강원 횡성(왼쪽), ♀ 경기 용인(오른쪽)〉

분류 Doi (1932)는 경기도 안양 삼성산과 시흥에서 채집한 개체로 처음 기록하였다.

▲ 수컷 비행(서울 마포, 2011. 9. 23)

▲ 암컷 비행(강원 인제, 2013. 9. 23)

▲ 짝짓기(서울 마포, 2011. 9. 26)

▲ 알 낳기 비행(경기 파주, 2016. 10. 27)

ENG Orange Darter

Size AL: 27mm, HL: 27mm.

Flight period July to November (univoltine).

Habitat Ponds and wetlands near mountains.

Distribution Korea (except Is. Jeju and Is. Ulleung), Japan, China (NE, N), Russian Far East.

Status Common.

큰노란고추잠자리 *Sympetrum uniforme* (Selys, 1883)

Diplax uniformis Selys, 1883, Ann. Soc. Ent. Belg. 27: 92. Type locality: Japon.
Sympetrum uniformis: Oguma, 1915: 9; Doi, 1932: 67; Asahina, 1990b: 16; Lee, 2001: 167.

형태 배 길이 33mm, 뒷날개 길이 37mm 안팎으로 이 속 중에서 가장 크다. 겹눈은 미숙할 때 전체가 짙은 황갈색이다가 성숙해지면 절반 위의 색이 조금 짙어진다. 앞이마는 등황색이고 별다른 무늬가 없다. 이마윗선은 없다. 가슴과 배는 황갈색으로 별다른 무늬가 없다. 다리는 등황색이다. 수컷의 위부속기는 짙은 노란색으로 잘린 듯이 보인다. 암컷의 생식판은 제8배마디를 겨우 넘는다. 날개는 전연과 날개밑이 조금 짙으나 전체가 등황색으로 경계가 없다. 전연맥은 황갈색, 깃무늬는 옅은 갈색이지만 성숙해지면 차츰 등갈색으로 변한다.

생태 평지와 낮은 산지의 습지 주변에서 보이는데, 수생식물들과 죽은 식물 등이 물 위에 뒤엉킨 못과 소류지, 하천 주변 습지에서 산다. 7~11월에 보인다. 미숙한 개체는 주변 산지에 이동하고, 성숙한 수컷은 못 가운데의 수생식물에 머물거나 텃세권을 만든다. 먹이사냥은 산길이나 그 주위에서 하는데, 민감하다. 오전에 이어진 채 또는 홀로 암컷이 배로 물을 때리며 알을 낳는다. 최근 개체수가 급감하고 있다.

분포 한국(제주도와 울릉도를 뺀 전국), 일본, 중국(중부, 동북부), 러시아 극동 지역

어원 우리 이름은 '큰 노란고추잠자리'라는 뜻이다. 원래 조복성(1958)이 '진노란잠자리'라고 지었는데, 실제는 노란잠자리보다 큰 특징은 있어도 더 짙은 색은 아니어서 이승모(1996)가 바꾼 듯하다. 종 이름(*uniforme*)은 '일정한'이라는 뜻으로, 날개 색과 몸 전체가 고르게 노란색을 띠는 특징을 표현한다.

분류 Oguma (1915)는 채집지 표시 없이 처음 기록하였다.

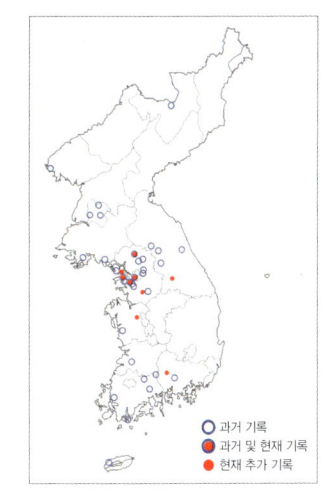

〈♂ 경기 시흥(왼쪽), ♀ 경기 연천(오른쪽)〉

▲ 수컷(인천 중구, 2019. 10. 24)

▲ 암컷(서울 마포, 2011. 9. 23)

▲ 짝짓기(파주 교하, 2013. 11. 8)

▲ 알 낳기(인천 중구, 2019. 10. 21)

ENG Yellow Darter

Size AL: 33mm, HL: 37mm.

Flight period July to November (univoltine).

Habitat Coastal wetlands or marshy sites close to sea.

Distribution Korea (except Is. Jeju and Is. Ulleung), Japan, China (NE, N), Russian Far East.

Status Very rare. It can be seen around riverine, wetlands, and ponds near the western seacoast. Is. Yeongjongdo, Paju. Recently, their numbers are decreasing rapidly.

Genus *Tramea* Hagen, 1861

  Tramea Hagen, 1861, Synop. Neuro. N. America Wasington: 143.
    Type species: *Libellula carolina* Linnaeus, 1763.

→ 날개잠자리 *Tramea virginia* (Rambur, 1842)

Libellula virginia Rambur, 1842, Ins. Névropt.: 33. Type locality: Amerique septentrionale.
Tramea chinensis: Doi, 1933: 94.
Tramea virginia: Asahina, 1950: 165; Cho, 1958: 28; Asahina, 1990b: 17; Lee, 2001: 176.

형태 배 길이 33mm, 뒷날개 길이 45mm 안팎으로 겹눈은 미숙할 때 절반 위가 회색을 띤 적갈색, 절반 아래가 황갈색이다가 성숙해지면 절반 위가 광택이 있는 짙은 적갈색, 절반 아래가 짙은 녹갈색으로 변한다. 앞이마는 황갈색이고, 수컷에서 흑자색으로 굵은(암컷에서는 검어지는 짙은 파란색으로 가늘다.) 이마위선이 있다. 날개가슴은 넓게 황갈색이나 어깨선 위와 제2가슴선 위는 조금 굵고 검은 무늬가 있고, 그 아래는 제1가슴선 아래에는 가느다란 검은 줄이 있다. 제8~10배마디는 위와 옆이 검다. 수컷의 배 끝 부속기는 위로 향하며 길다. 암컷의 생식판은 중앙이 깊고 좁게 파이며 끝이 제9배마디를 조금 넘는다. 앞날개 밑은 등황색이고, 뒷날개 밑에는 세모방을 넘는 큰 갈색 무늬가 있다.

생태 식생이 좋고 수생식물이 드문드문 있는 확 트인 못과 둠벙, 소류지 등지

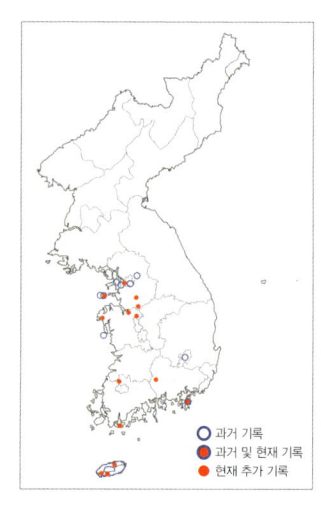

에서 산다. 한여름에 볼 수 있는 대부분의 지역에서 정착하지 않지만 제주도 지역에서는 겨울을 넘길 수 있을 것으로 보인다. 7~10월에 보인다. 아침 일찍 못 주변에서 높게 날다가 오전 중에 짝짓기를 한다. 수컷과 이어진 암컷이 생식판에 알을 낳아 덩어리로 모으면 수컷이 암컷을 수면 가까이로 떨어뜨려 암컷이 홀로 배로 물을 때리며 알을 떨어뜨린다. 때때로 이어진 채 암컷이 알을 낳기도 하지만 주위에 경쟁자들이 없으면 수컷의 경호 아래 암컷 홀로 연속 알을 낳는다.

분포 한국(서해안 섬, 남부, 제주도), 일본, 중국, 태국, 미얀마, 보르네오

♂ (왼쪽), ♀ (오른쪽), 경기 시흥

▲ 수컷(경기 용인, 2016. 7. 25)

▲ 짝짓기 비행(경기 용인, 2016. 8. 26)

▲ 수컷의 경호 아래 암컷의 알 낳기 과정(왼쪽부터 순서대로)

어원 우리 이름은 '날개가 크고 잘 날아다니는 잠자리'라는 뜻이다. 종 이름(*virginia*)은 '미국의 버지니아 주'라는 뜻이다. 이 종이 미국에 분포하지 않은 데에도 이런 이름이 붙은 이유는 처음 기재할 때, 미국 개체라고 잘못 기록해서 붙여진 것이다. 속 이름(*Tramea*)은 '이동하는 녀석'이라는 뜻이다.

분류 Doi (1933)는 서울에서 채집한 개체로 처음 기록하였다.

🇪🇳🇬 Saddlebag Glider

Size AL: 33mm, HL: 45mm.
Flight period July to October (univoltine).
Habitat Ponds, wetlands near the seacoast.
Breeding Behavior This big winged species can be observed in a large pond or reservoir mainly in the southern and western areas of Korea. This species shows a unique breeding behavior pattern of coupling, spawning, releasing and re-coupling while breeding.
Distribution Korea, Japan, China, Taiwan, Myanmar, Borneo.
Status Rare (migrant). It is unclear how far this species has extended its habitat, but it is likely to sustain its generation during winter in Is. Jeju.

Genus ***Brachydiplax*** Brauer, 1868

Brachydiplax Brauer, 1868, Verh. Zool. Bot. Ges., Wien. 18: 172.
  Type species: *Diplax denticauda* Brauer, 1867.

→ 남색이마잠자리 *Brachydiplax chalybea* Brauer, 1868

Brachydiplax chalybea Brauer, 1868, Verh. Zool.-Bot. Ges., Wien 18: 173. Type locality: Bohol (the Philippines).
Brachydiplax chalybea flavovittata: Jung, 2012: 208; Lee and Jung, 2012: 36.

형태 배 길이 24mm, 뒷날개 길이 29mm 안팎으로 겹눈은 미숙할 때 절반 위가 밝은 적갈색, 절반 아래가 밝은 황갈색이다가 성숙해지면 절반 위가 짙은 흑갈색, 절반 아래가 황갈색 또는 녹갈색으로 변한다. 앞이마는 금속성 청록색이다. 날개가슴에는 노란 줄이 있으며, 제1, 2가슴선은 합쳐져 굵게 검은 띠가 된다. 미숙한 수컷은 암컷과 같은 몸 색이지만, 성숙해지면 배와 날개가슴 전체가 청백색 가루가 덮여 달라진다. 수컷의 날개밑은 넓고 뚜렷하게 오렌지색을 띠지만 암컷은 조금 띨 뿐이다.

생태 평지에서 나무그늘이 있는 습지와 작은 못에서 산다. 5~10월에 보인다. 못 주위의 낮고 작은 나무에 앉으며 민감하다. 암컷은 홀로 또는 수컷 경호 아래 물에 잠긴 식물 줄기에 알을 낳는다.

분포 한국(제주도 한경면 용수저수지, 부산, 전라남도 진도, 보성, 함평, 강진, 곡성, 전라북도 군산, 충청남도 논산), 일본, 중국 남부, 타이완, 동남아시아, 인도[일본에서는 1977년에 오키나와에서 처음 발견된 이후 1985년 일본 큐슈 남부까지 분포가 확대되었다(渡辺, 1989)].

어원 우리 이름은 '이마가 남색인 잠자리'라는 뜻으로 Jung et al. (2011)이 지었다. 종 이름(*chalybea*)은 '철분을 포함

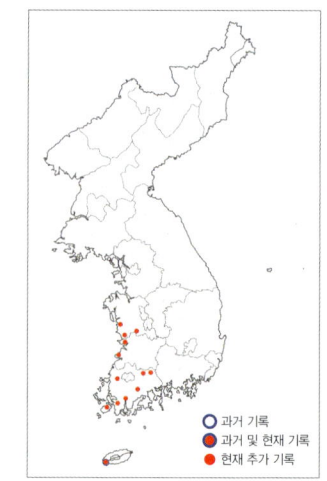

한 색'이라는 뜻이다. 속 이름(*Brachydiplax*)은 'Brachy (짧은), Diplax (이중의)'의 합성어로 *Sympetrum*속의 오래된 이름이다.

분류 Jung et al. (2011)은 제주도에서 채집한 개체로 처음 기록하였으나 정식 논문이 아니어서 정광수(2012)의 기록이 처음이다. 한반도 개체군은 아종 *flavovittata* Ris, 1911을 적용한다.

〈♂ (왼쪽), ♀ (오른쪽), 제주 한경〉

▲ 수컷(제주 한경, 2017. 9. 25)

▲ 수컷 비행(제주 한경, 2017. 9. 25)

▲ 암컷(제주 한경, 2013. 7. 8)

▲ 알 낳기(제주 한경, 2017. 9. 25)

ENG Blue Dasher

Size AL: 24mm, HL: 29mm.

Flight period May to October (uni- and bivoltine).

Habitat Ponds or marshy sites.

Distribution Korea, Japan, China (S), Taiwan, Southeast Asia, India.

Status Less common.

Remarks While Jung (2012) reported that this species can only be found in Jeju Island, it has now also been observed in the Korean peninsula.

Genus *Pseudothemis* Kirby, 1889

Pseudothemis Kirby, 1889, Trans. Zool. Soc. London 12: 270.

Type species: *Libellula zonata* Burmeister, 1839.

노란허리잠자리 *Pseudothemis zonata* (Burmeister, 1839)

Libellula zonata Burmeister, 1839, Handb. Ent. 2: 859. Type locality: China.

Pseudothemis zonata: Doi, 1933: 94: Doi, 1943: 166; Asahina, 1990b: 16; Lee, 2001: 169.

▲ 수컷(경기 김포, 2018. 7. 4)

▲ 수컷 비행(경기 연천, 2015. 6. 22)

▲ 수컷 텃세(일본 동경, 2017. 7. 19)

▲ 알 낳기(경기 연천, 2015. 6. 22)

형태 배 길이 29mm, 뒷날개 길이 39mm 안팎으로 날개가 긴 편이다. 겹눈은 미숙할 때 절반 위가 적갈색, 절반 아래가 어두운 황갈색이다가 성숙해지면 절반 위가 어두운 적갈색, 절반 아래가 어두운 녹갈색으로 변한다. 앞이마는 수컷이 흰색, 암컷은 광택이 있는 검은색이다. 수컷은 제3, 4배마디는 크림색이며, 암컷은 이 부분의 노란색이 짙어져서 제5~7배마디에서 노란 무늬가 이어진다. 미숙한 수컷은 몸이 암컷과 같은 노란색이다가 성숙해지면 흰색으로 변하지만 암컷은 성장과 관계없이 노란색을 유지한다. 수컷의 위부속기는 검고 활처럼 굽는다. 암컷의 생식판은 제9배마디의 1/3까지 이르며, 2조각으로 나뉜다.

생태 나무그늘이 있는 평지의 못과 하천, 저수지에서 산다. 5~8월에 보인다. 미숙한 개체는 주변 숲으로 이동하여 숲 속의 빈 공간에서 먹이사냥을 한다. 못으로 돌아온 성숙한 수컷은 빠르게 날다가 앉기를 되풀이 하다가 다른 수컷이 나타나면 나란히 날면서 견제를 한다. 짝짓기는 공중에서 짧게 이루어지며, 수컷의 경호 아래 암컷은 물 위의 젖은 부유물에 배를 때리며 알을 붙인다.

분포 한국(중부, 남부, 제주도), 일본, 중국(중부, 남부), 타이완, 베트남

어원 우리 이름은 '제3, 4배마디가 노란색'이라는 뜻이다. 종 이름(*zonata*)은 '띠 모양의 무늬가 있는'이라는 뜻이고, 속 이름(*Pseudothemis*)은 'Pseudo (가짜의), themis (그리스의 여신 테미스)'라는 뜻이다.

분류 Doi (1933)는 서울과 경기도 개성에서 채집한 개체로 처음 기록하였다.

〈♂ 경기 용인(왼쪽), ♀ 충북 진천(오른쪽)〉

Pied Skimmer

Size AL: 29mm, HL: 39mm.

Flight period May to August (univoltine).

Habitat Still waters like reservoirs or lakes.

Distribution Korea (C, S, Is. Jeju), Japan, China (C, S), Taiwan, Vietnam.

Status Quite common.

Genus ***Deielia*** Kirby, 1889

Deielia Kirby, 1889, Trans. Zool. Soc. London 12: 281.

Type species: *Deielia fasciata* Kirby, 1889.

어리밀잠자리 *Deielia phaon* (Selys, 1883)

Trithemis phaon Selys, 1883, Ann. Soc. Ent. Belg. 27: 106. Type locality: Yokohama, Amoy.
Deielia dispar: Doi, 1933: 94.
Deielia phaon: Doi, 1934a: 66; Asahina, 1939: 195; Doi, 1943: 166; Asahina, 1990a: 19; Lee, 2001: 143.

형태 배 길이 25mm, 뒷날개 길이 32mm 안팎으로 언뜻 보면 밀잠자리와 닮았지만, 가슴 옆의 검은 줄이 복잡하여 쉽게 구별할 수 있다. 겹눈은 미숙할 때 절반 위가 어두운 붉은색, 절반 아래가 녹갈색이다가 성숙해지면 절반 위가 짙은 적갈색, 절반 아래가 황록색으로 변한다. 암수 모두 청백색 가루가 있다. 암컷 배 끝이 아래로 구부러진다. 암수 모두 미숙할 때부터 배 끝에 가루가 있다. 또한 암컷은 몸에 가루가 없다. 날개밑은 갈색 부분이 없다. 날개밑에서 전연을 따라 주황색 부분이 있다. 또 날개에 굵은 갈색의 세로띠가 깃무늬 바로 아래에서 나타나는 개체가 있다. 제주도에서는 이런 딴색형 암컷이 대부분이다.

생태 평지에서 수생식물이 무성한 못, 천천히 흐르는 하천 주변의 습지에서 산다. 5~10월에 보인다. 서식지 주변의 눈높이의 가지 끝에 몸을 수평으로 하고 앉는다. 성숙한 수컷은 순항하듯 날아다니며 암컷을 탐색한다. 짝짓기는 공중에서 하며, 그 상태로 한동안 날아다닌다. 암컷은 수면 가까이의 마름이나 식물 줄기 등에 홀로 연속으로 알을 낳아 붙인다.

분포 한국(내륙, 제주도), 일본, 중국, 러시아, 타이완

어원 우리 이름은 '밀잠자리보다 여리고 작다'라는 뜻으로 이승모(1996)가 지었는데, 원래 조복성(1958)은 '밀잠자리부치'라고 하였다. 종 이름(*phaon*)은 '기원전 600년경 그리스의 레스보스 섬에 살던 여류 서정시인 사포(Sappho)를 사랑했던 소년의 이름'이다. 속 이름(*Deielia*)은 '황혼 무렵의'라는 뜻이다.

분류 Doi (1934a)는 대구 부근에서 채집한 개체로 처음 기록하였다.

〈♂ 경기 화성〉

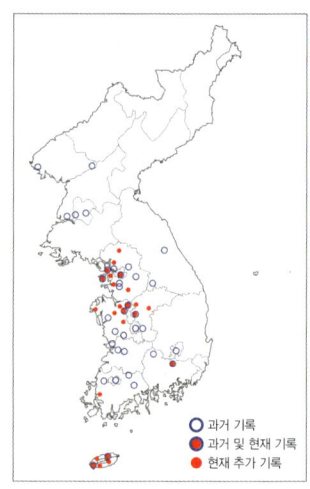

⟨♀ 인천 중구(왼쪽), 제주 한경(오른쪽), 경남 우포(아래)⟩

▲ 수컷 비행(경기 연천, 2016. 6. 27)

▲ 휴식(제주 한경, 2011. 7. 11)

▲ 짝짓기 비행(경기 고양, 2013. 6. 21)

▲ 알 낳기(경기 용인, 2017. 6. 28)

ENG **Oriental Blue Skimmer**

Size AL: 25mm, HL: 32mm.
Flight period May to October (univoltine).
Habitat Reservoirs or down streams.
Distribution Korea (inland, Is. Jeju), Japan, China, Russia, Taiwan.
Status Quite common.

Genus *Nannophya* Rambur, 1842

Nannophya Rambur, 1842, Hist. Ins. Neuro.: 27.

Type species: *Nannophya pygmaea* Rambur, 1842.

꼬마잠자리 *Nannophya koreana* Bae, 2020

Nannophya koreana Bae, 2020, Journal of Species Research 9(1): 1-10. Type locality: Jeollanam-do, Haenam-gun, Songji-myeon, Mabong-ri (Korea).

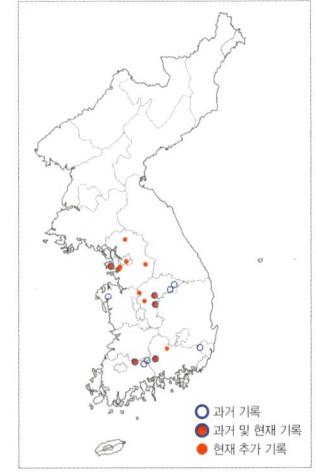

형태 배 길이 12mm, 뒷날개 길이 14mm 안팎으로 우리나라 잠자리아목 중에서 가장 작다. 겹눈은 수컷이 1/3 위가 붉갈색, 그 아래가 흑갈색이고, 암컷은 1/3 위가 짙은 적갈색이고, 아래가 흑갈색이다. 수컷은 등황색이다가 성숙하면 붉은색이 짙어지고, 암컷은 옅은 갈색 바탕이다. 이마위선이 있고, 날개가슴에 옅은 줄이 있다. 어깨선 위와 제1가슴선 위, 이들과 이어진 제2가슴선 위의 검은 줄이 있다. 수컷의 배는 각 마디 앞에 고리 모양의 옅은 무늬가 있다가 성숙해지면 붉은색으로 변하고, 암컷은 고리 모양을 한다. 날개밑은 등색을 띤다.

생태 산지에서 샘이 솟는 습지 주위에 살며, 대부분의 서식지에서 일시 많아졌다가 소멸한다. 현재 인천의 무의도에서는 해마다 볼 수 있다. 물의 드나듦이 일정하지 못하거나 주변 환경이 조금만 훼손되어도 절멸될 수 있다. 5월 말~8월에 보인다. 날아다니는 수컷은 잘 보인다. 알록달록한 암컷은 날 때에 꿀벌처럼 보인다. 수컷의 경호하는 가운데 암컷 홀로 연속으로 배로 물을 때리며 알을 낳는다. 천적을 피해 물풀이 무성한 곳으로 몰린다. Kim et al. (2010)은 이 종의 생활사를 발표하였다.

분포 한국(중부, 남부), 일본, 중국, 타이완, 동남아시아, 네팔, 파푸아뉴기니, 호주

어원 우리 이름은 '작은 잠자리'라는 뜻이다. 종 이름(*pygmaea*)은 '아프리카의 소인 피그미족'을 뜻한다. 속 이름(*Nannophya*)은 '작게 태어남'을 뜻한다. Bae (2020)는 이 종의 우리 이름을 한국꼬마잠자리라고 바꾸었으나 다른 종의 추가가 아니라면 학명은 바뀌어도 우리 이름은 종전과 같아야 옳다.

분류 조복성(1958)은 충청북도 속리산에서 채집한 개체로 처음 기록하였다. 환경부가 지정한 멸종위기 II 급이고, 또 한국의 적색목록에서 취약(VU)종일 뿐 아니라 IUCN에서 정한 적색목록 관심대상(LC)에 속한다.

비고 이 종(*Nannophya koreana* Bae, 2020)은 그동안 '*N. pygmaea* Rambur, 1842'로 알려져 왔다. Low et al. (2016)은 꼬마잠자리의 유전 연구에서, 기준지역의 표본이 없어졌기 때문에 *N. pygmaea*의 동종이명으로 처리되었던 다음 2종이 복원될 것이라고 보았다. 1) 동남아시아에서 기재된 *N. exigua* (Kirby, 1889) (type locality: Borneo)와, 2) 중국에서 기재된 *N. yutsehongi* (Navás, 1935) (type locality: Anhui Province, China)를 우리나라를 포함한

아시아 북부 개체군에 적용될 것으로 보았다. Wang et al. (2017)은 한국과 동남아시아(말레이시아)의 각각의 개체군이 유전적으로 분리되고, 우리나라 개체군은 유전 다양성이 낮더라도 안정적인 개체군이라고 하였다. 이후 Bae et al. (2020)은 *N. koreana*가 날개가슴의 검은 줄이 아래에서 중간까지이나 *N. pygmaea*는 날개밑까지 이어지는 점, 수컷 위부속기의 밑에 검고 작은 이빨돌기가 4~5개(*N. pygmaea*는 2~3개)인 점, *N. pygmaea*보다 몸길이가 조금 긴 (1.2~1.4배) 점, COI 유전자 서열(>12%)이 차이 있는 점으로 신종으로 기재하였다. 하지만 중국과 타이완 개체군과의 유전자 서열 차이 외에 형태적인 차이에 대한 설명이 없어 이 종의 기재는 불완전하다고 본다. 우리나라 개체군은 분포의 한계 범위와 고립된 환경에 있으므로 극단적인 유전자 서열을 가질 수 있는 개연성도 있기 때문이다. 무엇보다 이미 중국 상하이 옆 안휘성에서 기재된 *N. yutsehongi* (Navás, 1935)에 대한 고찰이 없기 때문이다. 앞으로 이 종을 확립하기 위해서는 추가 연구가 필요하다.

〈♂ 경기 용인(왼쪽), ♀ 인천 중구(오른쪽)〉

▲ 수컷(충북 괴산, 2018. 7. 18)

▲ 수컷(충북 괴산, 2018. 7. 18)

▲ 암컷(충북 괴산, 2018. 7. 18)

▲ 짝짓기(충북 괴산, 2018. 7. 18)

ENG Scarlet Dwarf

Size AL: 12mm, HL: 14mm.
Flight period Late May to August (bi- and trivoltine).
Habitat Wetlands like uncultivated rice fields near the mountain.
Distribution Korea (C, S), Japan, China, Taiwan, South east Asia, Nepal, Papua New Guinea, Australia.
Status Rare. This tiny species is classified as VU, LC by IUCN. Is. Mueuido is known to be the best place for this species. Sometimes they are found in other places, but when swamps like rice fields dry up, they leave the area.

Genus *Crocothemis* Brauer, 1868

Crocothemis Brauer, 1868, Verh. Zool. Bot. Ges. Wien. 18: 367.
Type species: *Libellula erythraea* Brulle, 1832.

붉은배잠자리 *Crocothemis servilia* (Drury, 1773)

Libellula servilia Drury, 1773, Ill. Ex. Ent. 1: 47. Type locality: China.
Crocothemis servilia: Okamoto, 1924: 51; Doi, 1937: 15; Asahina, 1939: 195; Asahina, 1990a: 18; Lee, 1001: 141.
Crocothemis sp.: Doi, 1935: 57.
Crocothemis servilia mariannae: Jung, 2011: 210.

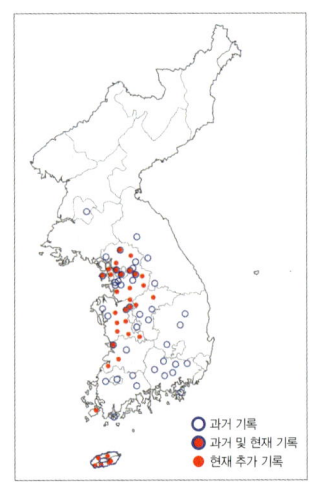

형태 배 길이 29mm, 뒷날개 길이 34mm 안팎으로 겹눈은 미숙할 때 희미한 회갈색이다가 성숙해지면 수컷이 광택이 있는 밝은 붉은색, 암컷이 암갈색으로 변한다. 이마윗선이 있다. 날개가슴에 별다른 무늬가 없다. 수컷은 얼굴과 몸 색이 붉어지고, 암컷은 미숙할 때에 날개와 몸이 노란색이지만, 성숙해지면 황갈색이 된다. 날개밑은 좁게 등갈색이다. 가끔 미숙한 개체를 '큰노란고추잠자리'와 혼동하기도 한다.

생태 평지와 산지에서 수생식물이 무성한 저수지와 못, 느리게 흐르는 하천 주위에서 산다. 5~9월에 보인다. 미숙한 개체는 주변의 풀밭으로 이동하여 지내다가 성숙해지면 물가로 되돌아온다. 부들 위와 가지 끝에 앉아 세력권을 만든다. 공중에서 짧게 짝짓기를 하고, 수컷이 경호하는 가운데 암컷이 연속해서 배로 물을 때리며 알을 낳는다.

분포 한국(평양 이남, 제주도), 일본, 중국, 타이완, 동남아시아에서 아프리카 북부

어원 우리 이름은 '배가 붉다'라는 뜻으로 이승모(1996)가 지었는데, 원래 조복성(1958)은 '고추잠자리'라고 하였다. 생전 이승모 선생의 견해에 따르면 이 종은 남방계로, 우리 고유의 고추잠자리와는 거리가 멀다고 하였다. 요즈음 남색이마잠자리와 같은 경로로 올라온 것으로 추정한다. 사실 고추잠자리는 몸이 붉으면 종류에 관계없이 붙여진 우리의 보통 이름이었다. 따라서 고유한 의미를 되새길 때, 북한을 포함한 전국에 가장 흔한 붉은 잠자리인 '*Sympetrum*'속들이 진정한 고추잠자리임에 틀림없다. 종 이름(*servilia*)은 '로마의 한 씨족의 이름'이라는 뜻이다. 속 이름(*Crocothemis*)은 'croco (크로커스색), themis (그리스의 여신 테미스)'의 합성어이다.

분류 Okamoto (1924)는 제주도에서 채집한 개체로 처음 기록하였다. 아종 *mariannae* Kiauta, 1983은 네덜란드 연구자 Kiauta에 따르면, 타이완과 중국에 분포하는 개체군과 일본에 분포하는 개체군 사이는 각각 염색체 수

(핵형)가 서로 다름을 알아냈다. 또 일본에서도 본토와 남부의 섬의 각각의 개체군 사이도 다름을 밝혔다. 따라서 일본 남부의 섬들과 타이완, 중국 지역 개체군은 기준아종에 속하고, 일본 본토의 개체군은 아종 *mariannae* Kiauta, 1983에 속한다. 한반도 개체군을 이 아종에 포함시키려는 데(정광수, 2011)에도 불구하고, Higashi et al. (2001)의 핵형 분석을 따르면 이 아종이 일본과 대마도까지 국한하여 분포한다고 하였다. 따라서 여기에서는 우리나라 개체군을 기준아종으로 다룬다. 한편 이 종은 이동성이 강한 특징이 있으므로, 이런 아종의 구분이 중요하지 않다고 생각한다.

〈♂ 미숙(왼쪽), 성숙(오른쪽), 경기 용인〉

〈♀ 미숙(왼쪽), 성숙(오른쪽), 경기 용인〉

▲ 수컷(경기 김포, 2018. 7. 04)

▲ 수컷 비행(경기 김포, 2012. 6. 7)

▲ 수컷 미숙(위), 암컷 미숙(아래) (경기 양평, 2011. 6. 13)

▲ 암컷 미숙(제주 한경, 2015. 6. 29)

ENG **Scarlet Skimmer**

Size AL: 29mm, HL: 34mm.

Flight period May to September (univoltine).

Habitat Ponds, reservoirs, down streams, and rivers.

Distribution Korea, Japan, China, Taiwan, ranged from South east Asia to North of Africa.

Status Quite common. The Korean peninsula population is *Crocothemis servilia servilia*, while the Japanese population belongs to other subspecies *Crocothemis servilia mariannae*.

Genus ***Pantala*** Hagen, 1861

Pantala Hagen, 1861, Syn. Neur. N. Amer., Washington: 141.

Type species: *Libellula flavescens* Fabricius, 1798.

된장잠자리 *Pantala flavescens* (Fabricius, 1798)

Libellula flavescens Fabricius, 1798, Ent. Syst. Suppl.: 285. Type locality: Sarawak (India).

Pantala flavescens: Ichikawa, 1906: 183: Doi, 1932: 68; Asahina, 1990b: 17: Lee, 2001: 173.

형태 배 길이 30mm, 뒷날개 길이 40mm 안팎으로 겹눈은 미숙할 때 절반 위가 밝고 붉은 기가 있는 회갈색이고, 절반 아래가 황갈색이다가 성숙해지면 절반 위가 광택이 있는 짙은 적갈색, 절반 아래가 짙은 적갈색으로 변한다. 앞이마는 황갈색이고, 이마위선은 가늘다. 날개가슴은 황갈색으로 별다른 무늬가 없다. 제1, 2가슴선은 가느다랗고 갈색이다. 수컷의 배 끝 위부속기는 긴 편이나 날개잠자리보다 짧다. 암컷의 생식판은 작다. 성숙한 수컷은 배 위가 조금 붉어진다. 뒷날개 밑은 조금 붉다.

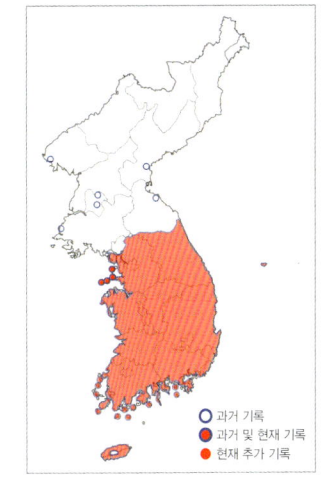

생태 평지와 산지를 가리지 않고 어디에서도 볼 수 있다. 열대와 아열대의 종으로, 우리나라에서는 겨울을 나기가 어려울 것으로 판단된다. 3월 말~11월에 보이는데, 제주도에서는 3월 말부터 많은 수가 보이는데, 대부분 오래된 개체로 남쪽에서 이입된 것으로 보인다. 중부 지방에서는 5월 이후, 북부 지방에서는 여름 이후에 보이며, 삼지연과 백두산에서 7~8월에 보인다. 몸이 가볍고 날개가 커서 바다를 건너는 것으로 유명하다. 무리지어 한 장소에서 오래 나는 일이 많으며 개체수가 많다. 이어진 채로 암컷이 배로 물을 때리며 알을 낳는다.

분포 전 세계의 온대와 열대 지역

어원 우리 이름은 '된장 색인 잠자리'라는 뜻이다. 과거 여러 지역에서 '마당잠자리'라고 불렸는데, 집 마당에서 여러 마리가 날아다니는 모습에서 유래한 듯 보인다. 종 이름(*flavescens*)은 '노란색의'라는 뜻으로, 날개 색과 몸 전체가 고르게 노란색을 띠는 특징으로 풀이된다. 속 이름(*Pantala*)은 '대단히 불행한 자'라는 뜻으로, 바다를 건너는 고단함을 풍긴다.

▲ 수컷 비행(경남 진주, 2011. 8. 8)

▲ 수컷 미숙(경기 광주, 2013. 9. 16)

▲ 암컷(강원 고성, 2016. 5. 2)

▲ 거미줄에 걸린 모습(경기 고양, 2016. 7. 18)

분류 Ichikawa (1906)는 제주도에서 채집한 개체로 처음 기록하였다.

〈♂ (왼쪽), ♀ (오른쪽), 경기 오산〉

ENG **Wandering Skimmer**

Size AL: 30mm, HL: 40mm.

Flight period April to November (polyvoltine).

Habitat Still waters.

Distribution Inhabits worldwide in tropics and temperate zone.

Status Quite common. In Korea, this species known as the first immigrants cannot survive during winter time. So it is replaced with the new immigrants flown from south every year.

Genus *Lyriothemis* Brauer, 1868

Lyriothemis Brauer, 1868, Verh. Zool.-Bot. Ges. Wien. 18: 180.

Type species: *Lyriothemis cleis* Brauer, 1868.

→ 배치레잠자리 *Lyriothemis pachygastra* (Selys, 1878)

Calothemis pachygastra Selys, 1878, Mitt. Mus. Dresden 3: 310. Type locality: Shanghai.

Lyriothemis pachygastra: Ris, 1909: 119; Oguma, 1915: 11; Doi, 1932: 67; Asahina, 1990a: 16; Lee, 2001: 130.

형태 배 길이 21mm, 뒷날개 길이 25mm 안팎으로 겹눈은 미숙할 때 황갈색이다가 성숙해지면 광택이 있는 암적색으로 변한다. 앞이마는 금속성 남색, 날개가슴은 노란색이다. 어깨선 위와 제2가슴선 위에는 가느다란 검은 줄이 있고, 제1가슴선 위에는 숨문 부분에 작고 검은 점이 있다. 배 위에는 3개의 줄이 이어진다. 배는 짧고 폭이 넓은 편이다. 미숙한 수컷은 암컷과 같은 색이지만, 성숙해지면 전체가 검어지고 배에 청백색 가루가 덮는다.

생태 평지와 산지의 습지와 묵논, 염습지에서 살며, 백두산 일대에서는 드물다. 5~9월에 보인다. 미숙한 개체는 이동하지 않고, 성숙한 개체와 함께 생활한다. 성숙한 수컷은 제자리날기를 하기도 하고, 세력권을 만들다가도 이따금 앉기도 한다. 수컷끼리는 같은 방향으로 날다가도 마주보고 날 때에는 배 끝을 전갈 꼬리처럼 세우면서 서로 견제를 한다. 암컷은 홀로 또는 수컷의 경호 아래 연속해서 배로 물을 때리며 알을 낳는다.

분포 한국(울릉도를 뺀 전국), 일본, 중국 동부, 러시아 극동 지역

어원 우리 이름은 '배를 잘 손질하여 모양을 냄'이라는 뜻이다. 종 이름(*pachygastra*)은 '배가 넓은'을 뜻한다. 속 이름(*Lyriothemis*)은 'lyrio (거문고), themis (그리스의 여신 테미스)'의 합성어이다.

분류 Ris (1909)는 Herz가 채집한 개체로 처음 기록하였다.

〈♀ 경기 용인〉

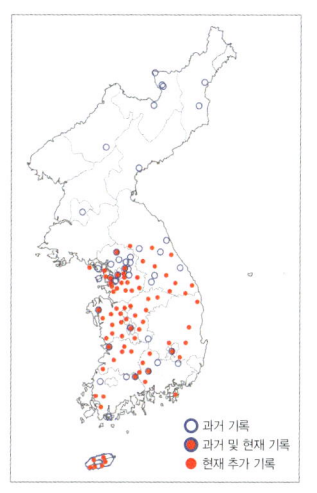

〈♂ 미숙(왼쪽), 강원 철원 / 성숙(오른쪽), 경기 용인 / 성숙(아래), 경기 용인〉

▲ 수컷 비행(경기 용인, 2012. 7. 17)

▲ 수컷 미숙(서울 마포, 2012. 5. 30)

▲ 암컷 비행(서울 마포, 2016. 5. 13)

▲ 짝짓기 직후 암컷 경호하는 수컷(경기 용인, 2012. 7. 17)

ENG **Wide-bellied Skimmer**

Size AL: 21mm, HL: 25mm.

Flight period May to September (univoltine).

Habitat Ponds or marshy sites.

Distribution Korea (except Is. Ulleung), Japan, China (E), Russian Far East.

Status Common.

Genus ***Orthetrum*** Newman, 1833

Orthetrum Newman, 1833, Ent. Mag. 1: 511.

Type species: *Libellula coerulescens* Fabricius, 1798.

> ***Orthetrum*속의 종 검색표**
>
> 1. a 날개끝에는 검은 무늬(깃동)가 없다. ---------------------------------- 2
>   b 날개끝에는 검은 무늬(깃동)가 있다. ------------------------------ 홀쭉밀잠자리
> 2. a 날개밑에는 짙은 적갈색 무늬가 좁게 나타난다. --------------------------- 3
>   b 날개밑에는 짙은 적갈색 무늬는 없다. ------------------------------- 밀잠자리
> 3. a 성숙한 수컷은 제1, 2가슴선이 붙어 굵은 줄이 된다. 날개밑과 깃무늬는 황갈색이다. --------- 중간밀잠자리
>   b 성숙한 수컷은 제1가슴선은 없어지고, 제2가슴선은 가늘다. 날개밑과 깃무늬는 흑갈색이다. --------- 큰밀잠자리

밀잠자리 Orthetrum albistylum (Selys, 1848)

Libellula albistyla Selys, 1848, Rev. Zool.: 15. Type locality: France.
Orthetrum albistylum speciosum: Ris, 1909: 228; Okamoto, 1924: 51; Asahina, 1990a: 17.
Orthetrum speciosum: Doi, 1932: 66.
Orthetrum albistylum: Lee, 2001: 133.

형태 배 길이 35mm, 뒷날개 길이 40mm 안팎으로 겹눈은 미숙할 때 회색을 띤 암적색이다가 성숙해지면 광택이 있는 짙은 청록색으로 변한다. 앞이마는 수컷이 밝은 청백색, 암컷이 밝은 황백색이고, 이마위선이 있다. 날개가슴은 옅은 갈색이다. 어깨선 위와 제1, 2가슴선 위의 검은 줄 사이는 옅은 갈색이다. 제1~3배마디는 옆에서 보면 굵어지고 제4배마디는 가늘어진다. 암컷 제8배마디의 옆 가장자리가 조금 부푼다. 날개밑에는 색이 없다. 암컷은 청백색 가루가 없고, 드물게 수컷과 같은 색이기도 한다.

생태 평지와 산지의 습지와 묵논, 염습지 등 수심이 비교적 얕고 바닥에 진흙과 유기물 층이 있는 습지에서 산다. 4~10월에 보인다. 미숙한 개체는 가까운 풀밭이나 마을 주변에 이동했다가 성숙해지면 물가로 돌아온다. 성숙한 수컷은 제자리날기를 하면서 세력권을 만든다. 암컷은 수컷의 경호 아래 연속으로 배로 물을 때리며 알을 낳는다.

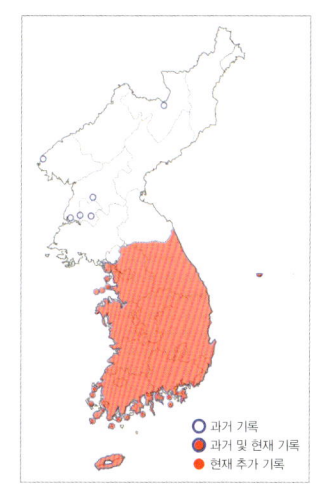

▲ 수컷(경기 용인, 2017. 8. 7)

▲ 경호 비행(경기 파주, 2012. 6. 4)

▲ 짝짓기(경기 고양, 2016. 5. 11)

▲ 알 낳기(제주 조천, 2012. 6. 11)

⟨♂ 미숙(왼쪽), 경기 용인 / 성숙(오른쪽), 충북 진천⟩

⟨♀ 딴색형(왼쪽), 한색형(오른쪽), 경기 용인⟩

분포 한국(전국), 일본, 중국, 타이완, 러시아 극동 지역에서 아프가니스탄을 거쳐 유럽까지

어원 우리 이름은 '몸의 색과 모양이 밀알을 떨어낸 밀의 줄기'라는 뜻이다. 종 이름(*albistylum*)은 '배 끝에 부속기가 있다'라는 뜻이다. 속 이름(*Orthetrum*)은 '반듯한 배'라는 뜻이다.

분류 Ris (1909)는 Herz가 채집한 개체로 처음 기록하였다. 한반도 개체군은 아종 *speciosa* Uhler, 1858로 다룬다.

🄴 White-tailed Skimmer

Size AL: 35mm, HL: 40mm.

Flight period April to October (univoltine).

Habitat Waters like streams, rivers, lakes.

Distribution Korea, Japan, China, Taiwan, Russian Far East to Europe via Afghanistan.

Status Quite common.

홀쭉밀잠자리 *Orthetrum lineostigma* (Selys, 1886)

Libellula lineostigma Selys, 1886, C. R. Ent. Soc. Belg. 30: 93. Type locality: Pékin.
Orthetrum sp.: Doi, 1934a: 66.
Orthetrum lineostigma: Doi, 1943: 138: Lee, 2001: 132.

형태 배 길이 30mm, 뒷날개 길이 34mm 안팎으로 겹눈은 수컷이 광택이 있는 회청색, 암컷이 적갈색 기운이 도는 파란색이다. 제1가슴선은 희미하고, 제2가슴선은 가늘다. 암컷에게는 갈색의 어깨선이 있다. 미숙한 개체는 암수 모두 옅은 갈색이다가 수컷은 성숙해지면 회청색으로 변하고, 암컷은 갈색을 띤다. 암컷의 배는 밀잠자리와 닮았다. 수컷 날개끝에는 검은 무늬(깃동)가 있는데, 성숙해지면 사라진다. 암컷은 깃동무늬가 뚜렷하고, 날개밑에서 전연을 따라 적갈색이 보이는데, 개체에 따라 짙고 옅은 차이가 있다.

생태 낮은 산지와 평지에서 얕지만 바닥에 진흙이 퇴적되어 깨끗해진 상류 하천 또는 그 주변의 습지와 농경지 등지에서 산다. 5월 말~8월 초에 보인다. 성숙한 수컷은 제자리날기를 하면서 세력권을 만든다. 암컷은 수컷의 경호 아래 연속으로 배로 물을 때리며 알을 낳는다.

분포 한국[남한 내륙(국지적), 평양], 중국(중, 북부, 동북부)

어원 우리 이름은 '배 부분이 홀쭉하다'라는 뜻이다. 종 이름(*lineostigma*)은 '선 흔적'이라는 뜻이다.

▲ 수컷(서울 마포, 2009. 7. 1)

▲ 암컷(경기 연천, 2016. 6. 25)

▲ 짝짓기(서울 마포, 2009. 7. 3)

▲ 알 낳기(서울 마포, 2011. 6. 20)

분류 Doi (1943)는 평안남도 승호리에서 채집한 개체로 처음 기록하였다.

〈♂ 미숙(왼쪽), 성숙(오른쪽), 경기 용인〉

〈♀ 미숙(왼쪽), 성숙(오른쪽), 경기 용인〉

Asiatic Blue Skimmer

Size AL: 30mm, HL: 34mm.

Flight period Late May to early August (univoltine).

Habitat Upper montane streams.

Unusual morphological characteristics Gray color on the edge of their wings during immature stage in both male and female.

Distribution Korea (inland), China (C, N, NE).

Status Less common. It can be found in Mapo, Yeoncheon, Goisan, Yeongwol, Andong. The habitats we surveyed feature small streams with muddy soil flowing into the river.

중간밀잠자리 *Orthetrum internum* McLachlan, 1894

Orthetrum internum McLachlan, 1894, Ann. Mag. Nat. Hist. (6) 13: 431. Type locality: Szechuen China).
Orthetrum japonicum: Doi, 1932: 66; Lee, 2001: 137.
Orthetrum japonicum internum: Asahina, 1939: 194; Asahina, 1990a: 16.
Orthetrum internum: Cho, 2019: 293.

형태 배 길이 27mm, 뒷날개 길이 32mm 안팎으로 겹눈은 미숙할 때 회갈색이다가 성숙해지면 수컷이 광택이 있는 청록색, 암컷이 녹갈색으로 변한다. 제1, 2가슴선의 검은 줄이 붙어 굵어진다. 밀잠자리와 비교하여 배는 짧고 두껍다. 제1~3배마디는 조금 부풀고 제4배마디부터 조금 가늘어진다. 암컷 제8배마디의 옆 가장자리가 조금 부푼다. 미숙한 수컷은 암컷과 거의 같은 몸 색이지만, 성숙해지면 배와 날개가슴 앞으로 청백색 가루가 보인다. 가슴 옆에도 청백색 가루가 있으며, 날개밑에는 밝은 오렌지색 부분이 있다. 깃무늬는 등갈색이다.

〈♀ 경기 용인〉

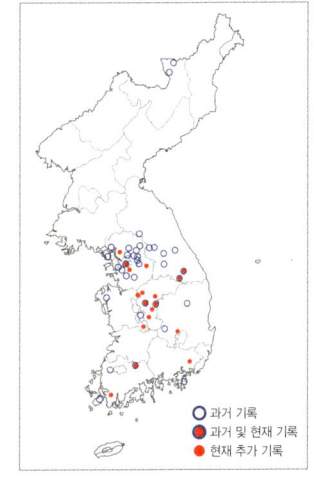

〈♂ 미숙(왼쪽), 성숙(오른쪽), 경기 용인〉

생태 진흙이 퇴적된 평지와 산지의 습지와 묵논 등 얕은 습지에서 산다. 4~7월 초에 보인다. 수컷은 제자리날기를 하면서 세력권을 만든다. 암컷은 이른 시기인 4월 말부터 수컷의 경호 아래 연속으로 배로 물을 때리며 알을 낳는다.

분포 한국(중부, 남부), 일본(대마도), 중국(중부, 남부), 타이완, 인도 북부

어원 우리 이름은 '중간 크기의 밀잠자리'라는 뜻으로 보인다. 북한에서는 소금쟁이흰잠자리라고 한다. 종 이름(*internum*)은 '중간'이라는 뜻이다.

분류 Doi (1932)는 경기도 의정부와 북한산, 삼성산, 관악산, 소요산에서 채집한 개체로 처음 기록하였다. 최근 DNA 분석에 따라 *O. japonicum* (Uhler, 1858)은 일본 고유종이고, 우리나라를 포함한 나머지 지역은 위의 학명을 쓰고 있다(Karube et al., 2012; Yong et al., 2014).

▲ 수컷 비행(경기 성남, 2016. 5. 11)

▲ 짝짓기(경기 성남, 2016. 5. 11)

▲ 짝짓기 비행(경기 성남, 2016. 5. 11)

▲ 알 낳기(경기 용인, 2014. 4. 25)

ENG Northern Blue Skimmer

Size AL: 27mm, HL: 32mm.

Flight period April to early July (univoltine).

Habitat Wetlands or ponds near mountains.

Distribution Korea (C, S), Japan (Tsushima), China (C, N), Taiwan, India (N).

Status Common.

큰밀잠자리 *Orthetrum melania* (Selys, 1883)

Libellula melania Selys, 1883, Ann. Soc. Ent. Belg. 27: 103. Type locality: Japon, Yokohama, etc.
Orthetrum melania: Doi, 1932: 66: Lee, 2001: 138.
Orthetrum triangulare melania: Asahina, 1939: 194; Asahina, 1990a: 17.
Orthetrum melania continentale Sasamoto et Futahashi, 2013, Tombo, Fukui 55: 72. Type locality: Lin'an, Zhejiang prov. (China).

형태 배 길이 34mm, 뒷날개 길이 40mm 안팎으로 겹눈은 미숙할 때 암적색이다가 성숙해지면 수컷이 광택이 있는 거무스름한 파란색, 암컷이 검붉은 파란색으로 변한다. 앞이마는 황갈색이고, 이마윗선은 가늘지만 성숙해지면서 그 부분이 검어진다. 날개가슴의 노란 줄은 굵고 어깨선 위의 줄도 검다. 제1, 2가슴선은 굵어지고 위와 아래에서 이어진다. 암컷 제8배마디의 옆 가장자리가 부푼다. 미숙한 수컷은 암컷과 닮은 색이지만, 성숙해지면 온몸에 청백색 가루로 덮인다. 암수 모두 날개밑의 흑갈색 부분은 넓다.

생태 평지와 산지에서 숲이 있고, 조금씩 물이 흐르는 습지와 작은 못, 묵논 주위에서 산다. 5~9월에 보인다. 수컷은 물가의 마른 나뭇가지 끝에 앉아 세력권을 만든다. 암컷은 수컷의 경호 아래 연속으로 배로 물을 때리며 알을 낳는다.

분포 한국(울릉도를 뺀 전국), 일본, 중국(중, 북부), 타이완

어원 우리 이름은 '밀잠자리보다 크다'라는 뜻이다. 종 이름(*melania*)은 '검다'라는 뜻이다.

〈♂ 미숙(왼쪽), 성숙(오른쪽), 성숙(아래), 경기 용인〉

〈♀ 경기 용인〉

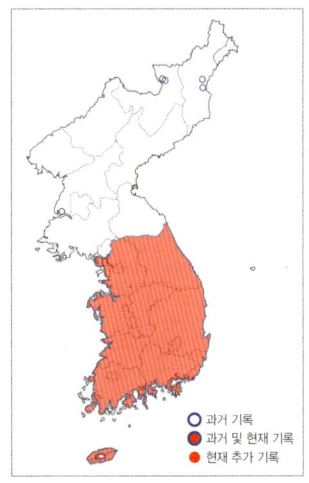

▲ 수컷(경기 용인, 2017. 7. 26)

▲ 암컷(경기 용인, 2017. 7. 26)

▲ 짝짓기(경기 용인, 2019. 7. 22)

▲ 알 낳기(경기 용인, 2017. 7. 26)

분류 Doi (1932)는 경상북도 청도와 전라남도 무등산, 경기도 소요산에서 채집한 개체로 처음 기록하였다. Sasamoto와 Futahashi (2013)는 한반도와 중국, 타이완의 아종을 *continentale* Sasamoto et Futahashi, 2013으로 기재하였으나 Schorr와 Paulson (2015)은 이 아종을 적용하지 않고 기준아종으로 처리하고 있다.

Giant Blue Skimmer

Size AL: 34mm, HL: 40mm.

Flight period May to September (univoltine).

Habitat Shaded wetlands or ponds near mountains.

Distribution Korea (except Is. Ulleung), Japan, China (C, N), Taiwan.
Status Common.

Genus ***Libellula*** Linnaeus, 1758

Libellula Linnaeus, 1758, Syst. Nat.: 543.
Type species: *Libellula depressa* Linnaeus, 1758.

> ***Libellula*속의 종 검색표**
> 날개 매듭 부근의 흑갈색 무늬는 전연부와 그 아래에 넓게 있다. 깃무늬 부분에도 검은 무늬가 있다. --------- 대모잠자리
> 날개 매듭 부근의 흑갈색 무늬는 전연부에 있다. 깃무늬 부분에도 검은 무늬가 없거나 약하다. --------- 넉점박이잠자리

넉점박이잠자리 *Libellula quadrimaculata* Linnaeus, 1758

Libellula quadrimaculata Linnaeus, 1758, Syst. Nat. 1: 543; Doi, 1940b: 614; Doi, 1943: 16; Lee, 2001: 128. Type locality: Sweden.

형태 배 길이 34mm, 뒷날개 길이 39mm 안팎으로 겹눈은 미숙할 때 옅은 황갈색이다가 성숙해지면 짙은 노란색으로 변한다. 앞이마는 황갈색으로, 이마위선은 있다. 날개가슴은 황갈색이다. 제1가슴선 아래와 제2가슴선과 이어지고 가늘다. 날개는 전연부에 황갈색 무늬가 있다. 날개의 매듭에 검은 무늬가 있고, 검은 깃무늬 부근에 황갈색을 띠는 일이 많다. 배는 굵은 편이다. 드물게 날개에 흑갈색 무늬가 커지는 개체가 발견되는데, 일본에서는 'forma praenubila'라고 하나 의미가 크지 않다. 드물게 대모잠자리와의 잡종 개체처럼 보이는 개체가 있다.

생태 평지와 산지에서 수생식물이 무성한 습지와 작은 못, 늪논 주위에서 산다. 4~7월 초에 보인다. 미숙한 개체는 서식지 주변의 산지에서 먹이사냥을 한다. 성숙한 수컷은 물가의 마른 나뭇가지 끝에 앉으려는 다툼이 치열하다. 공중에서 짧게 짝짓기 하며, 암컷은 수컷의 경호 아래 연속으로 배로 물을 때리며 알을 낳는다.

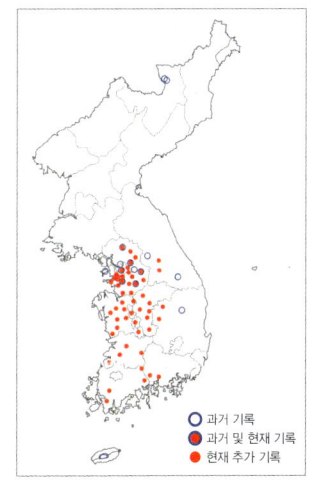

▲ 수컷(서울 마포, 2012. 4. 30)

▲ 수컷 비행(경기 용인, 2014. 5. 6)

▲ 머리를 돌리는 모습(서울 마포, 2012. 5. 10)

▲ 짝짓기 비행(서울 마포, 2013. 5. 11)

〈♂ 성숙, 경기 용인〉

〈♀ 성숙, 경기 용인〉

분포 한국(백두대간 왼쪽의 중부, 남부), 일본, 러시아 극동 지역을 포함한 구북구, 아프리카 북부, 북미 대륙까지

어원 우리 이름은 '날개의 점무늬가 4개 있다'라는 뜻이다. 종 이름(*quadrimaculata*)은 '4개의 점'을 뜻한다.

분류 Doi (1940b)는 서울(태릉)에서 채집한 개체로 처음 기록하였다.

Four-spotted Chaser

Size AL: 34mm, HL: 39mm.

Flight period April to early July (univoltine).

Habitat Ponds or marshy sites near mountains.

Distribution Korea (C, S), Japan, Paleoarctic region, North Africa, North America.

Status Common.

대모잠자리 *Libellula angelina* Selys, 1883

Libellula angelina Selys, 1883, Ann. Soc. Ent. Belg. 27: 99; Doi, 1932: 67; Doi, 1937: 14; Lee, 2001: 127. Type locality: Japan.

형태 배 길이 32mm, 뒷날개 길이 32mm 안팎으로 겹눈은 미숙할 때 옅은 회갈색이다가 성숙해지면 광택이 있는 검은색으로 변한다. 앞이마는 황갈색이고, 이마위선은 뚜렷하며 검어진다. 날개가슴은 앞 종과 닮았으나 훨씬 검다. 날개는 전연부에 황갈색 무늬가 있는데, 앞 종보다 훨씬 짙다. 날개의 매듭과 깃무늬에 검은 무늬가 두드러진다. 수컷은 미숙할 때 암컷처럼 옅은 갈색을 띠지만, 성숙해지면 검은색으로 변한다. 수컷의 배 끝 부속기와 암컷의 생식판은 앞 종보다 뚜렷이 작다.

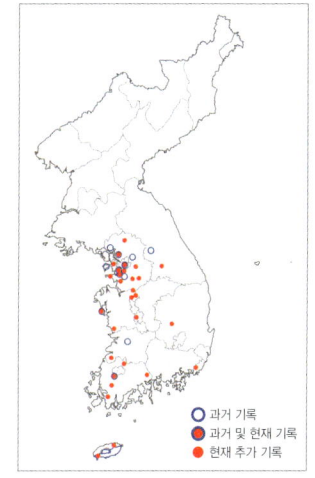

생태 세계에서 우리나라가 가장 개체수가 많은 곳이다. 평지와 해안의 수심이 1m 안팎이고, 갈대가 많으며, 갈대 줄기가 물에 잠기는 오래된 인공 연못, 저수지, 흐름이 더딘 농수로에서 산다. 4월 중순~6월에 보인다. 미숙한 개체는 서식지와 가까운 키 큰 풀밭에서 먹이사냥을 한다. 성숙한 수컷은 물가의 마른 나뭇가지 끝에 앉으려는 다툼이 치열하다. 암컷은 수컷의 경호 아래 연속으로 배로 물을 때리며 알을 낳는다. 평균생존일수는 13일 정도로 알려져 있다(이준호, 2019). 넉점박이잠자리가 많은 곳에서 종 경쟁에서 밀려 개체수가 적어진다.

분포 한국(중남부 지역의 서해안, 남해안, 제주도), 일본(혼슈, 시코쿠, 큐슈, 대마도), 중국(중, 북부)

♀ 미숙(왼쪽), 경기 용인 / 성숙(오른쪽), 경기 안성

〈♂ 미숙(왼쪽), 경기 용인 / 성숙(오른쪽), 경기 용인 / 성숙(아래), 경기 안성〉

어원 우리 이름은 '날개의 점무늬가 대모거북의 모습을 닮은' 데에서 유래한다. 종 이름(*angelina*)은 '여성의 이름'을 뜻한다. 속 이름(*Libellula*)은 '작은 책'을 뜻한다.

분류 Doi (1937)는 서울 청량리에서 채집한 개체로 처음 기록하였다. 멸종위기종에 속하며, 환경부 지정 멸종위기Ⅱ급이다.

▲ 수컷(경기 용인, 2019. 5. 9)

▲ 암컷 미숙(경기 하안동, 2013. 5. 13)

▲ 암컷 비행(경기 용인, 2019. 5. 15)

▲ 짝짓기(충남 입장, 2013. 5. 13)

Black Four-spotted Chaser

Size AL: 32mm, HL: 32mm.

Flight period Mid-April to June (univoltine).

Habitat Well-vegetated stretches of rivers and occasionally large open waters.

Distribution Korea (C, S, Is. Jeju), Japan (Honshu, Shikoku, Kyushu, Tsushima), China (C, N).

Status Less common. It is registered an endangered species (Ⅱ) in Korea, and is also treated as VU, LC by IUCN.

잘못 기록된 종과 의문종, 채집 기록이 적은 종, 나그네종에 대한 해설

우리나라에서는 잠자리 표본을 제대로 보관해온 박물관이 없고, 개인 소장자도 없던 관계로, 과거 기록을 살피는 데에 어려움이 따른다. 만약 기록 종에 의문점이 생기면 문헌에 의존해야 하는 어려움이 따르지만 이 또한 당시의 학자들의 식견과 분류학의 상황 등을 잘 살펴야 실체를 파악할 수 있으며, 냉정한 시선으로 살펴보아야 한다. 다행히 아사히나(Asahina)가 기록했던 표본들은 일본의 쓰쿠바시의 국립과학박물관에 보관되어 있어서 그 일부를 확인할 수 있었다. 또 김정환(1998)처럼 사진을 제시했던 경우라면 어렵게라도 수정할 수 있었으나 표본과 생태 사진 등을 싣지 않고 목록만 제시한 경우(북한의 대부분 목록), 실린 종들이 실제 그 종인지의 여부를 판단하기 어렵다. 특히 일본 고유종을 우리나라에 분포한다고 기록했던 경우, 일본 도감을 참고하다가 오동정한 거라고 합리적으로 의문을 품지 않을 수 없다. 또 외국 표본을 국내 표본으로 라벨이 잘못 붙여진 경우라면 더욱 그럴 것이다. 따라서 목록만으로는 실체가 없다는 결론이다. 앞으로 의미 있는 기록을 하려는 연구자는 반드시 과학적인 증거를 제시하면 좋겠다.

지금까지의 의문종들은 다음과 같으며, 채집 기록이 극소수인 종과 나그네종의 설명도 함께 실었다.

담색물잠자리
Mnais sp.

잠자리 전문가라기보다 박물학자였던 Doi (1933)의 기록(김병하 채집)이 유일하다. 제주도에서 채집한 개체로 *Mnais strigata* Selys, 1853로 보고하면서 사진 등의 증거를 보여주지 못했다. 이후, 이 종을 조복성(1958)이 담색물잠자리라는 우리 이름을 지었지만 그는 이 종을 직접 확인한 적이 없다. 'strigata'는 투명한 날개를 가진 하나의 형(form)의 이름인데, 현재 유효하지 않으며, *Mnais pruinosa* Selys, 1853을 쓰고 있다. 이 종은 일본에만 분포하며, 물이 많은 계곡에서 사는데, 반면 제주도의 하천은 대부분 건천이다. 다만 제주도 서귀포시의 안덕과 돈내코 지역의 하천은 흐르는 물의 양이 적지 않지만 검은물잠자리만 보인다.

Asahina (1989a)는 1942년에 Doi를 직접 만나 표본을 살폈으나 이 종을 발견하지 못했던 것 같으며, 이 때문에 불분명한 종(*Mnais* sp.)으로 처리하였다. 이후 이승모(1996)가 알 수 없는 종이라는 단서를 달았지만 '*Mnais pruinosa*'라고 다시 목록에 넣음으로써 일부 연구자들이 Asahina가 처리한 의미를 모른 채, 계속 목록에 실었다. 엄밀히 말하면 Doi 외에는 아무도 이 잠자리의 실체를 모른다는 것이다. 결국 이승모(2006)는 자신의 이런 처리가 잘못이라고 하였다.

모호한 첫 기록 이후 거의 90여 년간이나 발견되지 않는 이 종을 우리 목록에서 삭제하는 것이 당연하다.

검은날개물잠자리
Matrona basilaris Selys, 1853

북한 학자 홍룡태(1991)가 북부 지역의 잠자리 조사에서 기록한 20여 종의 미기록종들 가운데에 이 종이 포함되어 있었다. 실제 미기록종은 이 종뿐인데, '검은날개울잠자리'라고 했으며, 일부의 문헌에서 잠자리 목록에 올렸다. 하지만 이 종이 중국 남부와 베트남 북부에만 분포하므로, 북한에서 발견되었다는 이 기록이 오동정이 틀림없다. 또 소개된 채집지로 북한의 수양산과 신평 이외의 정보는 아직 없다. 일본에서도 이 종이 아닌 고유종 *Matrona japonica* Forster, 1897이 분포한다.

일본물잠자리
Calopteryx cornelia Selys, 1853

이 종은 북한학자 Ju (1969)가 증거 없이 '메물실잠자리'로 기록했으나 홍룡태(1991)의 목록에서는 빠져 있다. 또한 이승모(2006)는 이 종을 물잠자리의 변이로 보인다고 지적했을 뿐, 이후의 어떤 기록도 없다. 현재 일본 고유종으로, 일본(혼슈, 큐슈)에서는 5~9월에 폭이 넓은 하천의 중류와 상류 지역에 산다고 한다. 정광수(2010)와 Yum과 Lee, Bae (2010), Bae (2011), Kim (2011)은 모두 이 종을 우리 목록에서 제외하였다.

꼬마실잠자리
Agriocnemis pygmaea (Rambur, 1842)

이 종은 김정환(1998)이 기록했는데, 사진은 아시아실잠자리의 미숙한 개체이므로, 의미가 없다(이승모, 1998). 이후 Yum과 Lee, Bae (2010)도 우리 목록에서 제외하였다.

점박이끝빨간실잠자리(기수황등색실잠자리, 점박이황등색실잠자리) 개칭
Mortonagrion hirosei Asahina, 1972

정광수·이종은(2018)이 처음 기록하였다. 이 종은 일본 고유종이지만 홍콩(Asahina, 1992)과 타이완에서도 각각 한 번씩 발견된 적이 있다. 또한 대마도에서도 기록이 있다. 일본에서는 태평양에 인접한 해안 근처의 갈대가 우거지고 염분이 포함된 습지에서 5월 말에서 9월 말까지 나타난다고 한다. 성숙한 개체는 갈대숲에서 지내고, 암컷은 홀로 갈대 잎에 알을 낳는 습성이 있다(Hamada와 Inoue, 1985). 전라남도 광양시의 갈대숲에서 1♂만 채집되었을 뿐인데, 앞으로 추가되는 기록에 관심이 간다. 이 종이 일본에서 건너온 것으로 추측할 수 있지만 원래부터 우리나라에 서식했을 수도 있다고 생각한다. 일본에서는 희귀종으로 알려져 있다.

왕등줄실잠자리
Paracercion sieboldii (Selys, 1876)

정광수(2007)가 강원도 횡성 둔내에서 채집한 개체로 처음 기록하였다. 하지만 그가 기록한 내용을 보면 가장 중요한 생식기의 구조에 대한 검토 없이 눈뒷무늬와 배 끝의 'V'자 무늬 등으로 동정하였다. 그 내용은 본문의 '대륙등줄실잠자리' 항을 참고하기 바란다.

북방알락실잠자리(북알락실잠자리) 개칭
Enallagma deserti (Selys, 1871)

북한 학자 Ju (1993)는 함경북도 보천과 온수평에서 채집한 개체로 이 종을 기록했으나 표본 사진 등의 정보가 없고, 이후 의미 있는 기록도 없다. 이 종은 아프리카 북서부에만 분포한다고 알려져 있어(Lieftinck 1966), 아마 잘못 동정했던 것으로 보인다. 굳이 추론한다면 과거 일본 도감에서는 이 종[*deserti* (=*boreale*)]이 실려 있다가 Asahina (1982)가 *E. boreale*로 바꾸었던 점으로 미루어 볼 때, 아마 Ju (1993)가 이전의 일본 도감을 참조했던 것이 아닌가 생각한다. 현재 일본에서는 러시아 쿠릴과 일본에 분포하는 *circulatum*이라는 종으로 바뀌었다. 우리 목록에서 제외하는 것이 옳다. 조성빈(2019)도 제외하였다.

북방청실잠자리(북청실잠자리) 개칭
Lestes dryas Kirby, 1890

북한 학자 Ju (1993)가 함경북도 온수평에서 채집한 개체로 기록했으나 이에 대한 사진 등의 정보도 없을뿐더러 이후 의미 있는 기록도 없다. 이 종은 러시아 극동 지역을 포함한 유라시아와 북미 대륙의 북부에 분포하는 한랭종으로, 일본에서도 희귀하며, 북해도에만 분포한다. 충분히 한반도 북부 지방에 분포할 수 있다고 판단되나 닮은 종인 청실잠자리와의 형태 차이가 적어 Ju (1993)의 기록도 오동정일 거라는 의심도 가능해진다. 따라서 정확한 증거가 나오기 전까지 우리 목록에서 빼는 것이 좋겠다.

비도실잠자리
Pseudagrion pilidorsum (Brauer, 1868)

이승모(2006)는 전라남도 함평에서 직접 채집한 개체로 처음 기록하였다. 사진 등 실체의 증거가 없는데, 그는 2006년 이후에 새로 낼 잠자리 도감에 수록할 예정이라고 보고문에서 밝혔지만 그의 죽음 때문에 실현되지 못하였다. 우리도 아직 이 표본을 보지 못했다. 이 종은 일본의 오키나와와 타이완, 필리핀 등 동남아시아에 분포한다.

방패실잠자리
Platycnemis foliacea Selys, 1886

이 종은 일본 고유종으로, Doi (1932)가 첫 기록한 후 이후의 그(1943)의 목록에서는 삭제되어 있다. 아마 Asahina의 조언에 따른 것으로 추정된다. 한편 김정환(1998)의 한 번의 기록이 더 있었지만, 그가 수록한 사진은 뚜렷이 밥풀실잠자리라 할 수 있다(이승모, 1998). 따라서 이 종의 실체적인 증거는 없다. Yum과 Lee, Bae (2010)도 우리 목록에서 제외하였다.

큰별박이왕잠자리
Aeshna nigroflava Martin, 1908

Doi (1933)는 평양에서 채집한 개체로 우리나라에 기록했지만 Asahina (1989c)가 참별박이왕잠자리로 수정하였다. 이후의 국내의 여러 기록들은 이 사실을 정확히 모르고 목록에 넣음으로써 혼란된 것으로 보인다. 자세한 내용은 본문의 참별박이왕잠자리 항을 참고하기 바란다.

한림청실잠자리
Lestes hanllimensis Kim, 1998

김정환(1998)이 신종으로 기재한 종이다. 하지만 기재문에는 기준표본이 설정되지 않았고, 불완전한 생태 사진만으로 신종인지의 여부가 불분명하다(이승모, 1998). 또한 이후 채집되지 않는 점으로 보아 종 지위를 인정하기 어렵다(Yum과 Lee, Bae, 2010; Bae, 2011).

백두산옛잠자리
Epiophlebia sinensis Li et Nel, 2011

이 종은 배 길이가 41.2mm, 뒷날개 길이가 41.3mm이다. 생김새는 일본의 *Epiophlebia laidlawi*와 닮았다. 북한의 북포태산 북쪽의 양강도 삼지연(1,380m)에서 6월 초에 채집되었다. 서식지의 경관은 소나무과(Pinaceae) 식물이 많은 큰 산림으로 둘러싸여 있다고 한다. 서식지 주변의 주요 식물로는 피나무와 들메나무, 마가목, 가래나무, 잣나무 등 소나무류, 참나무류, 수많은 양치류가 있다(Fleck et al., 2013).

남방잘록허리왕잠자리
Gynacantha basiguttata Selys, 1882

정광수·이종은(2018)이 제주도의 표본으로 처음 기록한 나그네종이다. 사실 동남아시아의 필리핀과 태국, 베트남 등지에 서식하는데, 분포 면에서 볼 때 우리나라까지 비래할 가능성이 높지 않다. 참고로 일본에서도 기록이 없다. 조성빈(2019)은 우리 목록에서 제외시켰다.

노란산측범잠자리
Asiagomphus pryeri (Selys, 1883)

홍룡태(1991)가 평양 동북리와 낙랑 지역에서 '노랑등줄잠자리'라고 증거 없이 기록했는데, 사실 일본 고유종이다. 이후 배연재·이혜영(2002)이 경기도 파주, 대전, 공주에서 채집한 개체로 추가하였다. 하지만 제시한 생식기 사진을 보면 종 *pryeri* (Selys)가 아니며, 암컷은 뚜렷이 산측범잠자리이다. 따라서 이 종의 실체는 현재 없다.

곤봉꼬리측범잠자리
Stylogomphus suzukii (Matsumura in Oguma, 1926)

이 종은 일본 고유종으로, 김정환(1998)이 기록했는데, 수록된 사진은 쇠측범잠자리이다(이승모, 1998).

검은얼굴쇠측범잠자리
Davidius nanus (Selys, 1869)

홍룡태(1991)가 평안북도 구장에서 채집한 개체를 근거로 '검은뺨등줄잠자리'라고 기록하였다. 이 종은 일본 고유종으로 알려져 있다. 측범잠자리과의 동정이 어려운 점을 고려하고, 발표 당시 구체적 표본 등의 근거가 없으므로, 우리 목록에 넣는 것을 보류하는 것이 옳겠다. 일부에서 이 종과 다음 종을 별개의 종(sp.)으로 여기고, 우리 목록에 남기려는 시각은 표본 등의 근거가 있되 종 이름을 확인하지 못한 경우에 해당하는데, 북한 학자의 첫 기록부터 실체의 증거가 없기 때문에 삭제하는 것이 옳다. 이미 김성수(2011)가 이들 종들을 우리 목록에서 제외시켰다.

검은쇠측범잠자리
Davidius fujiama Fraser, 1936

홍룡태(1991)가 자강도 구장에서 채집한 개체를 근거로 '검은등줄잠자리'라고 기록하였다. 이 종은 일본 고유종으로 알려져 있다. 앞 종처럼 우리 목록에 넣는 것을 보류하는 것이 옳겠다.

작은쇠측범잠자리(작은검은등줄잠자리, 영월쇠측범잠자리)
Davidius moiwanus (Matsumura et Okumura in Okumura, 1935)

홍룡태(1991)가 북한의 내곡리에서 채집한 개체로 '작은검은등줄잠자리'라고 기록하였다. 하지만 이 종은 일본 고유종으로 알려져 있어, 앞 종처럼 우리 목록에 넣는 것을 보류하는 것이 옳겠다. 남한에서는 김정환(1998)의 기록이 있는데, 수록된 사진은 쇠측범잠자리이다(이승모, 1998).

애측범잠자리
Trigomphus melampus (Selys, 1869)

Doi (1932)가 기록했던 적이 있지만 Asahina (1939)는 이 기록을 검은(검정)측범잠자리로 정정하였다. 이후 Yoon

(1988)과 김정환(1998)이 애벌레와 어른벌레를 대상으로 각각 다시 기록하였다. 김정환이 기록했던 어른벌레의 사진을 보면 가시측범잠자리를 잘못 수록한 것이 분명하다(이승모, 1998). 다음으로 Yoon (1998)이 서울 청계산에서 암컷 어른벌레를 채집했다고 했으나 이 기록이 불완전하여 신뢰하기 힘들다. 그리고 Yoon (1998: 241)이 '애측범잠자리'라고 단정한 애벌레의 그림을 보면 옆가시가 제7~9배마디에 있고 제10배마디의 길이가 너비보다 조금 긴 정광수(2011: 228)의 검은측범잠자리의 애벌레와 닮았다.

이와 다르게 일본의 애측범잠자리 애벌레는 짧은 등가시가 제7~9배마디에, 짧은 옆가시가 제6~9배마디에 나타난다. 또 제10배마디의 길이와 너비는 거의 같아 미묘한 차이가 있다.

형태의 특징만으로 보면 '애측범잠자리'라고도 또는 아니라고도 결론을 내리기 어렵지만 옆가시의 특징으로 보면 검은측범잠자리에 더 가깝다. 무엇보다도 지금까지 우리나라에서 애측범잠자리에 해당하는 어른벌레를 채집한 기록이 없다는 점이 이런 확신을 뒷받침한다. 현재 애측범잠자리는 일본 고유종으로 알려져 있다.

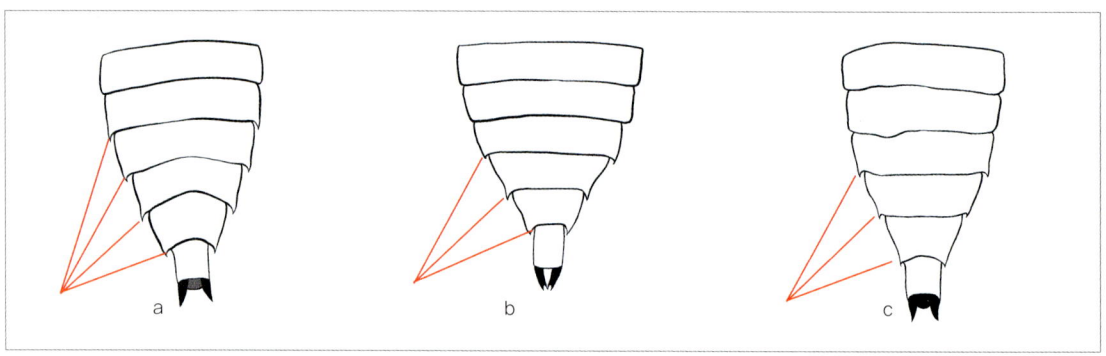

▲ 애측범잠자리와 검은측범잠자리의 애벌레의 비교. 배 부분만 발췌하였다.
  [a. 일본의 애측범잠자리(石田 등, 1988), b. 애측범잠자리(Yoon, 1998), c. 한국의 검은측범잠자리(조성빈, 2019)]

정환측범잠자리
Trigomphus ogumai Asahina, 1949

일본 고유종으로, 김정환(1998)이 기록했는데, 수록된 사진은 가시측범잠자리이다(이승모, 1998).

상해가시측범잠자리
Trigomphus agricola (Ris, 1916)

Miyahara (1942)가 금강산 표본으로 처음 기록했고, 이를 이승모(2006)가 종 목록에 넣었으나 배연재·이혜영(2012)이 별다른 언급 없이 검은(검정)측범잠자리로 다루었다. 현재 중국 고유종으로 Zhejiang, Fujian, Jiangsu에 분포한다.

안경재비측범잠자리
Stylurus occultus (Selys, 1878)

표본 등의 증거가 없으므로 우리 목록에서 마땅히 제외하여야 한다. 그 이유는 닮은 종인 호리측범잠자리 [*annulatus* (Djakonov, 1926)] (분포: 한국, 일본, 중국 동북부)와 과거 기록들이 섞여 있기 때문이다.

먼저 Doi (1938)가 *occultus* (Selys, 1878) (분포: 중국 중, 북부)을 기록하였다. 이 기록을 조복성(1958)이 소형이고, 생식기의 차이가 조금 있다고 *oculatus* (Asahina, 1949) (분포: 일본)로 변경하였다. 이때까지 호리측범잠자리(*annulatus* (Djakonov, 1926))라는 종의 존재는 아예 없었다.

Obana (1972)가 부산 금정산에서 채집한 개체로 annulatus로 처음 기록하였다. 이에 Asahina (1989b)는 이들 2종을 정리하여 호리측범잠자리로 통일하였다. 그런데 이승모(2001)가 뚜렷한 증거를 제시 않은 채, 다시 안경재비측범잠자리[occultus (Selys, 1878)]와 호리측범잠자리[annulatus (Djakonov, 1926)] 2종으로 분리한 목록을 만든 후, 지금까지 이것을 인용하는 문헌들이 여전히 있다(배연재·이혜영, 2002). 다시 말하면 한 종에 2개의 이름이 되살아난 것이다. 여기에서는 우리나라에 호리측범잠자리[annulatus (Djakonov, 1926)]만 분포함을 확인하였고, 학명이 비슷하지만 전혀 다른 occultus (Selys, 1878)와 oculatus (Asahina, 1949)를 확인하지 못했다. 다만 한반도 북부에 다른 종인 occultus (Selys, 1878)가 발견될 수도 있을 것으로 보인다.

꼬마측범잠자리
Nihonogomphus sp.

Doi (1943)는 경기도 소요산에서 1941년 5월 4일에 1♂과 1♀을 채집하여 신종 *Nihonogomphus minor* Doi, 1943을 기재하였다. 또 같은 목록에서 이 신종 이외에 *Nihonogomphus*속의 다른 종인 *N. bifurcatus*를 기록하면서 고려측범잠자리(*N. ruptus*)와 조금 다르다고 하였다. 아마 그는 이 속의 분류 방식을 잘 이해하지 못한 것으로 보인다. 그가 기록했던 *N. bifurcatus*는 현재 고려측범잠자리에 속한다.

그가 기재한 내용을 우리말로 옮기면 아래와 같다.

Doi의 기재문(Description): 배 길이: 34~35mm, 뒷날개 길이: 28~30mm. *Niphonogomphus viridis*와 닮았으나 다음의 특징이 다르다. 윗입술은 황록색, 앞가슴에 2개의 검은 줄이 있고, 수컷 아래부속기는 노랗다. (This species is closely related to *Nihonogomphus viridis* Oguma, but differs from the latter in having the following characters: labrum wholly greenish yellow; 2 antehumeral black stripes; inferior caudal appendages of male yellow.)

『얼굴은 황록색, 이마혹과 이마위선은 검은색, 뒷머리는 황록색 또는 푸른색이고 위로 검고 가느다란 털이 옆으로 보인다.

가슴 앞은 푸른색으로, 그 중앙에 검은 줄이 있고, 그 양쪽에는 앞날개 밑에서 등깃줄 바깥에 이르는 2줄의 검은 줄이 있으며, 가슴 옆은 푸른 바탕에 제2가슴선이 완전하지만 아래로 가면서 가늘어지고, 제1가슴선은 아래에서 숨문을 넘지만 그 위로 보이지 않는다.

날개는 투명하고 기부가 겨우 담황색을 띠고, 전연맥은 황백색으로 깃무늬는 담갈색이고, 수컷의 뒷날개 항각은 귀 모양으로 각이 진다.

다리는 흑갈색이고, 밑마디에서 넓적마디까지 옅어진다. 뒷다리의 넓적마디는 길지 않다.

배는 윗부분이 검은색, 정중선에 붙은 각 마디에 황록색 무늬가 이어진다. 수컷은 황록색 무늬는 거의 칼 모양이고, 암컷 쪽이 폭 넓다. 제8, 9배마디 양옆에 황갈색 무늬가 있으며, 제10배마디는 대부분 황갈색을 띤다.

수컷의 배 끝 부속기는 황갈색을 띠고, 위부속기는 길어서 제9배마디와 같은 길이이고, 끝은 안쪽으로 직각으로 구부러진다. 아래부속기는 위부속기의 1/3로, 둘로 나뉘고, 나란하며, 위로 구부러진다. 암컷의 배끝털은 황갈색이고, 짧아서 제10배마디와 같은 길이이다.』

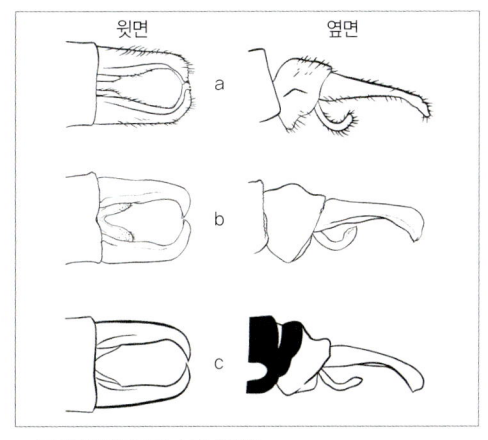

▲ 고려측범잠자리의 수컷 생식기
(a. 조복성(1958), b. Asahina (1989b), c. 경기도 연천의 표본)

Doi가 이 신종을 기재한 이후, 추가 기록이 더 이상 없다. 다만 고려측범잠자리를 이 종으로 잘못 해석한 몇몇 문헌(이승모, 1996: 91; 이승모, 2001: 96; 이승모, 2006: 29; Bae와 Lee, 2002: 36)들이 있을 뿐이다.

이에 Asahina (1989)는 Doi의 기재문을 보고 중국 남부에 국한하여 분포하는 *N. brevipennis*와 닮아 보이나 같지 않고, 또 Doi의 원기재문이 모호하므로 재검토가 필요하다고 하였다. 아마 Asahina는 꼬마측범잠자리의 표본을 직접 보지 못했던 것 같으며, 1942년 Doi를 만났을 때에도 이 표본을 보지 못했던 것 같다. 현재 Doi가 기재했던 기준 표본(holotype)은 남아있지 않으며, 닮은 개체의 기록도 없다.

또 이승모(2001)는 꼬마측범잠자리(pl. 8: 6)를 고려측범잠자리로 잘못 보았고, 동시에 북방측범잠자리(pl. 8: 7)를 고려측범잠자리로 오해하였다.

현재 꼬마측범잠자리와 고려측범잠자리를 가르는 형태의 차이는 뚜렷하지 않다. 다시 말하면 꼬마측범잠자리의 실체를 모른다는 것이다.

또 꼬마측범잠자리가 멸종되었다고 하는 일부의 의견은 이승모(1996, 2001)가 꼬마측범잠자리를 채집한 기록이 확실해야 하므로 추측에 불과하다. 이승모(2001)는 꼬마측범잠자리(실제는 고려측범잠자리)의 수컷 부속기와 고려측범잠자리의 암컷 부속기를 따로 실었는데, 후자는 글쓴이 중 한 사람인 김성수가 강원도 양구군 덕곡리의 비포장 길(폭 3m)에서 1994년에 채집했던 북방측범잠자리(*Ophiogomphus obscurus*)로, 생전에 이승모 선생께 제공했던 개체이다. 따라서 우리나라에서는 모두 고려측범잠자리만 채집될 뿐이라고 결론을 내린다.

앞으로 의미 있는 발견이 있기 전까지 꼬마측범잠자리를 우리 목록에서 제외하는 것이 바람직하다. 본문의 고려측범잠자리 항을 참고하기 바란다.

독수리잠자리
Chlorogomphus brunneus Oguma, 1926

이승모(2001)가 제주도 서귀포에서 채집한 개체(채집자 불명)로 처음 기록했던 나그네종이다. 일본에서는 고유종으로 다루며, 3아종으로 나뉘는데, 우리나라와 관련이 있을 것으로 예상되는 아종은 *costalis* Asahina, 1949와 *brunneus* Oguma, 1926이다. 그 중 *costalis*는 시코쿠와 큐슈 남부에서 오키나와 조금 위의 도쿠노섬(德之島)까지 분포하고, *brunneus*는 오키나와섬 북부에만 분포한다. 이들의 암컷은 날개 색으로 구별하기 쉬우나 수컷의 구별은 곤란하다. 따라서 우리나라에서 채집한 수컷 표본이 어느 아종인지 알 수 없다. 생전의 이승모 선생은 이 표본이 제주도 민속자연사박물관에 보관된 것이라고 했는데, 이 기관에는 이 표본이 보관되어 있지 않고, 오키나와 곤충 표본이 다수 보관되어 있으며, 혹시 실수로 라벨이 잘못 붙여진 것인지 모르겠다.

북해도북방잠자리
Somatochlora japonica Matsumura, 1911

이 종은 참북방잠자리(*Somatochlora exuberata* Bartenev, 1910)와 같다. Ju (1993)가 북한의 양강도 삼지연과 북계수에서 *Somatochlora japonica* Matsumura, 1911 (작은곤봉잠자리)을 채집하여 기록했지만 그 증거를 제시하지 않았다.

현재 북해도북방잠자리(= 작은곤봉잠자리)는 참북방잠자리의 일본 북해도와 러시아 사할린 지역에 국한하여 분포하는 아종이다. 이 아종(*japonica*)은 다른 지역에서 없는 것이 당연하다. 따라서 우리 목록에서 빼는 것이 옳다(이승모, 2006). 이 오류는 아마 Ju (1993)가 참고했던 일본 자료를 단순히 인용했기 때문으로 생각한다. 또 종 *japonica*는 *exuberata*의 동종이명이라는 일부의 의견은 잘못이다.

큰진주잠자리
Leucorrhinia intermedia Bartenev, 1912

Ju (1993)는 삼지연과 무두봉, 무포에서 채집하였다고 목록만으로 기록했으나 그 표본을 확인할 수 없다. 큰진주잠자리와 진주잠자리의 차이는 크지 않아 근거가 반드시 필요하다. 물론 한반도 북부 지역에서 분포할 가능성은 있지만 실체가 나오기 전까지 우리 목록에서 제외하는 것이 바람직하다.

남방밀잠자리(남밀잠자리) 개칭
Orthetrum luzonicum (Brauer, 1868)

이승모(2006)는 제주도와 대전에서 채집한 개체로 처음 기록하였지만 발표문에는 표본 등의 증거가 없다. 이 종은 태평양에 있는 일본 남서제도에 분포하고, 중국 남부와 타이완 등 동남아시아 일대에 분포하는데, 나그네종일 가능성도 있다.

온수평고추잠자리
Sympetrum onsupyongensis Hong et Hwang, 1999

북한 학자인 홍룡태와 황성린(1998)이 양강도 온수평에서 채집한 6개체로 기재한 신종으로 알려져 있다. 기재문만 보아서는 고유의 종 특성이 보이나 그림으로만 나타내 아쉽다. 다만 *Sympetrum* 속은 구북구에 널리 분포하며, 좁은 구역에 사는 고유종은 극히 적다. 참고로 고유종이 많은 일본에서도 이 속의 고유종은 1종(*Sympetrum maculatum* Oguma, 1915) 뿐이다.

보천보고추잠자리
Sympetrum pochonboensis Ri et Hong, 2001

북한 학자인 리수영·홍룡태(1998)가 양강도 보천군 온수평에서 채집한 4개체로 기재한 신종으로 알려져 있다. 기재문만 보아서는 알 수 없는 의문종이다.

점박이잠자리
Tholymis tillarga (Fabricius, 1798)

이승모(2002)는 제주도에서 채집하여 처음 보고한 나그네종이다. 일본 남부의 섬과 타이완, 중국 남부에서 아프리카까지, 필리핀에서 호주까지 나뉘어 분포한다.

만주고추잠자리
Sympetrum vulgatum (Linnnaeus, 1758)

Doi (1932)가 서울의 삼성산(현재: 경기 안양시 만안구 석수동)에서 채집한 개체로 기록한 것이 유일하고, 조복성(1958)이 이를 인용하였다. 하지만 Doi의 표본을 직접 보았던 Asahina (1990a)가 의문을 품고 대륙고추잠자리

▲ 점박이잠자리 수컷(중국 해남도, 2010. 10. 25)

의 동종이명으로 정리하였는데, 이 과정을 본문에서 설명하였다. 북한의 고위도 지역이나 고도가 높은 지역에서 채집될 가능성을 배제하기 어렵다. 일본에서는 북해도에 나타나는 나그네종으로 다룬다.

먹날개잠자리
Neurothemis fluctuans (Fabricius, 1793)

이승모(2006)는 수원에서 입수한 배가 없는 개체(2. V. 1986 (Jang, H.R., 채집)로 처음 기록하였으나 표본을 제시하지 않았고, 확인할 수도 없었다. 이 종은 자바 등 동남아시아의 열대 지역에 국한하는데, 무엇보다 5월초 이른 시기에 채집했다는 것을 납득하기 어렵고, 우리나라까지 날아오기 힘들다고 생각한다. 우리 목록에 넣는 것을 보류하는 것이 옳다. 다만 해양 물류량이 많은 평택항을 통해 들어왔을 가능성을 배제하기 힘들다.

얼룩날개나비잠자리
Rhyothemis variegata (Linnaeus, 1763)

정광수·이종은(2018)이 제주도 표본으로 처음 기록한 나그네종이다. 인도에서 일본 오키나와 등지의 섬까지 분포하는데, 날개 무늬와 색의 변이가 심하다. 분포 면에서 볼 때 우리나라까지 비래할 가능성이 높지 않다고 본다.

부록

Appendix

잠자리의 한살이

기후변화 모니터링에
알맞은 잠자리

잠자리의 보호

생김새 설명

용어 해설

부록 잠자리의 한살이

잠자리는 여느 곤충보다 애벌레와 어른벌레의 생태 특징이 뚜렷하게 달라지며, 출현 시기와 기간, 먹이사냥, 짝짓기, 월동 방법 등의 세부 특징도 다양하다. 아마 잠자리가 다양한 환경에서 살기 때문으로 보인다. 이런 서식 환경의 차이를 알려는 노력(Lee et al., 2018)이 국내에서 일부 있었지만 아직도 덜 파악된 분야이다. 또 각 종의 생태를 이해할 한살이 연구가 거의 없는 실정이기도 하다. 이에 비록 단편이지만 그동안 야외에서 관찰한 한살이 과정들을 엮어 소개해 본다.

알

알은 0.48mm×0.23mm(꼬마잠자리)부터 0.7mm×0.6mm(장수잠자리)까지 크기가 다양하다. 생김새는 암컷의 산란관과 관련이 깊어서 산란관이 바늘 같은 실잠자리아목과 옛잠자리, 왕잠자리류는 조금 휘고 길쭉한 원통 모양이고, 이 외는 공 또는 타원 모양이다.

개미허리왕잠자리

어리측범잠자리

〈잠자리 알〉

알은 반투명하여 속의 배아가 내비치고, 낳은 후 유백색 또는 옅게 노랗다가 곧 짙어지는데, 종에 따라 꽤 짙은 색을 띠기도 한다. 겉은 끈적끈적하여 물속의 여러 물질에 잘 달라붙는다. 알의 발생은 종에 따라 곧바로 진행되기도 하나 알로 월동하는 종들은 긴 휴면기를 가진다. 또 건기에 발생을 멈추었다가 우기가 될 때 진행되는 종도 있다.

애벌레와 날개돋이

애벌레는 물을 흡입해 생긴 압력으로 머리부터 뚫고 나온다(Corbet, 1999). 처음에는 움직이지 못하며, 얇은 막으로 덮인 새우 모양의 '앞애벌레(prolarva)' 상태이다. 이후 몇 초 또는 몇 분 만에 막을 벗고 1령 애벌레가 된다. 1령애벌레는 난황(노른자)이 들어있어 며칠 먹지 않

부화 중인 애벌레

밤에 잠을 자는 먹줄왕잠자리 애벌레

〈잠자리 애벌레〉

고 지낼 수 있지만 사냥이 시작되면서 차츰 외부에서 영양을 섭취하게 된다. 애벌레는 물에서 산소를 얻는데, 실잠자리아목은 배 끝에 3개의 아가미로, 잠자리아목은 꼬리아가미가 변형된 부속기로 얻는다.

앞애벌레의 기간을 빼면 애벌레는 종에 따라 9~14회 허물을 벗는다. 이 기간이 짧게 40일 정도지만 바닥에 은신하는 장수잠자리 애벌레의 경우 3~4년이나 걸린다. 또 계곡과 강의 돌이나 모래 밑에 숨는 종의 애벌레는 2년 정도 걸린다. 반면 아시아실잠자리와 북방아시아실잠자리 등은 한해에 여러 세대가 이어지기도 한다.

애벌레의 사냥은 낮에 은신하다가 밤에 이루어진다. 강력한 턱으로 수서곤충을 공격하는데, 꽤 큰 올챙이도 잡아먹는다. 때때로 먹잇감이 부족해지는 건기에 아무 것도 먹지 않은 채 지내는 끈질김도 있다.

다 자란 애벌레는 호흡(물→공기)의 전환 과정이 꼭 필요하다. 그 시간은 2, 3일에서 일주일 정도 걸리나 개미허리왕잠자리는 약 2주가 걸린다. 동시에 날개가슴의 근육이 커지면서 날개돋이를 준비한다.

드디어 애벌레가 뭍으로 나와 풀과 돌 등의 지지대를 찾아다니면서 날개돋이가 시작된다. 이때, 날개주머니가 부풀고, 숨문을 통한 공기 호흡으로 바꾸면서 날개돋이의 과정을 짧게 마친다.

만약 천적들이 공격하거나, 비바람 등 때문에 지지대에서 떨어지거나, 드물지만 또 다른 애벌레가 자신을 지지대로 삼기라도 한다면 공들인 날개돋이는 물거품이 되고 만다.

고려측범잠자리　　　자루측범잠자리　　　고추잠자리　　　노란측범잠자리

〈잘못된 날개돋이〉

날개돋이의 모습에는 물구나무형과 곧선형이 있다. 물구나무형(hanging type)은 왕잠자리과와 장수잠자리과, 청동잠자리과, 잠자리과 등에서, 곧선형(upright type)은 실잠자리과와 측범잠자리과에서 관찰된다.

〈먹줄왕잠자리의 날개돋이 과정(hanging type)〉

곧선형(upright type)의 과정은 지지대에 오른 애벌레의 가슴 위가 갈라지면 상반신이 먼저 나오고 한참 쉰 후, 나머지 몸을 빼는데, 이때 서 있는 자세가 된다. 이후 체액으로 배와 날개를 늘린다.

물구나무형(hanging type)의 과정은 지지대에 오른 후 조금 쉬다가 몸을 길게 늘여 압력을 높이면 애벌레의 머리와 가슴 사이가 찢겨진다. 껍질에서 머리와 가슴을 뺀 후 뒤로 젖혀 머리를 아래로 향하게 하는데, 꼭 물구나무 모습이다. 이후 몸통이 한껏 부풀어지면서 한 순간에 몸을 일으켜 다리로 껍질을 잡고 배를 꺼낸다. 이때 체액으로 날개가 펴지고, 배가 길고 곧게 펴지면 미숙한 어른벌레가 된다.

〈호리측범잠자리의 날개돋이 과정(upright type)〉

곧선형과 물구나무형의 중간 모습은 물잠자리과에서 보인다. 이 과는 물구나무형처럼 지지대에 매달리나 상반신을 뒤로 젖히지 않고, 곧선형처럼 처음 자세를 유지한 채 나머지 배를 뺀다.

보통 곧선형은 물구나무형보다 날개돋이 하는데 걸리는 시간이 빠른 편이다. 이는 천적을 피하려는 고도의 전략처럼 보인다. 즉 물구나무형은 밤에 하며, 이때 천적이 적어서인지 대체로 느린 편이고, 곧선형은 낮 동안의 여러 천적을 피하기 위해 빠르게 날개돋이 한다.

날개돋이가 갓 끝나면 몸과 날개를 떨면서 날 준비를 한다. 날기 전, 앞다리로 머리를 어루만지면서 두어 번 머리를 돌리는 습성이 있다. 이때 큰 잠자리들은 높게 날아오른다.

성숙, 먹이사냥, 수컷의 점유행동, 비행

날개돋이 이후, 날개와 몸이 굳어질 시간이 필요하여 먹이사냥을 못한다. 이때를 포함한 일정 기간 생식력을 갖추지 못해 미숙기(teneral or prereproductive stage)라 한다. 미숙 개체는 유약하고, 색이 옅으며, 행동이 더디다. 오로지 먹이사냥에만 매달린다. 이때는 물가를 떠나 숲 또는 그 주변의 풀밭에 머무르며, 바람이 덜 한 곳에서 살아간다. 일부 종은 아예 숲 안에서 살아간다.

미숙 기간은 종에 따라 천차만별이다. 아시아실잠자리는 몇 일만에, 참별박이왕잠자리는 수컷이 20여 일, 암컷이 30여 일 만에 성숙하며, 고추잠자리는 수개월이 지나야 비로소 성숙해진다. 짧은 기간에 사는 종들은 먼저 수컷이 성숙하기 때문에 날개돋이는 암컷 쪽이 빠른 편이다. 한편 어른벌레 상태로 월동하는 묵은실잠자리 따위는 이듬해 봄이 되어야 성숙해진다.

미숙

중간

성숙

〈가시측범잠자리의 성숙 과정〉

미숙과 성숙의 시기를 거치면서 정도의 차이가 있지만 몸 색의 차이가 생기게 된다. 보통 수컷은 몸 색의 변화가 심한 편이지만 암컷은 덜하거나 가끔 수컷과 거의 같아지기도 한다. 실잠자리아목은 대부분 수컷이 더 달라지지만 오히려 암컷이 더 변화하는 종들이 있으며, 아시아실잠자리와 끝빨간실잠자리가 이에 속한다. 그러므로 암컷의 몸 색이 수컷과 다른 딴색형과 거의 같은 한색형이 생기게 된다.

딴색형   한색형

〈참별박이왕잠자리의 딴색형, 한색형〉

마침내 성숙해지면 암수는 다른 행동을 하게 된다. 암컷은 자신의 자손이 생존하기에 유리한 물가를 찾는 일이 주요 임무가 된다. 어김없이 이런 장소에는 수컷끼리 경쟁하게 된다. 특히 노란허리잠자리의 수컷은 물가에서 높게 날면서, 흰 배를 돋보이도록 하여 경쟁자들을 따돌리는 동시에 암컷을 독점하려고 애쓴다. 이런 수컷들의 세력 순위는 일정하지 않고, 시간에 따라 변하며, 같은 장소를 여러 수컷과 공유하기도 한다. 이미 세력권을 선점한 수컷은 크기에 관계없이 우위에 선다. 이와 다르게 고추잠자리속의 일부 종들은 물가와 떨어진 곳에서 미리 짝짓기하고, 이후 물가로 날아온다.

가끔 다른 수컷을 암컷으로 오인하거나 심지어 다른 종의 암컷과도 짝짓기를 시도할 때도 있다. 이 때문에 종간 교잡이 이루어지며, 잡종 개체가 생기기도 한다. 이런 잡종 개체는 생식 능력이 없다. 특히 고추잠자리속에서 이런 예가 많다.

대륙고추잠자리×큰노란고추잠자리   고추잠자리×두점배고추잠자리   긴꼬리고추잠자리×두점배고추잠자리

흰얼굴고추잠자리×두점박이고추잠자리   깃동고추잠자리×큰노란고추잠자리   작은고추잠자리×두점배고추잠자리

고추잠자리×깃동고추잠자리   긴꼬리고추잠자리×고추잠자리   하나고추잠자리×노란고추잠자리

〈다양한 종간 교배〉

한편, 언저리잠자리와 왕잠자리, 먹줄왕잠자리 등은 못 둘레를 일정하게 날아다니는 것을 볼 수 있다. 이는 영역을 지키고 먹이사냥을 나서기 위해서이다. 이런 선회 비행(circular flight)을 하는 수컷의 영역의 크기는 대체로 몸

크기와 비례한다.

별박이왕잠자리와 잘록허리왕잠자리, 노란배측범잠자리 등의 수컷은 제자리날기(hovering flight)를 하면서 영역을 지킨다. 한편 별박이왕잠자리와 노란배측범잠자리의 암컷은 알 낳을 자리를 물색하거나 천적을 확인하기 위해 제자리날기를 한다.

잠자리의 날개는 길고 얇아 공기 저항력이 적다. 그러다보니 대부분 빼어난 비행 선수이다. 앞으로 빠르게 날 수 있으며, 드물게 실잠자리와 측범잠자리류, 긴무늬왕잠자리 등은 뒤로 천천히 날기도 한다. 때때로 날다가 방향을 급하게 바꿀 수 있는데, 머리는 늘 진행 방향이고, 몸은 땅바닥과 수평을 이룬다. 앞날개와 뒷날개는 날 때 정교하게 위 아래로 교차시킨다.

이밖에 암수가 서로 이어진 채로 알을 낳는 '산란 비행'도 있고, 부채장수측범잠자리와 된장잠자리처럼 짝짓기를 유지한 '짝짓기 비행'도 있다.

잠자리는 날면서 먹잇감이나 천적을 파악해야 하므로 겹눈이 크다. 따라서 날면서도 나비와 파리, 벌, 모기 따위를 잡을 수 있다.

특이한 사냥술을 보유한 잠자리로는 실잠자리아목과 긴무늬왕잠자리가 있다. 이들은 날지 않는 곤

〈어리측범잠자리의 제자리날기〉

〈참별박이왕잠자리의 날개로 배 털기〉

하늘별박이왕잠자리

밑노란북방잠자리

〈날면서 회전하기〉

부채측범잠자리

넉점박이잠자리

〈짝짓기비행〉

깃동고추잠자리

부채측범잠자리

〈배 들기〉

충이나 거미를 사냥할 수 있다. 또 개미허리왕잠자리와 도깨비왕잠자리, 잘록허리왕잠자리 등은 한낮에 숲 그늘에서 쉬다가 해질 무렵 거의 어두워질 때까지 모기 등 작은 곤충을 무리지어 사냥하는데, 이때 생식활동도 병행한다.

잠자리는 쉴 새 없이 날다가도 에너지를 아끼기 위해 가끔 앉는다. 왕잠자리와 된장잠자리처럼 비교적 큰 종들은 오롯이 쉬기 위해 앉지만 작은 종들은 쉼터로도 사냥터로도 활용한다. 앉을 때, 햇빛이 강해지면 머리를 햇빛과 다른 방향으로 틀거나 배를 꼿꼿이 치켜세워 몸이 달궈지는 것을 피한다. 또 나무와 풀에 매달리거나 땅바닥과 바위에 앉기도 한다. 특히 매달릴 경우 천적을 빨리 피하기 위해 지지대를 꽉 움켜지지 않고, 언제든 날 수 있

도록 걸치듯 앉는다. 비가 내리거나 기온이 낮으면 잘 날지 않는다.

앉아있을 때에는 몸과 날개에 묻은 물이나 거미줄 등을 다리와 날개로 떨어내는 깔끔함도 있다.

짝짓기와 알 낳기

잠자리가 짝을 찾아 짝짓기 하는 모습은 두 가지로 나뉜다. 실잠자리아목은 암컷의 머리와 앞가슴 사이에 부속기를 끼워 붙잡아 짝짓기 하고, 잠자리아목은 암컷의 뒷머리에 연결하여 짝짓기 한다. 이렇게 요란스럽게 짝짓기 하는 모습은 수컷의 정자가 제9배마디에서 나오지만 암컷의 생식기에 직접 전달할 수 없기 때문이다. 그래서 수컷은 제2배마디 아래에 정자의 저장 공간(부생식기)을 마련하고, 짝짓기 전에 미리 제9배마디에서 제2배마디로 정자를 옮겨 놓는다(Sperm translocation). 짝짓기가 이루어지면 수컷이 머리를 붙잡는 동안 암컷이 자신의 배 끝의 생식기를 수컷

〈자실잠자리 암컷에 수컷의 부속기를 끼운 모습〉

의 이 부생식기에 결합시켜 정자를 받는다. 이런 모습은 동그랗게 말린 고리처럼 보이며, 실잠자리의 경우 몸이 길고 가늘기 때문에 거의 하트 모양을 이룬다.

짝짓기 시간은 종에 따라 일정하지 않다. 붉은배잠자리와 넉점박이잠자리는 겨우 몇 초 만에, 일부 고추잠자리속은 수 분에서 수십 분, 긴무늬왕잠자리처럼 1시간 이상 걸리기도 한다.

〈새노란실잠자리의 짝짓기 과정〉

수컷의 구애는 처절하지만 늘 성공하지는 못한다. 수컷끼리의 경쟁이 심하기도 하지만 때때로 암컷이 거부하기 때문이다. 수컷의 경쟁은 짝짓기 중인 쌍에게 다른 수컷이 더 연결하여 수컷-수컷-암컷의 모양새가 될 정도이다.

짝짓기 후, 암컷은 다양한 방법을 통해 알을 낳는다. 왕잠자리와 깃동잠자리 등은 암수가 이어진 채로, 부채장수측범잠자리와 어리부채장수측범잠자리의 암컷은 수컷의 경호 아래에서 낳는다. 아시아실잠자리와 측범잠자리류 등은 암컷 홀로 물가를 날아다니면서 낳는다.

큰등줄실잠자리

산측범잠자리

긴무늬왕잠자리

긴꼬리고추잠자리

〈알 낳기〉

알 낳는 행동은 암컷의 산란 기관의 구조와 관련이 깊다(Tillyard, 1917). 먼저 식물 조직에 낳느냐, 그렇지 않느

냐이다. 식물 조직에 낳는 종류는 산란관이 길고 바늘 모양으로 발달하여 조직을 파내고 그 속에 길쭉한 모양의 알을 집어넣는다. 반면 물 위에 낳는 종류는 둥그런 모양의 알을 물 위에 떨어뜨린다. 다음으로 날면서 낳느냐 앉아서 낳느냐이다. 날면서 낳는 큰밀잠자리와 중간밀잠자리, 고추잠자리는 배 끝을 물에 튕기고, 고려측범잠자리와 노란측범잠자리, 들깃동잠자리 등은 물 위 또는 못 주변의 풀 위에 알을 떨어뜨린다. 반면 황줄왕잠자리는 산란관이 길어서 못 주변의 흙과 이끼에 꽂아 알을 낳는다. 왕잠자리와 실잠자리류, 물잠자리류 등은 수생식물 줄기와 부유물을 산란관으로 찢어 낳고, 황줄왕잠자리와 잘록허리왕잠자리, 큰긴무늬왕잠자리는 못 주변의 풀, 진흙, 이끼 등에 앉아 산란관을 꽂아 낳는다.

자루측범잠자리

북방측범잠자리

언저리잠자리

〈알 모으기〉

　이밖에 언저리잠자리와 일부 측범잠자리류는 풀이나 돌 위에 앉아 배 끝 산란판에 먼저 알을 낳아 모은 후 한꺼번에 물에 풀기도 한다. 밑노란북방잠자리는 배 끝에 물을 묻히고, 잠시 제자리날기 하면서 알을 여러 개 낳아 모은 후, 물가의 이끼와 풀 위에서 뿌린다. 한편 노란허리잠자리는 수컷의 경호 아래 암컷이 나뭇가지 등의 부유물에 알을 묻히듯 낳고, 어리밀잠자리는 물에 잠긴 물풀 위에 낳는다.
　보통 알을 하나씩 낳으나 특이하게 부채측범잠자리와 어리부채측범잠자리는 수백에서 1,000여 개의 알을 거미줄처럼 이어진 것처럼 낳기도 한다.

죽음

　잠자리는 곤충 중에서 제왕의 위치에 있지만 손쉽게 천적에게 포식되거나 사고로 생을 마감하기도 한다. 주요 천적은 새와 개구리, 거미, 파리매, 사마귀 등이 있다. 드물게 잠자리끼리 포식하는데, 큰 쪽이 작은 쪽을 잡아먹는다.

거미줄에 걸린 큰무늬왕잠자리

고추잠자리를 잡은 하늘별박이왕잠자리

〈잠자리의 죽음〉

　또 수컷보다 암컷이 오래 사는 편이다. 수많은 알을 낳아야 하기 때문인 것으로 보인다.
　요즘에는 서식지 파괴, 환경오염, 교통사고 등 사람이 만든 골칫거리 때문에 잠자리가 천수를 누리지 못하고 있다.

부록 기후변화 모니터링에 알맞은 잠자리

최근 동식물에 영향을 주는 기온이 빠른 속도로 상승하고 있다. 잠자리는 연 발생 횟수와 계절 적응, 몸 색 등 생리적, 생태적으로 온도 변화의 영향을 크게 받는다(Hassall과 Thompson, 2008). 따라서 그 원인에 상관없이 온도가 잠자리에 미치는 영향을 실험하는 것도 자연스런 일이다.

유럽에서는 기온 변화와 잠자리의 관계를 활발하게 연구하고 있다. 그 중에서도 특히 잠자리 애호가들의 네트워크는 지난 몇 년 동안 확대되고, 그들의 모니터링의 결과를 기후 변화의 유용한 척도로 활용하고 있다(Termaat et al., 2019).

그들이 노력한 결과를 보면 다음을 알 수 있다. 현재 유럽에서는 지중해에 분포했던 종들이 유럽 중부와 북부로 확대되었고, 일부 아프리카의 종들도 유럽 남부로 넓혀졌으며, 유럽 북부에서는 남부의 많은 종들이 퍼지게 되었다. 어찌 보면 생물 다양성의 증가로 볼 수 있지만 장기적으로 고산과 추운 지역에 사는 종들의 감소도 예상할 수 있다(Ott, 2010b). 특히 네덜란드에서는 1980년대에 희귀했던 6종(*Lestes barbarus*와 *Erythromma lindenii*, *Aeshna anis*, *Crocothemis erytraea*, *Orthetrum brunneum*, *Sympetrum fonscolombii*)의 남방계 종들이 현재 많아졌다고 한다(Termaat et al., 2010). 이처럼 유럽에서는 잠자리가 확산한다는 사실이 실제로 증명되고 있다(Ott, 2010b).

궁극적으로 이런 연구가 보호와 보전 전략을 구사하기 위해서 장기간의 모니터링 자료가 꼭 필요하다는 것을 보여준다. 동시에 유럽에서의 광범위한 데이터 수집과 모니터링 체계, 그 예측을 우리의 본보기로 삼을 수 있을 것이다.

우리나라는 현재 어떤 상황일까?

한 마디로 잠자리를 기후변화의 영향과 관련지어서 연구한 예는 아직 없다. 다만 나비를 활용한 예는 있다(Kwon과 Lee, Kim, 2014). 나비는 수명 주기가 짧아 환경 변화에 빠르게 대응한다. 제한된 확산 능력, 먹이식물의 특성화, 날씨와 기후에 대한 의존도가 높다. 또한 모든 대륙에서 보이므로 서식지의 지표 역할을 할 가능성이 높다. 나비의 연구가 잘 되어 있고, 쉽게 동정할 수 있으며, 생태 정보가 많은 부분도 장점이다. 하지만 특정 식물에 대한 의존성이 높아(Kwon et al., 2010), 분포 범위가 넓어져도 먹이식물에 대한 반응의 한계는 상존한다.

잠자리는 나비보다 모니터링 대상으로 더 이상적이라고 본다. 특히 육식을 하므로 식물 의존성이 낮아 기후변화의 지표성이 더 강하다. 잠자리도 각 종의 생태가 잘 알려져 있고, 종의 구별이 쉽기 때문에 기후 지표생물로 거의 완벽하다(Ott, 2010b). 또한 잠자리는 기원이 오래 되었을 뿐 아니라 열대 지방부터 북극 지방까지 서식지로 활용할 수 있는 적응성과 급격한 기후 변화에 석응하는데도 탁월하다.

이 때문에 잠자리를 대상으로 온난화 영향에 대한 여러 가정을 한 후 이를 얼마든지 증명할 수 있을 것으로 보인다(Pritchard와 Leggott, 1987). 뭐니 뭐니 해도 우리나라에서 종의 수가 나비의 1/3 정도라 조사자 능력의 편차가 줄어든다.

기후변화의 지표로 잠자리를 활용할 이유를 다음처럼 정리할 수 있다(Hassall과 Thompson, 2008). 1) 열대 지방에서 기원했기 때문에 각 종마다 온도에 따른 분포의 한계가 다르다. 2) 계절형이 있다. 3) 지역에 따라 종 풍부도가 달라지고, 샘플링 등을 포함한 현장 조사가 다양해진다. 4) 생태학과 행동, 분포 등의 연구의 역사가 오래 되었다. 5) 잠자리 애호가들의 기록은 물론 여러 학자들의 표본 자료가 많다.

그렇다면 모니터링을 통해서 기후변화의 어떤 내용을 파악해야 할까?

가장 쉬운 접근 방식은 남방계 종의 북쪽으로의 확산과 북방계 종의 쇠퇴를 찾는데 있다. 쇠퇴하는 북방계의 종에 대해 우리나라에서 노란고추잠자리 등이 있으나 정량적으로 알려지지 않았다. 반면 확산하는 남방계의 뚜렷한 예는 붉은배잠자리와 된장잠자리가 알려져 있으나 아쉽게 정량 자료는 없으나 오래된 증언들은 많다. 생전 이승모 선생에 따르면, 그의 어린 시절 평양에서 붉은배잠자리를 전혀 볼 수 없었다고 하였다. 아마 당시는 지금보다 추웠기 때문일 것이다. 유럽에서도 북쪽으로 확산한 남방계 종의 예로 붉은배잠자리의 근연종[Scarlet Darter,

Crocothemis erythraea (Brulle, 1832)]을 든다(Ott, 2010b). 지중해에 분포하는 종으로 여겼다가 30년 전부터 드물게 유럽 북부의 나그네종이 되었다. 이후 독일 남부에서 정착하였고(Ott, 1988, 1996), 2009년에는 덴마크까지 확장되었으며, 고도가 높은 지역에서도 관찰되었다(Ott, 2001, 2007, 2010a). 확산의 이유가 온도의 상승과 관계 깊어 보이며, 유럽에서 마침내 하나의 추세로 인정받고 있다.

한편 된장잠자리는 오래전부터 우리나라에서 볼 수 있었으며, 가을에 개체수가 월등히 많아진다. 잠자리 중 가장 널리 퍼져 있다(Russell et al., 1998; Hobson et al., 2012). 글쓴이 중 한 사람인 김종문은 2017년에 강원도 고성에서 4월초에 1개체를, 김성수는 2019년 제주도 서귀포에서 3월말에서 4월초에 수백 개체를 관찰한 적이 있다. 이는 이 종이 강원도와 제주도에서 발생한다기보다 아열대 지방에서 날아온 것으로 보는 것이 더 타당하다. 아마 월동하지 못하고 해마다 남쪽에서 날아와 확산하는 것으로 생각된다. Troast et al. (2016)에 따르면 한반도의 된장잠자리의 유전자 특성이 여러 다른 개체군의 특징이 있음을 알아냈다. 이 사실은 여러 시기와 경로를 통해 날아온다는 것을 암시한다.

따라서 기온이 잠자리에게 미치는 영향을 다음과 같이 요약할 수 있다(Ott 2001; Hickling et al., 2005, 2006; Dingemanse와 Kalkman 2008; Hassel과 Thompson, 2008).

1) 확산의 경향이 더 두드러질 것이다.
2) 남방계 종이 더 북쪽으로, 더 높은 고도에서도 번식이 가능해질 것이다.
3) 종 구성의 변화가 생길 것이다.
4) 첫 날개돋이의 시기가 더 빨라질 것이다.
5) 애벌레의 발달 과정이 빨라져서 연 발생횟수가 증가할 것이다.

우리나라 기후변화 지표종의 설정과 문제점

환경부에서는 기후변화에 대응한 정책을 위해 '기후변화 생물지표종(CBIS: Climate-sensitive Biological Indicator Species)'을 정하였다. 기후 때문에 분포 지역과 개체군 크기가 달라졌거나 달라질 것으로 예상되는 종을 말하며, 관리가 필요하다고 보았다. 2010년에 처음 100종을 정했는데, 그 중 잠자리는 3종(연분홍실잠자리, 남색이마잠자리, 푸른아시아실잠자리)을 포함한 곤충이 21종이 들어 있다. 북방아시아실잠자리, 두점배고추잠자리, 대륙고추잠자리가 후보종에 올라있다.

지정 기준은 두 분야로 각각 5가지씩이다.

학술 조건	1) 분류와 생태가 잘 알려진 종	2) 분포 지역이 뚜렷한 종	3) 서식지 특성이 확실한 종
	4) 독립한 여러 개체군을 가지는 종	5) 기후 변화에 관한 연구 결과가 있는 종	
경제성/용이성	1) 관찰하기 쉬운 종	2) 출현기가 긴 종	3) 개체수가 많은 종
	4) 조사에 비용이 덜 드는 종	5) 사회, 경제, 문화 측면에서 의미가 있는 종	

이 기준은 잠자리로 좁힐 때, 기후지표종을 정하는데, 너무 포괄적이어서 구체성이 떨어진다. 경제성 또는 용이성 부분을 빼고라도 각 종에게 기온 변화에 대한 기초 자료가 있어야 하는데, 실제 전무하다. 만약 기후변화에 민감한 종을 잘 선정하면 할수록 기후변화의 판단이 쉬워지며, 학술 면에서나 경제성 측면이 탁월해진다. 따라서 다음의 3가지 기준을 추가하거나 잠자리의 세부 규정으로 삼기를 제언한다.

첫째, 한반도 안에서 특히 남한에서 분포의 한계선을 가진 종일수록 좋다. 남방 한계가 뚜렷한 북방계 종 또는 북방 한계가 뚜렷한 남방계 종으로 모니터링을 계속한다면 이 한계선의 이동만으로 기후 변화가 일어나는지를 실측할 수 있게 된다.

둘째, 이동 능력이 뚜렷할수록 유리하다.

셋째, 새로 이입되는 남방계 종의 추이와 그들의 한반도에서의 정착 과정을 파악한다.

모니터링 대상 종에 대한 제언

　잠자리로 기후와 환경의 변화를 살피려면 '어떤 대상으로 어떻게 모니터링을 해야 하는가'를 먼저 고민해야 한다. 잠자리의 이주를 단기간 또는 좁은 지역에서의 조사로는 알 수 없기에 긴 기간 그리고 넓은 지역에서 조사가 필수적이다(Aoki, 1997). 동시에 육상과 수중에서 모니터링 할 수 있다면 충실한 자료가 될 것이다(Termaat et al., 2019).

　먼저 환경오염의 지표종으로는 계류성인 개미허리왕잠자리와 측범잠자리류와 북방계인 삼지연북방잠자리 등을 추천한다. 반면 별박이왕잠자리처럼 강원도 높은 산지에 사는 종들은 온난화와 환경변화에 영향을 덜 받으므로 모니터링 대상으로 적합하지 않다.

　다음으로 기후변화 생물지표종으로는 북방실잠자리(*Coenagrion lanceolatum*)와 북방아시아실잠자리(*Ischnura elegans*), 푸른아시아실잠자리(*I. senegalensis*), 새노란실잠자리(*Ceriagrion auranticum*)의 4종이 알맞다. 북방실잠자리와 북방아시아실잠자리는 북방계로 남방한계선의 모니터링이 가능하고, 반면 푸른아시아실잠자리와 새노란실잠자리는 남방계로 북방한계선의 모니터링이 가능해진다.

　이미 지표종으로 선정되었거나 후보종인 연분홍실잠자리와 남색이마잠자리, 두점배고추잠자리, 대륙고추잠자리는 덜 적합하다. 그 이유는 다음과 같다.

　연분홍실잠자리는 분포 범위가 남한 전역(제주도에서 대부도, 양평, 서울 강동구까지)에 이르는 것을 확인하였다. 이 종을 통해 어떻게 기후변화가 일어나는지 예측하기 어렵다. 다만 북한의 분포 상황(분포 한계선)을 알 수 있다면 가능할지 모르겠다.

　남방계인 남색이마잠자리는 최근 6년 사이 급속히 북상한 것처럼 보이나 이는 꼬마잠자리와 된장잠자리처럼 여러 경로로 들어온 다른 개체군일 가능성 또한 배제하기 어렵다.

　두점배고추잠자리는 위도가 거의 같은 중국 쪽에서 서해안으로 들어온 것으로 추측된다. 이 종을 기후변화와 어떻게 관련지을지 난감하다. 환경부의 기후변화 기준인 뚜렷한 분포 지역을 가지는 종, 기후 변화에 관한 연구 결과가 있는 종의 항목에 어긋나며, 용이성 기준의 개체수가 많은 종에도 적합하지 않다. 최근 유럽 북부에서는 이 종의 발견을 남방계 종의 확산 증거로 삼고 있다(Termaat와 Kalkman, Bouwman, 2010). 하지만 이 사례를 우리와 같다고 해석하는 데에는 온전히 동의할 수 없다.

　북방계인 대륙고추잠자리가 남한에서 줄어드는 것이 관찰되나 이에 대한 정량적인 조사는 전무하다. 게다가 분포 한계선이 뚜렷하지 않으며, 이 종처럼 감소 추세를 보이는 종들은 여럿 있다.

부록 잠자리의 보호

잠자리는 물과 그 둘레의 환경이 변하거나 사라진다면 살 수 없게 된다. 요즈음 자연이 빠르게 훼손되면서 잠자리가 생존하기가 예전만 못하다. 이 때문인지 몰라도 잠자리들에게 애잔한 마음이 든다. 단지 사람들과 친하다는 이유로 보호 받을 존재라기보다 물 환경의 건강성을 알려주는 지표 생물로 중요하기 때문에 보호받을 만하다.

최근 일부 잠자리 종이 멸종의 위기에 처했음에도 불구하고, 우리나라에서는 잠자리를 적극 보호하려는 사회적인 시도가 없었다. 아무래도 연구하는 저변이 얕아서일 것이다. 그렇더라도 마냥 손 놓고 멸종되어가는 현실을 바라볼 수 없는 시점이 되었다.

그렇다면 어떻게 보호해야 할까?

이에는 우선순위가 있다. 가장 먼저 종 다양성을 유지시키는 데 초점을 맞춰야 한다고 생각한다. 예를 들면 세계에 80종 이상이나 있는 고추잠자리류(*Sympetrum*속) 중에서 어떤 한 종이 멸종되는 것보다 고유의 생태를 지닌 희귀종의 손실이 더 치명적이기 때문이다. 특히 지리적으로 고립되거나 세계에서 유일하게 애벌레가 물에서 떠나 지상부에서 살아가는 하와이의 실잠자리과의 *Megalagrion oahuense*라는 종처럼 한번 사라지면 지구상에서 영원히 볼 수 없게 된다.

다음으로 진화 연구에 가치가 있는 고유종의 보존을 우선시해야 한다. 이런 고유종은 우리나라에서 1종(노란배측범잠자리)뿐이지만 동남아시아와 뉴기니, 뉴칼레도니아, 마다가스카르, 중앙아프리카, 남아프리카 공화국, 열대 남아메리카 등 특별한 지역에서는 많은 고유종이 발견된다.

끝으로 가능한 한 많은 종을 보호하려는 목표를 세우고, 해당 종의 개체군 동향을 파악하는 등의 관심을 기울여야 한다. 요즈음 '큰노란고추잠자리(*Sympetrum uniforme*)'는 남한에서 그 어느 종보다 빠르게 사라지고 있다. 여러 관찰자에 따르면 2010년 이후 남한에서 희귀해지고 있다고 한다. 이런 종이 대상이 될 수 있다.

따라서 이러한 노력을 개인은 물론 환경단체와 지방자치단체, 국가가 나서야 할 때가 된 것이다.

우리의 보호종

우리나라에서는 야생생물 보호와 관리를 법률에 따라 환경부가 지정하여 보호하는 생물들이 있다. 여기에는 여러 금지와 의무사항을 달고 이를 위반하면 최대 5,000만 원까지 벌금을 물거나 7년까지 징역형을 받을 수 있다. 또한 '멸종위기종의 보호와 생존'을 위한 국가의 의무(서식지 보전, 멸종위기종 보호대책의 수립, 조사와 연구, 서식지 외 보전기관 지정, 멸종위기종의 복원사업)를 정하고 있다. 현재 시급성에 따라 멸종위기의 야생생물을 I급과 II급으로 나누고 있다.

보호종들이 처음 지정된 1989년 이래, 잠자리로는 꼬마잠자리(1998년)와 대모잠자리(2012년), 노란잔산잠자리(2012년)의 3종이 멸종위기 II급으로 지정되었다. 해마다 국립생물자원관에서는 이들에 대해 실태 조사를 하고 있다. 하지만 실제 어떻게 보호해야만 실효성이 있는지에 대한 연구는 아직 없으며, 보호를 위한 특별하고도 실질적인 행동도 없는 실정이다.

보호의 이유

전 세계에는 현재 6,200여 종의 잠자리들이 기록되어 있지만 아직도 열대우림 지역에서는 미지의 신종들이 숨겨져 있다. 아직도 지구는 깊이를 알 수 없는 잠자리의 다양한 서식 조건이 존재하기 때문이다. 따라서 지금 열대우림의 파괴 속도가 빠르다는 점이 가장 우려되고 있다. 개개의 종에 대해 최소한의 정보를 미처 알아내지도 못한 채 사라지는 것이다.

이에 법으로 채집 금지하고 있다지만 이것만으로 멸종을 막을 수 없다

〈우포늪에서 관찰한 붉은배잠자리〉

는 점이 안타깝다. 한 예로 글쓴이 중 한 사람인 김종문은 2019년 5월 24일, 노란잔산잠자리(멸종위기 2급)와 노란배측범잠자리(한국고유종)의 서식지가 심하게 훼손된 현장을 발견하고, 이에 해당 관공서와 청와대 신문고에 각각 민원을 신청하였다. 2주후 답신을 보니, 장마 때문에 어쩔 수 없는 조치였다고 하였다. 이런 조치가 법적 보호종을 사라지게 만드는 현실을 깨닫지 못하는 것 같아 실망스러웠다. 또한 꼬마잠자리 서식지가 대부분 묵논이거나 내버려둔 사유 농지로, 늘 훼손될 위험이 있다. 정부와 지자체가 직접 나서서 해당 서식지를 매입하거나, 수변생태벨트 조성사업, 생태계보전협력금반환사업 등의 정부지원 예산을 통해 보호하는 노력이 절실해 보인다.

결국 우리는 실질적이고 구체적인 종 보존 활동에 나설 때라고 생각한다. 만약 '유전자 자원의 파악' 같은 형이상학적인 연구나 경제적 이득을 위한 인간 중심의 연구가 우선시 된다면 연구도 하기 전에 이들 희귀 잠자리들이 더 빨리 사라질지 모른다. 행동이 뒤따르는 '잠자리의 보호'라는 과제는 매우 긴박하다.

생태 환경 보호의 중요성

잠자리는 물과 육지를 넘다드는 곤충이므로, 일반적으로 잠자리의 보호와 물 환경의 보호를 연결 짓는 일이 많다. 하지만 물 환경 못지않게 잠자리가 성숙하기 위한 물 주변의 생태 환경이 매우 중요하다. 잠자리에게는 날개돋이 후, 은신처와 먹이사냥의 터로 주변에 숲과 자연스런 풀밭 같은 곳이 반드시 필요하다. 산지의 숲에서는 고추잠자리류들이, 작은 곤충들이 많은 풀밭에서는 왕잠자리류가 날아가 짧게 또는 몇 개월간의 성숙기를 보내기 때문이다. 따라서 잠자리를 보호한다고 깨끗한 물 환경만 생각하다가 정작 주변의 환경 훼손 때문에 잠자리가 사라지지나 않을까 두렵다.

최근 기후변화의 여파로 물 주변의 환경은 예기치 않은 방향으로 전개되기도 한다. 그 중 극심한 가뭄과 홍수 등 강수량의 변화가 주목되고 있다. 따라서 물과 그 주변의 환경이 예전만 못해졌다고 보는 시각이 우세하다.

한편, 대부분의 종들은 이런 환경 변화에 적응하지 못해 개체수가 감소하지만 오히려 번성하는 종들도 있기 마련이다. 이런 갑작스런 변화를 대비한 연구도 급할 시점이 되었다.

잠자리 보호에 대한 영국의 사례

자연보호의 의식이 높은 영국에서 어떻게 잠자리를 보호하는 지를 살피면 우리에게 도움이 될 것이다. 우리나라에는 110종의 잠자리가 분포하지만 거의 같은 면적의 영국에서는 위도가 높은 지역이어선지 40여 종이 산다. 과거 영국은 산업화가 급속히 진행되었음에도 불구하고 정부의 보호 정책 역시 잘 수립되었다. 특히 국가의 약 6%의 면적에 해당하는 300여 개의 국립 자연보호 구역이 있으며, 그 밖의 보호구역도 구축하고 있다. 또한 여러 자연보호 단체들이 앞장서 보호 활동에 헌신하고 있다. 안타깝게도 1953년에서 1963년 사이, 거의 10년 동안 3종의 잠자리가 영국에서 멸종되었다. 그 원인으로 환경오염과 농경지 환경의 변화, 자연재해를 꼽고 있다.

한편 수세기 동안 많은 종류가 농경지가 줄거나 오염이 심각해지면서 잠자리의 생존에 적신호가 켜졌다. 이에 따라 점차 안정된 서식지가 보호구역으로 옮겨지고 일정 범위로 한정되기에 이르렀다.

영국 국토의 대부분인 농지에서의 잠자리의 보호는 농부와 상생할 수 있도록 자문단이 꾸려져 있다. 그들의 후원 아래 보호 활동과 농업이 동시에 가능하도록 농부의 인식이 바뀌었다. 이에는 영국의 잠자리 학회에서 해마다 새 정보를 알려주고, 특수한 서식 조건과 환경을 살피고 있다. 자연보호 구역이나 농경지에서 종의 수가 증가하는 결과가 따르도록 정부가 실질적인 정책을 꾀하고 있는 것이다.

따라서 영국의 경험에서 얻을 수 있는 결론은 두 가지이다. 첫째는 근대화한 농경지더라도 보호의 관점에서 경작을 하고, 정부가 환경오염을 줄이는 상응한 정책을 펴주어야 한다. 둘째는 보호 대상 지역을 정하고 모니터링 결과와 정보를 모두와 공유해주는 일이다.

세계의 잠자리 보호 실태

앞서 영국의 사례뿐 아니라 이미 대부분의 선진국에서는 잠자리의 보호를 위해 많은 노력을 하고 있다. 비록 종류는 적지만 잠자리를 좋아하는 인구가 많아서 개성 있는 연구소가 운영되고 있다. 유럽 북부의 벨기에, 프랑스, 독일, 네덜란드, 영국뿐 아니라 일본, 미국이 이에 속한다.

이웃 일본은 잠자리 보호 분야에서 적극적인데, 나비와 잠자리가 그들 문화의 중요 요소이기 때문이다. 나비 연구자가 5,000여 명이나 되고, 잠자리 연구인도 이에 못지않다. 일본은 1986년에 '잠자리의 자연보호지역'을 처음 지정하였고, 이후 보호 지역을 확대할 만큼 관심이 높다.

이와 달리 고유종이 많지만 보호의 손길이 미치지 못하는 여러 개발도상국가에서는 선진국에서의 경험과 지식을 공유하여 종 보존의 길을 찾고 있다. 이 문제만큼은 국제 사회의 공조가 큰 도움이 될 것이기 때문이다.

세계의 잠자리 연구 기관

현재 세계의 잠자리 연구는 세계잠자리협회(Worldwide Dragonfly Association, WDA)와 과학 저널인 Pantala, 뉴스지인 Agrion, Societas Internationalis Odonatologica Foundation (FSIO), 저널인 Odonatologica 등에서 하고 있다. 두 협회(WDA, FSIO)는 2년마다 나라를 바꿔가며 심포지엄을 개최하고 있다. 잠자리 전문가 그룹인 IUCN(세계자연보전 연맹)은 잠자리 보호와 관련한 포럼을 개최하고 있으며, 각 국가의 종 보호를 위한 국제 지원을 아끼지 않고 있다. 또한 잠자리를 통해 세계 생물 다양성을 유지하는 연구를 지속하고 있다.

남한에서 보호 조치가 꼭 필요한 종

남한에서 보호해야할 잠자리를 다음의 기준으로 추천한다. 이 중 산측범잠자리와 노란배측범잠자리 등은 서식지가 매우 제한되고, 개체수도 적어 조치가 시급하다.

선발 기준은 1) 서식지가 10지역 이내이고, 2) 계류성이거나 상류 하천에 살며, 그 서식지를 훼손하면 회복이 어려운 종이거나 3) 특수한 서식 환경에 적응한 종이어야 한다.

〈노란배측범잠자리의 애벌레〉

작은실잠자리 Aciagrion migratum

제주도 북제주 선흘리의 동백동산에서만 관찰된다. 어른벌레 상태로 겨울을 나는 묵은실잠자리, 가는실잠자리와 같은 생활사를 가진다. 4~9월에 볼 수 있다. 개체수가 극히 적다.

큰등줄실잠자리 Paracercion plagiosum

경기도 파주(극소수)와 부천(대규모) 외에 발견된 지역이 없다. 5월 말~9월에 보인다.

자실잠자리 Pseudocopera annulata

일본에서는 꽤 흔한 실잠자리이나 한반도에서는 충청남도 금산과 전라남도 화순 일부의 지역에서만 서식한다. 6~9월 초에 보인다.

한라별왕잠자리 Sarasaeschna pryeri

유일하게 제주도 한라산 600~1,000m의 숲 내의 계류에 애벌레가 자라는 것으로 추정된다. 7월에 보인다.

하늘별박이왕잠자리 Aeshna mixta

서해안의 4지역(서울 마포와 옥구도, 인천 대부도, 경기도 안산 일대)에서 서식한다. 최근 개체수가 급감하고 있다. 7~10

월에 보인다.

한국개미허리왕잠자리 Boyeria karubei
경기도 양평과 연천(애벌레 확인), 강원도 횡성에서 서식이 확인되었으며, 수량이 풍부한 하천 상류에 서식하나 개체수가 많지 않다. 어른벌레는 6월 말~9월 중순에 보인다.

개미허리왕잠자리 Boyeria maclachlani
경기도 양평, 충청북도 괴산, 강원도 삼척 등지에서 물 흐름이 적은 계곡에 서식하나 개체수가 많지 않다. 어른벌레는 6월 말~9월 중순에 보인다.

노란배측범잠자리 Asiagomphus coreanus
경기도 양평과 연천, 강원도 철원에서만 서식을 확인하였다. 경상남도 밀양에서는 기록이 있고 이후 발견되지 않고 있다. 한국고유종이며 하천 중류에 서식한다. 물 흐름이 있는 곳을 좋아하며 주로 저녁 시간에 산란과 짝짓기, 텃세 활동을 한다. 6월에 보인다.

고려측범잠자리 Nihonogomphus ruptus
경기도 양평과 연천, 강원도 홍천과 철원, 동강에서 서식을 확인하였다. 중류 하천의 물 흐름이 빠른 유역에 서식한다. 4월 말~7월 초에 보인다.

산측범잠자리 Asiagomphus melanopsoides
강원도 철원과 경기도 연천, 충청북도 청주, 경상남도 진주의 물 흐름이 적은 상류와 중류 하천에 서식한다. 6월에 보인다.

어리측범잠자리 Shaogomphus postocularis
경기도 양평과 연천, 강원도 홍천과 철원, 영월, 경상북도 상주, 경상남도 진주의 물 흐름이 적은 중류 하천에 서식한다. 고려측범잠자리와 서식지를 공유한다. 4~6월에 보인다.

노란잔산잠자리 Macromia daimoji
경기도 연천과 강원도 철원에서만 서식을 확인하였다. 2014년까지 낙동강에서 보였으나 4대강 사업으로 모래톱 대신 개흙으로 강바닥의 환경이 변화함에 따라 사라졌다. 하천 중류에 살며 주로 저녁 시간에 활동이 활발하다. 6~8월 초에 보인다.

홀쭉밀잠자리 Orthetrum lineostigma
서울 마포와 연천, 괴산, 영월, 안동에서 큰 강에 유입되는 지류의 물 흐름이 적고 모래와 진흙이 섞인 곳에 서식하나 그다지 개체수가 많지 않다. 5월 말~8월 초에 보인다.

큰노란고추잠자리 Sympetrum uniforme
인천 영종도와 경기도 파주에서 관찰하였다. 강이나 해안가 습지, 소류지 등 물 흐름이 적은 곳에 살고 있으나 최근 개체수가 급감하고 있다. 7~11월에 보인다.

삼지연북방잠자리 Somatochlora viridiaenea
강원도 고성의 한 장소에서만 서식하는 것을 확인하였다. 6월 중순~9월 말에 보인다.

꼬마잠자리 Nannophya koreana

경기도 무의도의 한 장소에 꾸준히 서식하고, 이따금 다른 곳에서 발견되나 묵논의 특성상 물이 마르면 사라진다. 5월 말~8월에 보인다.

지켜야 할 잠자리 서식지

1. 제주도 한경면의 용수저수지

이곳은 가뭄을 대비하여 1957년 4월 30일에 만들어졌으며, 평대지(坪垈池)와 뱅뒷물저수지, 서부저수지라고도 부른다. 제주도에서 꽤 규모가 크다. 이곳의 주요 식물로는 갈대와 마름, 기장대풀, 부들, 부처꽃, 자귀풀, 네가래, 물참새피 등이 있다. 저수지 아래에는 묵논

저수지 전경 　　　　　저수지 아래의 습지

〈제주도 용수저수지〉

이었던 작은 습지가 형성되어 있다. 현재 그 주변은 경작지인데, 폐건축 자재와 쓰레기들이 투기되어 물 생태계가 위협받고 있다. 이곳에는 큰무늬왕잠자리, 남방왕잠자리, 남색이마잠자리, 어리밀잠자리 등이 살며, 저수지 아래 습지에는 환경부 보호종인 대모잠자리가 산다.

2. 제주도 동백동산의 먼물깍

먼물깍은 제주시 조천읍 선흘리에 있는 동백동산의 대표 습지로, 환경부 습지보호지역(2010년)과 람사르보호습지구역(2011년)으로 지정되어 있다. 먼물깍이라는 이름은 마을에서 멀리 떨어져 있는 물이라는 뜻의 '먼물'과 끝이라는 뜻의 '깍'이 합쳐진 말이다. 먼물깍은 마르지 않는 습지로, 환경부 멸종위기종인 순채가 물 위에 가득하다. 작은실잠자리, 도깨비왕잠자리와 잘록허리왕잠자리, 날개잠자리, 노란실잠자리 등을 볼 수 있다.

〈제주 선흘(동백동산)의 먼물깍〉

3. 경기도 연천의 상, 중류 하천

경기도 연천 지역은 북한에서 발원한 임진강과 한탄강 등 여러 하천이 있다. 현재까지 DMZ와 가까워서 자연환경이 과거와 다름없을 뿐 아니라 개발제한 구역이기 때문에 하천의 건강성이 높다. 앞으로 북한과의 관계가 좋아지면 개발될 가능성이 높아 하천 보존에 관심을

물이 고인 쪽 　　　　　흐름이 많은 곳

〈연천 지역의 상류 풍경〉

가져야할 것이다. 이곳에는 계류성인 노란배측범잠자리와 고려측범잠자리, 어리측범잠자리 등과 환경부 보호종인 노란잔산잠자리가 산다.

4. 경기도 드림파크 수도권매립지공사의 못

경기도 부천시의 수도권매립지에 조성된 드림파크 내의 못은 큰등줄실잠자리가 우점 하는 지역이다. 반면 이곳을 빼면 주변 지역에서는 이 종이 관찰되지 않는다. 현재 수도권매립지공사에서 연못을 관리하고, 외부인의 출입을 통제하고 있기 때문에 큰등줄실잠자리의 개체수가 해마다 큰 변동이 없다.

〈수생식물이 가득한 서식지〉

5. 충청북도 미동산수목원

충청북도 청주시에 위치한 미동산수목원에는 인공천이 조성되어 있는데, 이곳에 산측범잠자리와 밑노란잠자리, 참북방잠자리, 백두산북방잠자리 등이 서식하고 있다. 원래 계곡이 있었으나 건기에 마르거나 수량이 일정치 않아 저수용으로 큰 못 2개를 만들어 수량을 관리하고 있다. 상류 계곡에는 늘 물이 흘러 이들의 서식지로 안성맞춤이다. 특히 희귀종 산측범잠자리가 많은 편이다.

〈작은 시내로 이루어진 서식지〉

6. 인천시 무의도 하나개의 호룡곡산 습지

인천시 무의도 하나개해수욕장에서 가까운 호룡곡산의 1/3 높이의 숲에는 남한에서 꼬마잠자리가 가장 많이 사는 작은 습지가 있다. 건기와 상관없이 샘이 있어서 늘 물이 고이고 골풀이 자라 꼬마잠자리에게 최적의 서식 환경이 되고 있다. 또 서식지를 훼손하지 않고 관찰할 수 있도록 나무난간이 설치되어 있다. 장수잠자리도 같은 장소에서 산다.

〈얕은 물이 유지되는 서식지〉

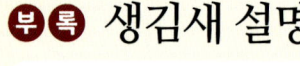

부록: 생김새 설명

※종에 따른 특별한 구조이거나 감춰진 구조는 붉은 글씨로 번호를 표시하였다.

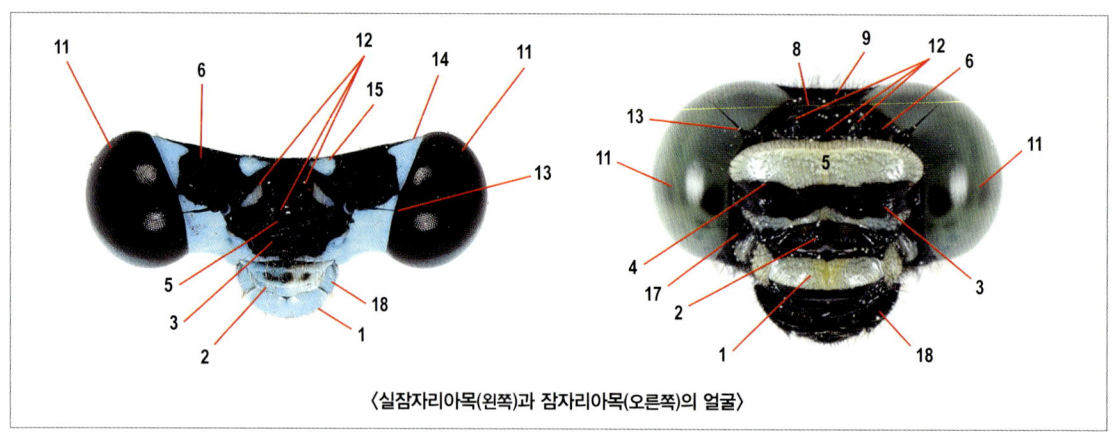

〈실잠자리아목(왼쪽)과 잠자리아목(오른쪽)의 얼굴〉

〈잠자리아목의 옆면도(♂ 왼쪽, ♀ 오른쪽)〉

머리

번호	한글명	영문명
1	윗입술	labrum
2	앞이마방패	anteclypeus
3	뒷이마방패	postclypeus
4	이마방패꿰맴선	clypeofrontal suture
5	앞이마	antefrons
6	뒷이마	postfrons (=vertex)
7	이마혹	ocular tubercle
8	뒷이마물림선	postfrontal suture
9	뒷머리, 뒷머리 삼각부	occiput, occipital triangle
10	뒷머리구멍	occipital foramen
11	겹눈	compound eye (=oculus)
12	홑눈	ocellus
13	더듬이	antenna
14	눈뒷무늬(안후문)	postocular spot
15	뒷머리줄	occipital stripe
16	이마위줄	basifrontal stripe
17	뺨	gena
18	큰턱	mandible
19	앞니	incisor
20	아랫입술옆조각	lateral lobe of labium
21	아랫입술조각	median lobe of labium
22	작은턱	maxilla
23	눈썹	
24	뒷머리구멍테두리	ridge of postocciput

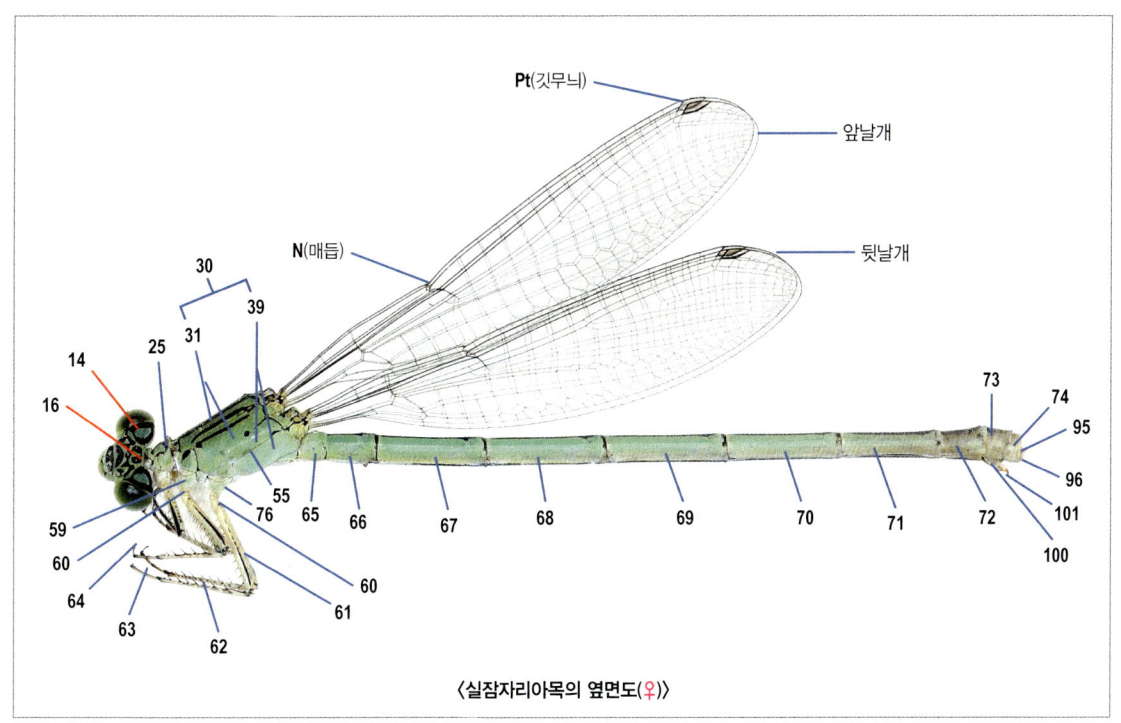

〈실잠자리아목의 옆면도(♀)〉

가슴		
25	앞가슴	prothorax
26	앞가슴등앞조각	anterior lobe of prothorax
27	앞가슴등조각	median lobe of prothorax
28	앞가슴등뒷조각	posterior lobe of prothorax
29	앞가슴옆판	proepisternum
30	날개가슴	pterothorax
31	가운뎃가슴	mesothorax
32	가운뎃가슴옆판	mesepisternum
33	가운뎃가슴아래판	mesinfraepisternum
34	가운뎃가슴뒷옆판	mesepimeron
35	가운뎃가슴앞옆판	mesoprescutum
36	가운뎃가슴옆판	mesoscutum
37	가운뎃가슴작은방패판	mesoscutellum
38	가운뎃가슴뒷등판	mesopostscutum
39	뒷가슴	metathorax
40	뒷가슴앞옆판	metepisternum
41	뒷가슴앞아래옆판	metinfraepisternum
42	뒷가슴뒷옆판	metepimeron
43	뒷가슴뒷옆판뒷조각	metapostepimeron
44	뒷가슴뒷배판	metapoststernum
45	뒷가슴앞등판	metaprescutum
46	뒷가슴중앙배판	metascutum
47	뒷가슴작은방패판	metascutellum
48	뒷가슴뒷등판	metapostscutum
49	날개앞융기	antealar ridge
50	등줄기선(=정중선)	dorsal carina
51	등깃줄	collar stripe
52	날개가슴앞줄	anterior stripe
53	어깨줄(전견조)	antehumeral stripe
54	어깨꿰맴선, 어깨물림선(견봉선)	humeral suture
55	제1꿰맴선(=제1측봉선)	1st lateral suture
56	제2꿰맴선(=제2측봉선)	2nd lateral suture
57	가운뎃가슴숨문(기문)	mesostigma
58	뒷가슴숨문(기문)	metastigma

다리		
59	밑마디	coxa
60	도래마디	trochanter
61	넓적(다리)마디	femur
62	종아리마디	tibia
63	발톱마디	tarsus
64	발톱	claw

〈실잠자리아목의 부속기(♂ 왼쪽, ♀ 오른쪽)〉

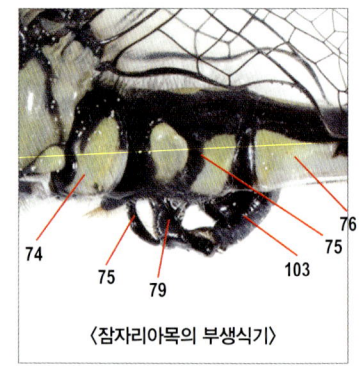

〈잠자리아목의 부생식기〉

〈잠자리아목의 수컷 부속기(a: 윗면, b: 옆면, c: 아랫면)와 암컷 부속기(d: 아랫면, e: 아랫면)〉

배

65	제1배마디	1st abdominal segment
⋮	⋮	⋮
74	제10배마디	10th abdominal segment
75	생식앞조각	lamina anterior
76	말발굽형조각	lamina batiliformis
77	생식앞갈고리	hamulus anterioris
78	앞생식틀	anterior frame
79	생식뒷갈고리	hamulus posterioris
80	뒷생식틀	posterior frame
81	실잠자리아목 음경제1마디	1st segment of zygopterous pennis
82	정자주머니	base of pennis
83	실잠자리아목 음경제2마디	2nd segment of zygopterous pennis
84	실잠자리아목 음경제3마디	3rd segment of zygopterous pennis
85		processus liguloideus
86	중앙돌기	ligula
87	잠자리아목 음경제1마디	1st segment of ansiopterous pennis
88	잠자리아목 음경제2마디	2nd segment of ansiopterous pennis
89	잠자리아목 음경제3마디	3rd segment of ansiopterous pennis
90	귀모양돌기	auricle
91	가운뎃선줄	middorsal stripe
92	고리무늬	annular marking
93	위부속기	superior appendage
94	아래부속기	inferior appendage
95	배끝털(미모)	cercus
96	항문윗판	epiproct
97	항문옆판	paraproct
98	산란관배조각	ventral valvula
99	산란관안조각	inner valvula
100	산란관옆조각	lateral valvula
101	산란관소돌기	stylus
102	생식판	valvula vulvae
103	제9배마디배판	sternite 9

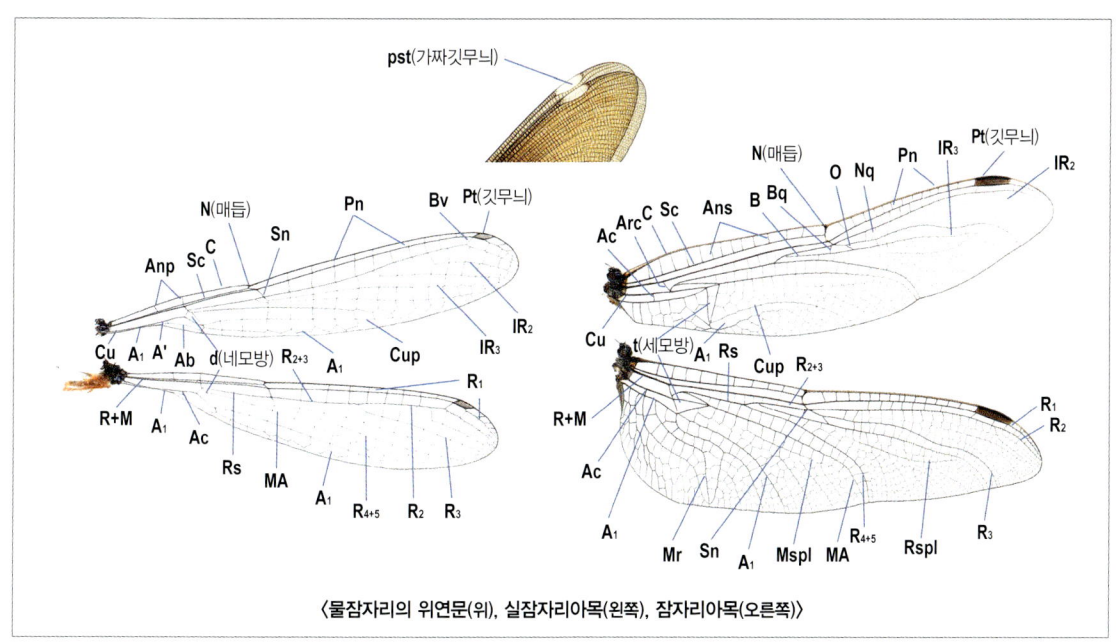

〈물잠자리의 위연문(위), 실잠자리아목(왼쪽), 잠자리아목(오른쪽)〉

날개

A'	제2차항횡맥	recurrent anal
A₁	제1항맥	1st anal
Aa	항각	anal angle
Ab	항교맥	anal bridge
Ac	항횡맥	anal crossing
al	항고리방	anal loop
Anp	제1차매듭앞횡맥	primary antenodal
Ans	제2차매듭앞횡맥	secondary antenodal
Arc	활맥	arculus
at	항세모방	anal triangle
B	교맥	bridge
Bq	교횡맥	
Bv	가무늬지지맥	pterostigmal brace vein
C	전연맥	costa
c	전연방	costal space
Cu	주맥	cubitus
cu	주맥방	cubital space
CuP	주맥뒷가지	posterior cubitus
df	중실부	discoidal field
IR₂	제2끼움맥	intercalay R2
IR₃	제3끼움맥	intercalay R3
MA	중맥축	midrib
Mspl	중보강맥	median supplement
N	매듭(=결절)	nodus
Nq	매듭부기운맥	nodal oblique vein
O	기운맥	oblique vein
Pn	매듭뒤횡맥	postnodal
pst	가짜가무늬	pseudostigma
pt	가무늬(=연문)	pterostigma
d	네모방	discoidal
R	경맥	radius
R₁	제1경맥	1st radius
R₂	제2경맥	2nd radius
R₃	제3경맥	3rd radius
R₂₊₃	제2, 3경맥	2nd+3rd radius
R₄₊₅	제4, 5경맥	4rd+5th radius
R+M	경맥+중맥	radius+media
r+m	중실	median space
Rs	경분맥	radian sector
Rspl	경보강맥	radial supplement
Sc	아전연맥	subcosta
sc	아전연방	subcostal space
Sn	딸린매듭	subnodus
spt	윗세모방	supertriangle
st	딸린세모방	subtriangle
t	세모방	triangle

부록 용어 해설

경호비행 수컷은 암컷이 알을 낳을 동안 다른 수컷이 다가와 짝짓기 하지 못하게 위에서 지키는데, 이때 공중에서 제자리날기를 한다.

곧선형[직립형(直立型)] 날개돋이 할 때 상반신이 먼저 나온 후 한참 쉬고 다시 나머지 몸을 빼는데, 이때 서 있는 자세가 된다.

기재(記載, description), 기재하다 새로운 생물을 발견하거나 잘못 분류한 종, 속, 과 등 분류 단위의 특징을 분류학으로 설명하는 글을 일컫는다. 생물학의 문장을 쓰는 전문적인 행위이다. 일반화한 글을 쓰는 것은 아니다. 군더더기나 추상적인 내용보다 간결하고 구체적으로 쓴다.

기준표본(type specimen, holotype) 종을 기재할 당시 또는 기준표본이 없어 그 후에 정할 때에 기준이 되는 표본을 말한다.

나그네종(비래종, migrant) 바람 등 자연 현상으로 한반도 이외의 지역에서 날아오는 종들을 말한다. 우리나라에서 일시적으로 알을 낳고 서식할 수 있으나 대부분 겨울을 넘기지 못하고 죽는다. 최근 들어온 '남색이마잠자리'처럼 월동이 가능해지는데, 이런 경우 정착종이 된다.

날개가슴(翅胸) 가운데가슴과 뒷가슴이 합쳐진 부분으로, 날개와 가운뎃다리, 뒷다리가 달리는 부분이다. 앞가슴은 따로 떨어지며, 앞다리가 붙어 있다.

동정(同正, Identification) 자료를 활용하여 종을 확인하는 과정으로, 계통과 진화 면으로 확인하는 분류(Classification)와 다른 단순한 작업이다. 잘못 동정하면 오동정(misidentification)이라고 한다.

딴색형(이색형) 암컷의 몸 색이 수컷과 전혀 딴 색을 띠는 경우이다. 이색형이라면 다른 색인지 2가지 색인지 헷갈린다.

멸종(滅種, extinction) 현재 특정 생물이 사라진 경우를 말한다.

무자격 이름(nomen nudum) 분류군의 형질의 기재와 정의가 잘못된 경우를 말한다.

물구나무형[도수형(倒垂型)] 식물 줄기를 잡고 날개돋이 하는 종류가 쉴 때에 바닥을 향해 거꾸로 매달리는 자세를 말한다.

분류군(taxon) 분류학의 단위로 종, 속, 과, 목, 강, 문, 계의 단계가 있다.

산란관 왕잠자리과의 암컷에서 제9배마디 아래에 있는 송곳처럼 뾰족한 구조물로 식물조직에 상처를 내어 속에 알을 낳는다.

산란판 잠자리과와 측범잠자리과 등의 암컷에서 제9배마디 아래에 있는 편평한 판 모양의 구조물로 진흙에 알을 낳도록 되어 있다.

성숙, 미숙 잠자리가 갓 날개돋이 하면 몸의 색과 무늬가 뚜렷하지 않지만 먹이를 먹고 힘을 얻으면 뚜렷해진다. 이를 구별할 경우 쓰인다.

원기재(orginal description) 한 분류군을 창설하는 첫 기재를 말한다.

아종(subspecies) 하나의 종 안에서 지리적으로 구분되고, 형태적으로 구분이 가능한 개개의 집단을 말한다. 아종들 사이는 생식적으로 격리되어 있지 않아 자손을 만들 수 있으며, 대를 잇는다. 현재 한반도 내에서 지역을 달리하여 특별히 아종으로 분화한 종은 거의 없다.

제자리날기(Hovering) 일부 종의 수컷은 하늘에 떠 있듯 제자리에서 난다. 주변을 살피며 다른 수컷이 다가오지 못하게 하는 텃세의 일종이다. 먹이를 사냥하려는 것은 아니다.

종(species) 생물의 기본 단위로, 서로 짝짓기가 가능한 자연계의 개체군이며, 다른 개체군과 생식으로 격리되어 있다.

치환종(대치종) 분류학 해석의 하나로, 닮은 종들이 지역에 따라 달리 분포하는 경우이다. 즉, 과거 섬과 대륙이 이어져 있을 때 같은 종이었다가 서로 분리된 후, 각각 다른 진화 경로를 거쳐 다른 종으로 분화한 경우이다.

텃세행동 수컷이 암컷과 짝짓기 할 목적으로 다른 수컷을 쫓거나 특정한 장소를 차지하는 습성이다.

한색형(동색형) 암컷 중에는 수컷의 몸 색과 닮은 색을 띠기도 한다. 이를 표현할 때 쓰는데, 엄밀히 말하면 같은 색이라기보다 닮은 색이라고 표현하는 게 옳은 것 같다. 동색형이라면 같은 색인지 구릿빛인지 헷갈린다.

형질(Character) 분류에 쓰이는 생물의 형태 특징을 말한다.

물 환경과 관계된 용어

박해철 등(2008)에 따랐으며, 이밖에 계곡물(계류, 골물)과 하천, 강, 염습지를 추가하였다.

1. 고인 물(still water, stationary water)

둠벙 움푹 파여 물이 괴어 있는 곳

1) 웅덩이(물을 쓰기 위해 파 놓은 곳)
2) 못(1m 정도의 깊이의 오목하게 물이 괸 곳으로 연꽃이 있으면 연못이 된다.)
3) 늪(우포늪처럼 못보다 큰 넓이로, 침수식물이 무성한 곳), 소류지(물의 저장과 조정을 하는 곳으로 행정기관에서 부르는 늪)
4) 방죽(물이 밀려오는 것을 대비한 둑으로, 묵히면 못이 된다.)
5) 자연 호수(백두산 천지처럼 자연스레 생긴 호소)
6) 저수지(농사 등을 위해 물을 가둔 곳)
7) 댐(발전 등의 목적으로 강이나 바닷물을 막기 위해 쌓은 둑)

습지

1) 묵논(오래 내버려 두어 거칠어진 논 등이 시간이 지나면서 생긴 곳)
2) 사구 습지(사구 저지에 형성된 호소)
3) 샘 습지(물이 천천히 나와 주변이 축축한 곳)
4) 고산 습지(높은 산에 위치한 습지로, 북한 양강도 백암군 지역처럼 이탄층이 발달한 곳)
5) 염습지(조석에 따라 바닷물이 드나들어 소금기가 있는 축축하고 습한 땅. 거머리말, 해조류 따위의 염생식물이 산다.)

2. 흐르는 물(running water, moving water)

상류 하천의 물줄기가 시작되는 원류, 즉 최초의 지류로, 1차수계라고도 한다. 바닥은 고운 미립자 퇴적물과 낙엽 또는 바위, 큰 자갈 등으로 이루어진다. **시내**(골짜기나 평지에서 흐르는 작은 내), **개천**(개골창, 물이 흘러 나가도록 길게 판 내), **내**(시내보다는 크지만 강보다는 작은 물줄기), **개울**(골짜기와 들에 흐르는 작은 물줄기), **여울**(강이나 바다의 바닥이 얕거나 폭이 좁아 물살이 세게 흐르는 곳) 등이 있다.

중류 상류의 1차 수계끼리 합쳐 만들어진 하천으로, 큰 자갈, 바위, 모래 등이 바닥을 이룬다.

하류 중류의 2차 수계끼리 합쳐 만들어진 하천으로, 바닷물과 만나는 곳을 하구라고 한다. 모래, 진흙 등이 바닥을 이룬다.

식물과 관계된 용어

부엽식물(floating leaved plant) 뿌리는 땅속에 박고 잎이 물 위에 떠서 자라는 가래, 연꽃, 수련 따위의 식물

부유식물(floating plants) 뿌리는 고정되지 않은 채 물속 또는 물 위에 떠다니는 개구리밥과 생이가래 따위의 식물

추수식물(emergent plant) 물가에 자라며 뿌리나 줄기 아래가 물속에 잠기는 갈대, 부들, 미나리 따위의 식물

침수식물(submerged plant) 영양기관이 물속에 잠기는 거머리말과 검정말 따위의 식물

참고문헌

Allen, D., L. Davies and P. Tobin, 1984. The dragonfly of the world: A systematic list of the extant species of Odonata. Vol. 1. Zygoptera and Anisozygoptera. Soc. Intern. Odonatol., Rapid Comm. (Suppl.) 3. Univ. Utrecht.

Aoki, T., 1997. Northward expansion of *Ictinogomphus pertinax* (Selys) in eastern Shikoku and western Kinki districts, Japan (Anisoptera: Gomphidae). Odonatologica 26: 121-133.

Asahina, S., 1939. 朝鮮半島の蜻蛉相 (1). Kontyu 13 (5/6): 192-198.

Asahina, S., 1942. 滿洲の蜻蛉. Kontyu 16 (2): 67-82.

Asahina, S., 1949. Odonata from Shansi province (North China). Mushi 20 (2): 27-36.

Asahina, S., 1956a. A new *Gomphus* from Manchuria (Odonata, Gomphidae). Kontyu 24: 155-156.

Asahina, S., 1956b. Dragonflies from West Tien-Mu-Shan, Central China. Ent. Medd. XXVII: 204-228.

Asahina, S., 1961a. Contributions of the knowledge of the Odonata fauna of central China. Tombo 4 (1/2): 1-17.

Asahina, S., 1962. *Anax nigrofasciatus* Oguma and *Anax nigrolineatus* Fraser (Odonata: Aeschnidae). Jap. J. Zool. 13 (2): 249-255.

Asahina, S., 1965. 原色日本昆虫大図鑑. vol. 3, pp. 6-40.

Asahina, S., 1970. The Odonata of Tsushima. Mem. Nat. Sci. Mus. Tokyo 3: 211-224.

Asahina, S., 1978. Notes Chinese Odonata, 7. Further studies on the Graham Collection preserved in the U.S. National Museum of Natural History, suborder Anisoptera. Kontyū 46 (2): 234-252.

Asahina, S., 1979. Notes on Chinese Odonata XI. On two North Chinese Gomphids, with special reference to Palaearctic *Ophiogomphus* species. Tombo 22 (1/4): 2-12.

Asahina, S., 1982. The larval stage of the Himalayan *Neallogaster hermionae* (Fraser) (Anisoptera: Cordulegastridae). Odonatologica 11: 309-315.

Asahina, S., 1984a. Some biological puzzles regarding aka-tombo, *Sympetrum frequens* (Anisoptera, Libellulidae) of Japan. Advanceces in Odonatology II, pp. 1-11.

Asahina, S., 1984b. カトリアンマとヒマラヤカトリヤンマ(*Gynacantha japonica* and *G. incisura*). New Ent. 33 (1): 1-12.

Asahina, S., 1985. A revisional study of Japanese and East Asiatic "*Gomphus*" species with description of *Asiagomphus* gen. nov. Gekkan-Mushi 169: 6-17.

Asahina, S., 1992. Mortonagrion hirosei discovered from Hong Kong. Tombo 35: 10.

Bae, Y.J., 2011. Insect fauna of Korea. damselflies. Flora and Fauna of Korea Series. 4 (1). 72pp. National Institute of Biological Resources, Ministry of Environment, Korea.

Bae, Y.J., J.H. Yum, D.G. Kim, K.I. Suh and J.H. Kang, 2020. *Nannophya koreana* sp. nov. (Odonata: Libellulidae): A new dragonfly species previously recognized in Korea as the endangered pygmy dragonfly *Nannophya pygmaea* Rambur. Journal of Species Research 9(1): 1-10.

Boudot, J.-P., 2010. *Somatochlora metallica*. The IUCN red list of threatened species 2010: e.T158705A5267703. Downloaded on 25 April 2018.

Carle, F.L., 1986. The classification, Phylogeny and biogeography of the Gomphidae (Anisoptera). 1. Cliassification. Odonalologica 15 (3): 275-326.

Carle, F.L., 2012. A new Epiophlebia (Odonata: Epiophlebioidea) from China with a review of epiophlebian taxonomy, life history, and biogeography. Arthropod Systematics & Phylogeny 70 (2): 75-83.

Carle, F.L., K.M. Kjer and M.L. May, 2008. Evolution of Odonata, with special reference to Coenagrionoidea (Zygoptera). -Arthropod Systematics & Phylogeny 66 (1): 37-44.

Carle, F.L., K.M. Kjer and M.L. May, 2015. A molecular phylogeny and classification of Anisoptera (Odonata) -Arthropod Systematics & Phylogeny 73 (2). https://www.researchgate.net/publication/282686399

Chao, H.-F. [Zhao, X.], 1990. The gomphid dragonflies of China (Odonata: Gomphidae). The Science and Technology Publishing House, Fuzhou, China. (In Chinese, English summary and keys)

Chao, H.-F., 1984a. Reclassification of Chinese gomphid dragonflies, with the establishment of a new subfamily and the descriptions of a new genus and species (Anisoptera: Gomphidae). Odonatologica 13 (1): 71-80.

Chao, H.-F., 1984b. Reclassification of Chinese gomphid dragonflies with the establishment of a new subfamily and the description of a new genus and species (Anisoptera: Gomphidae). Odonatologica 13 (2): 233-236.

Chao, H.-F., 1990. The gomphid dragonflies of China (Odonata: Gomphidae). Science and Technology Publ. House Fuzhou, Fujian, China.

Cho, P.S., 1969. Illustrated encyclopedia of fauna and flora of Korea. Insecta (II) Ministry of Education 10: 817-917.

Corbet, P.S., 1999. Dragonflies behavior and ecology of odonata. Comstock Publishing Associates & Cornell University Press pp. 44-72.

Dennis R.P., N. Minakawa and R.I. Gara, 1998. Recent collections of Odonata from the Kuril Islands. Species Diversity 3: 75-80.

Dijkstra, K.-D. B., V.J. Kalkman, R.A. Dow, F.R. Stokvis, J. van Tol, 2013. "Redefining the damselfly families: a comprehensive molecular phylogeny of Zygoptera (Odonata)". Systematic Entomology 39 (1): 68-96. doi:10.1111/syen.12035.

Dingemanse, N.J. and V.J. Kalkman, 2008. Changing temperature regimes have advanced the phenology of Odonata in the Netherlands. Ecological Entomology 33: 399-402.

Dumont, H.J., 2004. Distinguishing between the East Asiatic representatives of Paracercion Weekers and Dumont (Zygoptera: Coenagrionidae). Odonatologica 33 (4): 361-370.

Dumont, H.J., A.Yu. Haritonov, O.E. Kosterin, E.I. Malikova and O. Popova, 2005. Review of the Odonata of Kamchatka Peninsula, Russia. Odonatologica 34 (2): 131-153.

Dumont, H.J., Vanfleteren, J. R., De Jonckheere, J. F., and P.H. Weekers, 2005. Phylogenetic relationships, divergence time estimation, and global biogeographic patterns of calopterygoid damselflies (Odonata, Zygoptera) inferred from ribosomal DNA sequences. Systematic Biology, 54 (3): 347-362.

Eda, S., 1986. A record of Odonata from Pyongyang, Korea, with description of a new subspecies of *Epophthalmia elegans*. Tombo 29 (3, 4): 60-65. (In Japanese)

Fiebig, J., 1993. Dreijährige ornithologische studien in Nordkorea, 1. Allgemeiner Teil und Non-Passeriformes. Mitteilungen aus dem Zoologischen Museum Berlin 69, Supplement: Annalen für Ornithologie 17: 93-146.

Fiebig, J., 1995. Dreijährige ornithologische studien in Nordkorea, Nachtrag zum 1. Teil und 2. Teil Passeriformes. Mitteilungen aus dem Zoologischen Museum Berlin 71, Supplement: Annalen für Ornithologie 19: 43-99.

Fleck, G., J. Li, M. Schorr, A. Nel, X. Zhang, L. Lin and M. Gao, 2013. *Epiophlebia sinensis* Li & Nel 2011 in Li et al. (2012) (Odonata) newly recorded in North Korea. International Dragonfly Fund Report 61: 1-4.

Fraser F.C., 1957. A reclassification of the order Odonata. Royal Zool. Soc. New South Wales. Handbook. 133pp. E.J. Miller & co., Sydney.

Futahashi, R. and A. Sasamoto, 2012. Revision of the Japanese species of the genus *Rhipidolestes* (Megapodagrionidae) based on nuclear and mitochondrial gene genealogies, eith a special reference of Kyushu-Yakushima population and Taiwan-Yaeyama population. Tombo 54: 107-122.

Grassman, D., 2005. The Phylogeny of Southeast Asian and Indo-Pacific Calicnemiinae (Odonata, Platycnemididae). Bonner zoologische Beiträge 53(1/2): 37–80.

Haku, K., 1937. A list of insects collected from North Keisho-do. Korea (No. II). J. Chosen Nat. Hist. Soc. 22: 70-74. (in Japanese).

Hamada, K. and K. Inoue, 1985. The dragonflies of Japan in color. 1: 364pp, 2: 112pls. Kodansha, Tokyo. (In Japanese)

Hämäläinen, M., 2014. *Atrocalopteryx auco* spec. nov. from Vietnam, with taxonomic notes on its congeners (Odonata: Calopterygidae). Zootaxa, 3793 (5): 561-572.

Haritonov, A.Yu. and I.N. Haritonova, 1982. Larva of *Gomphus epophthalmus* Selys (Odonata, Insecta). New little-known Spec, siber. Fauna 16: 20-22. (Russian with English summary)

Hasegawa, E. and E. Kasuya, 2006. Phylogenetic analysis of the insect order Odonata using 28S and 16S rDNA sequences: a comparison between data sets with different evolutionary rates. Entomological Science 9: 55-66.

Hassall, C. and D.J. Thompson, 2008. The impacts of environmental warming on Odonata: a review. International Journal of Odonatology 11: 131-153.

Hickling, R., D.B. Roy, J.K. Hill and C.D. Thomas, 2005. A northward shift of range in British Odonata. Global Change Biology 11: 1-5.

Hickling, R., D.B. Roy, J.K. Hill, R. Fox and C.D. Thomas, 2006. The distributions of a wide range of taxonomic groups are expanding polewards. Global Change Biology 12: 450-455.

Higashi K., C.E. Lee, H. Kayano and A. Kayano, 2001. Korea Strait delimiting distribution of distinct karyomorphs of *Crocothemis servilia* (Drury) (Anisoptera: Libellulidae). Odonatologica 30: 265-270.

Higashi, K. and H. Kayano, 1993. The distribution of distincy karyomorphs of *Crocothemis servilia* Drury (Anisoptera, Libellulidae) in Kyushu and the South-western Islands of Japan. Jpn. J. Ent., 61: 1-10.

Hobson, K.A., R.C. Anderson, D.X. Soto and L.I. Wassenaar, 2012. Isotopic evidence that dragonflies (*Pantala flavescens*) migrating through the Maldives come from the northern Indian subcontinent. PLOS One. 7: e52594. doi: 10.1371/journal.pone. 0052594 PMID: 23285106.

Ichikawa, S., 1906. Insects from the Is. Saishu-to. Hakubutsu no Tomo 6 (33): 183-186. (In Japanese)

Ishida, S., 1969. Insects' life in Japan. Vol. 2. Dragonflies. Hoikusha Publ., Japan. pp. 31-72, pl. 1-13.

Jodicke, R., P. Langhoff and B. Misof, 2004. The species-group taxa in the holarctic genus *Cordulia*: a study in nomenclature and genetic differentiation (Odonata: Corduliidae). Ini. J. Odonatol. 7: 37-52.

Johansson, F., P. Halvarsson, D.J. Mikolajewski and J. Hööglund, 2017. Genetic differentiation in the boreal dragonfly *Leucorrhinia dubia* in the Palearctic region. Biological Journal of the Linnean Society 121: 294-304.

Ju, D.R., 1993. Biota of Mt. Baekdusan. Section Animal. pp. 250-262. Science and Tecnology Press, Pyeongyang. (In Korean)

Jung, K.S., J.W. Jang and J.E. Lee, 2011. First record of the genus *Brachydiplax* (Odonata: Libellulidae) from Korea. The Entomological Society of Korea Program and Abstract. 30p.

Kamijo, N., 1933. On a collection of insects from North Keisho-Do, Korea (II). J. Chosen Nat. Hist. Soc. 15: 46-63. (In Japanese)

Kamijo, N., 1937. 木浦近傍の趨光性昆虫調査 (2). J. Chosen N. H. Soc. 22: 65-69. (In Japanese)

Karube, H. and Yeh, W.C., 2001. *Sarasaeschna* gen. nov., with descriptions of female *S. minuta* (Asahina) and male penile structures of *Linaeschna* (Anisoptera: Aeshnidae). Tombo 43: 1-8.

Karube, H., 2012. True genetic identity of *Onychogomphus viridicostus* (Oguma, 1926) (Odonata: Gomphidae). Tombo 54: 123-126.

Karube, H., R. Hutahashi, A, Sasamoto and I. Kawashima, 2012. Taxonomic revision of Japanese odonate species, based on nuclear and mitochondrial gene genealogies and morphological comparison with allied species. Part I. Tombo, 54: 75-106.

Kato, M., 1935. 朝鮮の昆虫 (color plate). Ent. World, Tokyo 3(15): pl. 99.

Kiauta, B., 1983. The status of the Japanese *Crocothemis servilia* (Drury) as revealed by karyotypic morphology (Anisoptera: Libellulidae). Odonatologica, 12: 381-388.

Kim, D.G., J.W. Yum, T.J. Yoon and Y.J. Bae, 2010. Life history of an endangered dragonfly, *Nannophya pygmaea* Rambur, in Korea (Anisoptera: Libellulidae). Odonatologica 39 (1): 39-46.

Kim, M.J., K.S. Jung, N.S. Park, X. Wani, K.-G. Kim, J.M. Jun, T.J. Yoon, Y.J. Bae, S.M. Lee and I.S. Kim, 2014. Molecular phylogeny of the higher taxa of Odonata (Insecta) inferred from COI, 16S rRNA, 28S rRNA, and EF1- sequences. Entomological Research 44: 65-79.

Kim, S.S., 2009. *Oligoaeschna pryeri* (Martin) (Odonata, Aeschnidae) and *Somatochlora graeseri aureola* Oguma (Odonata, Corduliidae), new to Korea from Jeju island. J. Lepid. Soc. Korea 19: 35-37. (In Korean)

Kinoshita, S. and S. Asahina, 1937. Order Odonata, Insects of Jehol III. 1-40, 2pls.

Kobayashi, T., 1941. The dragonflies (Odonata) of Kansai district. 1. Anisoptera. Trans. Kansai Ent. Soc. 11 (1): 25-48. (In Japanese)

Kohli, M.K., G. Sahlén, W.R. Kuhn and J.L. Ware, 2018. Extremely low genetic diversity in a circumpolar dragonfly species, *Somatochlora sahlbergi* (Insecta: Odonata: Anisoptera). Sceintific report :15114 | DOI:10.1038/s41598-018-32365-7.

Kosterin, O.E. and V.V. Zaika, 2010. Odonata of Tuva, Russia, International Journal of Odonatology 13 (2): 277-328.

Kosterin, O.E., 2002. Odonata of the Daurskiy state nature reserve area, Transbaikalia, Russia. Odonatologica 33 (1): 41-71.

Kosterin, O.E., 2005. Western range limits and isolates of eastern odonate species in Siberia and their putative origins. Odonatologica 34 (3): 219-242.

Kosterin, O.E., A.Yu. Haritonov and K. Inoue, 2001. Dragonflies of the part of Novosibirsk province east of the Ob' River, Russia. Sympetrum Hyogo 7/8: 24-49.

Kwon, T.S., C.M. Lee and S.S. Kim, 2014. Northward range shifts in Korean butterflies. Climatic Change 126: 163-174. DOI 10.1007/s10584-014-1212-2.

Kwon, T.S., S.S. Kim, J.H Chun, B.K. Byun, J.H. Lim and J.H. Shin, 2010. Changes in butterfly abundance in response to global warming and reforestation. Envionmental Entomology 39 (2): 337-345.

Lacroix, J.L., 1920 (1921). Notes sur Quelques Névroptères. Ann. Soc. Linn. Lyon 67: 45-59.

Lee, D.Y., D.-S. Lee, M.-J. Bae, S.-J. Hwang, S.-Y. Noh, J.-S. Moo and Y.-S. Park, 2018. Distribution Patterns of Odonate Assemblages in Relation to Environmental Variables in Streams of South Korea. Insects 2018, 9, 152; doi:10.3390/insects9040152.

Lee, M.C., 1985. One unrecorded species of the genus *Sympetrum* Newman from Korea. Korean Arachnol. 1 (1): 27-28.

Lee, S.M., 1984. Dragonflies of Is. Jejudo. Bull. Ent. Lab. Note Sci. Mus. Seoul. 2. (In Korean)

Lee, S.M., 2002. Notes on the Dragonflies of Korean Peninsula. J. Korean Biota 7: 295-297. (In Korean)

Lelej, A.S. and S.Yu. Storozhenko, 2010. Insect taxonomic diversity in the Russian Far East. Entomological Review 90 (2): 372-386. (In Russian)

Li, H. and H.J. Zhang, 2018. Taxonomic notes on the dragonfly genus *Somatochlora* Selys, 1871 from China (Odonata: Anisoptera: Corduliidae). Mun. Ent. Zool. 13 (2): 401-405.

Li, J.K., A. Nel, X. Zhang, G. Fleck, M. Gao, L. Lin and J. Zhou, 2012. A third species of the relict family Epiophlebiidae discovered in China (Odonata: Epiproctophora). Systematic Entomology 37 (2): 408-412.

Lieftinck, M.A., 1929. A revision of the known Malasian dragonflies of the genus *Macrotnia* Rambur, with comparative notes on species from neighbouring countries and descriptions of new species, Tijds. v. Ent. 72: 59-108.

Lieftinck, M.A., 1964. Synonymic notes on East Asiatic Gomphidae with description of two new species (Odonata). Zool. Meded. 39: 89-110.

Lieftinck, M.A., 1966. A survey of the dragonfly fauna of Morocco (Odonata). Bulletin d'Institut Royal des Sciences Naturelles de Belgique 42: 1-63.

Low, V.L., M. Sofian-Azirun and Y. Norma-Rashid. 2016. Playing hide-and-seek with the tiny dragonfly: DNA barcoding discriminates multiple lineages of *Nannophya pygmaea* in Asia. Journal of Insect Conservation 20: 339-343.

Malikova, E.I. and O.E. Kosterin, 2019. Check-list of Odonata of the Russian Federation. Odonatologica 48(1/2): 49-78.

Malikova, E.I. and P.Yu. Ivanov, 2001. Fauna dragonfly (Insecta, Odonata) Primorski kri. V. Y. Levanidov's Biennial Memorial Meetings pp. 131-143. (In Russian)

Malikova, E.I. and P.Yu. Ivanov, 2003. The larva of *Shaogomphus schmidti* (Asahina, 1956) (Anisoptera: Gomphidae). Odonatologica 32 (2): 165-169.

Malikova, E.I., 2006. Synonymy of *Somatochlora japonica* Matsumura, 1911 and *S. exuberata* Bartenev, 1911, with the priority of the former. Abstracts of Papers of XVII International Symposium of Odonatology, Hong Kong, p. 33.

Martin, R., 1906. Collections Zoologiques du Baron Edm. de Selys Longchamps, Fasc. 17, Cordulines.

Martin, R., 1914. Genera Insectorum, Odonata, Libellulidae, Corduliinae.

Martin, S. and P. Dennis, 2018. World list of Odonata. University of Puget Sound. last revision 14 February 2018.

Masaki, J., 1936. 朝鮮沿岸諸島嶼に於ける昆虫相に就いて(第1報). Kontyu 10 (5): 251-274. (In Japanese)

Medvedev, A.F., O.E. Kosterin, E.I. Malokova and W. Schneider, 2013. Description date of *Somatochlora exuberata* Bartenev, *Leucorrhinia intermedia* Bartenev and *Sympetrum vulgatum grandis* Bartenev, The fate of A.N. Bartenev's type specimens and designation of the Lectotype of *L. intermedia* (Anisoptera: Corduliidae, Libellulidae). Odonatologica 42 (3): 211-228.

Miyahara, J., 1942. 本邦新記録の*Gomphus*屬の一種どその一新變種に就いて. Ins. World 536: 125.

Miyakawa, K., 1983. Description of the larva of *Catopteryx japonica* Selys in comparison with *C. virgo* (L.) and *C. atrata* Selys Iarvae (Odonata, Calopterygidae). Proc. Jap. Soc. syst. Zoot., Tokyo 26: 25-34.

Miyazaki, T., 1986. On a small collection of Odonata from South Korea. Tombo 29 (3/4). 67-69.

Needham, J.G., 1930. A manual of the dragonflies of China. A monographic study of the Chinese Odonata. [Zoologia Sinica, Series A. Invertebrates of China, Volume XI, Fascicle 1.] The Fan Memorial Institute of Biology, Peiping, 345 (20 pls. incl.)+11 pp.

Obana, S., 1972. ~~Stylurus annulatus~~ (Djakonov) in Korea. Tombo 15 (1/4): 21. (In Japanese)

Oguma, K., 1915. 日本産蜻蛉科目録. Ent. Mag. Kyoto 1: 5-14.

Oguma, K., 1922. The Japanese dragonfly fauna of the family Libellulidae. Deutsch. Ent. Zeitschr. 1922: 96-112, 1 pl.

Oguma, K., 1932. 蜻蛉目, 日本昆虫図鑑. pp. 1896-1949.

Okamoto, H., 1924. The insect fauna of Quelpart Island. Bull. Agr. Exp. Gov. Gen. Chosen 1 (2): 233pp, 4 pls, 1 map.

Okudari, M., M. Sugimura, S. Ishida, K. Kojima, K. Ishida and T. Aoki, 2001. Dragonflies of the Japanese Archipelago in color. 641pp. Hokkaido Univ. Press. Sapporo, Japan.

Okumura, T., 1937. Three new and one unrecorded species of Odonata from Korea. Ins. Matsum. 11 (3): 122-128. (In Japanese)

Ott, J., 1988. Beiträge zur Biologie und zum status von *Crocothemis erythraea* (Brullé, 1832). - Libellula 7 (1/2): 1-25.

Ott, J., 1996. Zeigt die ausbreitung der feuerlibelle *Crocothemis erythraea* Brullé in Deutschland eine klimaveränderung an? - Naturschutz und Landschaftsplanung 2/96: 53-61.

Ott, J., 2001. Expansion of Mediterranean species in Germany and Europe− consequences of climatic changes. In: Walter G.R., C.A. Burga & P.J. Edwards (Eds), "Fingerprints" of climate change. Adapted behaviour and shifting species ranges: 89-111. Kluwer Academic/ Plenum Publishers, New York, Boston, Dordrecht, London, Moscow.

Ott, J., 2005. Klimaänderung- auch ein Thema und problem für den biodiversitätsschutz im grenzüberschreitenden biosphärenreservat vosges du nord und pfälzerwald?- Annales Scientifiques Res. Bios. Vosges du Nord-Pfälzerwald 12: 127-142.

Ott, J., 2007. The expansion of *Crocothemis erythraea* (Brullé, 1832) in Germany- an indicator of climatic changes. - In: Tyagi, B.K. (Ed) Biology of dragonflies- Odonata. pp. 201-222.

Ott, J., 2010a. The big trek northwards: recent changes in the European dragonfly fauna. In: Settele J, Penev L, Georgiev T, Grabaum R, Grobelnik V, Hammen V, Klotz S, Kotarac M, Kühn I (Eds) (2009) Atlas of Biodiversity Risk. Pensoft Publishers, Sofia-Moscow pp. 82-83.

Ott, J., 2010b. Dragonflies and climatic change- recent trends in Germany and Europe. BioRisk 5: 253-286.

Pritchard, G. and M. Leggott, 1987. Temperature, incubation rates and the origins of dragonflies. Advances in Odonatology 3: 121-126.

Ris, F., 1911. Libellulinae, Coll. Zool. Selys Longchamps, Fasc. 9-16b.

Ris, F., 1916. H. Sauters Formosa Ausbeute, Odonata. Suppl. Ent. 5: 1-81.

Russell, R.W., M.L. May, K.L. Soltesz and J.W. Fitzpatrick, 1998. Massive swarm migrations of dragonflies (Odonata) in eastern North America. Am Midl Nat. 140: 325-342.

Sasamoto A. and R. Futahashi, 2013. Taxonomic revision of the status of *Orthetrum triangulare* and *melania* group (Anisoptera: Libellulidae) based on molecular phylogenetic analyses and morphological comparisons, with a description of three new subspecies of melania. Tombo 55: 57-82.

Sawabe, K., T. Uéda, K. Higashi and S.M. Lee, 2012. Genetic identity of Japanese *Sympetrum frequens* and Korean *S. depressiusculum* inferred from mitochondrial 16S rRNA sequences (Odonata: Libellulidae). International journal of Odonatology 7 (3): 517-527.

Schmitt, E., 1938. Odonaten aus Syrien und Palaestina. Sitzb. Akad. Wiss. Wien, Math-Naturw. Klasse, Abt. 1, 147 (5/10): 135-150.

Schmitt, E., 1948. *Libellula melli* n. sp., eine der L. depressa L. verwandte neue Art aus Südchina. Opus. Ent. 1948: 119-124.

Schorr M. and Paulson D., 2015. World Odonata List. Online on the Internet, URL (25-xi-2015): http://www.pugetsound.edu/academics/academicresources/slater-museum/biodiversityresources/dragonflies/world-odonatalist.

Seehausen, M. and J. Fiebig, 2016. A collection of Odonata from North Korea, with first record of *Ischnura elegans* (Odonata: Coenagrionidae). Notulae odonatologicae 8 (7): 203-245.

Selys, L., 1883. Les Odonates du Japon. Ann. Soc. Ent. Belg. 27: 82-143.

Selys, L., 1890. Causeries Odonatologiques, No. l. C. R. Soc. Ent. Belg. IV (8): cxv-cxx.

Taketo, A., 2005. Discovery of *Sympetrum vulgatum imitans* Selys from the Noto Peninsula, Japan. memoirs of Fukui Univ. Tecnology 35 (1): 205-207.

Taketo, A., 1959. Discovery of the living larva of *Oligoaeschna pryeri* Martin (Aeschnidae [sic]). Tombo 2(1/2): 2.

Termaat, T., V.J. Kalkman and J.H. Bouwman, 2010. Changes in the range of dragonflies in the Netherlands and the possible role of temperature change. BioRisk 5: 155-173.

Termaat, T., A.J., van Strien and R.H.A. van Grunsven et al., 2019. Distribution trends of European dragonflies under climate change. Divers Distrib.: 1-15. https://doi.org/10.1111/ddi.12913.

Tillyard, R.J. and F.C. Fraser, 1938-40. A reclassification of the order Odonata. Based on some new interpretations of the venation of the dragonfly wing. Part I. Australian zoologist 9: 125-169; Part II. Australian zoologist 9: 195-221; Part III. Australian zoologist 9: 359-396.

Tillyard, R.J., 1917. The biology of dragonflies (Odonata or Paraneuroptera), Cambridge Zoological Series. 395pp. Cambridge Univ. Press. London. England.

Troast, D., F. Suhling, H. Jinguji, G. Sahlén and J. Ware, 2016. A global population genetic study of *Pantala flavescens*. PLOS ONE 11(3): e0148949. doi:10.1371/ journal.pone. 0148

Tsuda, S., 1991. A distributional list of world Odonata. privately published. Osaka.

Tsuda, S., 2000. A distributional list of world Odonata. privately published. Osaka.

Ueda, K., T.W. Kim and T. Aoki, 2005. A new record of Early Cretaceous fossil dragonfly from Korea. Bull. Kitakyushu Mus. Nat. Hist. Hum. Hist., Ser. A. 3: 145-152.

Wang, A.R., M.J. Kim, S.S. Kim and I.S. Kim, 2017. Additional mitochondrial DNA sequences from the dragonfly, *Nannophya pygmaea* (Odonata: Libellulidae), which is endangered in South Korea. Int. J. Indust. Entomol. 35(1): 51-57.

Wilson, K.D.P. and Z. Xu, 2008. Aeshnidae of Guangdong and Hongkong (China), with the descriptions of three new *Planaeschna* species (Anisoptera). Odonatogica 37 (4): 329-360.

Wilson, K.D.P. and Z. Xu, 2009. Gomphidae of Guangdong and Hong Kong, China (Odonata: Anisoptera). Zootaxa 2177: 1-62.

Xin, Y. and B. Wenjun, 2011. Chinese damselflies of the genus *Coenagrion* (Zygoptera: Coenagrionidae). Zootaxa 2808: 31-40.

Yokoi, N., 2002. Description of a new *Boyeria* species from Central Laos (Anisoptera: Aeshnidae). Tombo 45: 12-14.

Yong, H.S., P.-E. Lim, J. Tan, Y.F. Ng, P. Eamsobhana and I. W. Suana, 2014. Molecular phylogeny of *Orthetrum* dragonflies reveals cryptic species of *Orthetrum pruinosum*. Scientific Report 4 (5553): 1-10.

Yoon, I.B. and S.K. Dong, 1990. Systematic study of the dragonfly (Odonata) larva from Korea, 1: superfamily Aeshnoidea. Korean J. Ent. 20: 55-81. (In Korean)

Yum, J.W., H.Y. Lee and Y.J. Bae, 2010. Taxonomic review of the Korean Zygoptera (Odonata). Entomological Research Bulletin 26: 41-55.

Zhang, H.M. and X. Tong, 2011. Description of *Boyeria karubei* Yokoi and Periaeschna *F. flinti* Asahina larvae from China (Anisoptera: Aeshnidae). Odonatologica 40 (1): 57-65.

Zhang, H.M., Timothy E. Vogt and Q. Cai, 2014. *Somatochlora shennong* sp. nov. from Hubei, China (Odonata: Corduliidae). Zootaxa 3878 (5): 479-484.

김성수(Kim, S.S.), 2001. 남방왕잠자리의 발견. Lucanus 2: 9.

김성수, 2011. 필드가이드 잠자리. 272pp. 필드가이드. 서울.

渡辺賢一, 1989. 琉球列島における分布拡大の蜻蛉種について. Tombo 32 (1/4): 54-56.

리수영·홍룡태, 2001. 우리나라에서 발견된 고추잠자리속(Sympetrum Newman, 1883)의 신종에 대하여. 과학원통보 1: 37-38.

尾園暁·渡辺賢一·曉田理一郎·小浜継雄, 2007. 沖縄のトンボ図鑑. いかだ社. 東京.

尾園暁·川島逸郎·二橋亮, 2012. 日本のトンボ. 文一總合出版. 東京.

박해철 등, 2008. 우리 농촌에서 쉽게 찾는 물살이곤충. 349pp. 농촌진흥청 농업과학기술원. 수원.

배연재·이혜영, 2012. 한국의 곤충 제4권 2호. 잠자리류(잠자리목: 측범잠자리과, 왕잠자리과, 장수잠자리과). 81pp. 국립생물자원관. 인천.

杉村 光俊·石田 昇三·小島 圭三·石田 勝義·靑木 典司, 1999. 原色日本トンボ幼蟲·成蟲大圖鑑. 北海道大學圖書刊行會. 札幌.

石田 昇三·石田 勝義·小島 圭三·杉村 光俊, 1988. 日本産トンボ幼蟲·成蟲検索圖說. 140pp. 東海大學出版會. 東京.

원두희·권순직·전영철, 2005. 한국의 수서곤충. 415pp. (주)생태조사단. 서울.

윤일병(Yoon, I.B.), 1988. 한국동식물도감 제30권 동물편(수서곤충류). 840pp. 문교부. 서울.

윤일병, 1998. 수서곤충검색도설. 정행사. pp. 32-37. 서울.

二橋亮, 2011. DNA解析から見た日本のトンボの再検討 (1). Tombo 53: 67-74.

二橋亮, 2014. DNA解析から見た日本のトンボの再検討 (2). Tombo 56: 57-59.

二橋亮·林文男, 2010. DNAによるトンボの分子系統解析. 改訂トンボの調べ方. 文教出版. 大阪.

李承模(Lee, S.M.), 1996. 韓半島의 蜻蛉(잠자리)目 昆蟲. Bull. KACN 15: 73-114.

李承模, 1998. 근간 출판된 "한국의 잠자리, 메뚜기(김정환, 1998)"에 대하여. 자연보존 103: 44-47.

李承模, 2001. 韓半島産 잠자리(蜻蛉目) 昆蟲誌. 299pp. 정행사. 서울.

李承模, 2002. 韓半島産 잠자리類에 관한 報告. 한생연지 7: 295-297.

李承模, 2005. 꼬마잠자리 成蟲의 生態 硏究. Lucanus 5: 11-12.

李承模, 2005. 서울 淸溪川에서 紫翠를 감춘 잠자리(蜻蛉)目 昆蟲. Lucanus 5: 29.

李承模, 2006. 韓半島産 잠자리(蜻蛉)目 昆蟲. 47pp. 정행사. 서울.

이종은·정광수(Lee, J.E. and K.S. Jung), 2012. 한국의 곤충 제4권 2호. 잠자리류(잠자리목: 청동잠자리과, 잔산잠자리과, 잠자리과). 82pp. 국립생물자원관. 인천.

이준호, 2019. 멸종위기종 대모잠자리 보전을 위한 생태 및 서식지 특성 연구. 한국환경복원기술학회 춘계학술대회지 pp. 65-66.

정광수(Jung, K.S.), 2007. 한국의 잠자리 생태도감. 512pp. 일공육사. 서울.

정광수, 2011. 한국 잠자리 유충. 399pp. 자연과생태. 서울.

정광수, 2012. 한국의 잠자리. 272pp. 자연과생태. 서울.

정광수·이종은, 2018. 한국 잠자리 그림 검색표. 91pp. 자연과생태. 서울.

정상우·배연재·안승락·백운기, 2016. 잠자리 표본도감. 240pp. 자연과생태. 서울.

趙福成(Cho, P.S.), 1958. 韓國産蜻蛉目昆蟲. 高麗大學校 文理論集 3. 80pp. 4pls.

朝比奈 正二郎(Asahina, S.), 1961b. 蜻蛉目, トンボ科, 日本昆蟲分類圖說. Ser. 1, Part 1, 90pp, pls 7.

朝比奈 正二郎, 1989a. 朝鮮半島의 蜻蛉相에 關한 知見總括(1). Gekkan-Mushi 220: 8-15.

朝比奈 正二郎, 1989b. 朝鮮半島의 蜻蛉相에 關한 知見總括(2). Gekkan-Mushi 222: 8-13.

朝比奈 正二郎, 1989c. 朝鮮半島의 蜻蛉相에 關한 知見總括(3). Gekkan-Mushi 224: 14-18.

朝比奈 正二郎, 1990a. 朝鮮半島の蜻蛉相に關する知見總括(4). Gekkan-Mushi 228: 16-22.
朝比奈 正二郎, 1990b. 朝鮮半島の蜻蛉相に關する知見總括(5). Gekkan-Mushi 231: 15-19.
조성빈(Cho, S.B.), 2019. 한국 잠자리 도감. 394pp. 광일문화사. 서울.
주동률(Ju, D.R.), 1969. 곤충분류명집. pp. 5-12. 과학원출판사. 평양.
土居 寬暢 (Doi, H.), 1932. 昆虫雜記 (2). 朝鮮博物學會誌 14: 64-78.
土居 寬暢, 1933. 昆虫雜記 (3). 朝鮮博物學會誌 15: 85-96.
土居 寬暢, 1934a. 昆虫雜記 (4). 朝鮮博物學會誌 17: 64-68.
土居 寬暢, 1934b. 昆虫雜記 (5). 朝鮮博物學會誌 18: 137-140.
土居 寬暢, 1935. 昆虫雜記 (6). 朝鮮博物學會誌 20: 54-61.
土居 寬暢, 1936. 昆虫雜記 (7). 朝鮮博物學會誌 21: 102-108.
土居 寬暢, 1937. 朝鮮産蜻蛉目の目錄及檢索表. あきつ 1 (1): 7-22.
土居 寬暢, 1938a. 朝鮮産 *Somatochloa* の1新種について. Akitu 1 (4): 150-152.
土居 寬暢, 1938b. 朝鮮産 *Gomphus* の1未記錄種及檢索表の改訂. Akitu 1 (4): 156.
土居 寬暢, 1938c. 昆虫雜記 (9). 朝鮮博物學會誌 24: 36-37.
土居 寬暢, 1939. 朝鮮産アカンボンの2新種に就て. 朝鮮博物學會誌 26: 1-6.
土居 寬暢, 1940a. 朝鮮産 *Gomphus* の1新種. 昆蟲界(Ent. World) 6 (79): 591-593.
土居 寬暢, 1940b. 朝鮮蜻蛉雜記. 昆蟲界(Ent. World) 6 (79): 613-620.
土居 寬暢, 1940c. 朝鮮のエゾトンボ亞科. Mushi 13 (1): 70-71.
土居 寬暢, 1941. 朝鮮のアカネトンボ屬. Mushi 13 (2): 128-130.
土居 寬暢, 1943. 朝鮮産蜻蛉目目錄. 昆蟲界(Ent. World) 11 (110): 162-181.
홍룡태(Hong, R.T.), 1990. 백두산 일대 잠자리류(Odonata)의 종 조성에 대한 연구. 과학원통보 3: 46-47.
홍룡태, 1991. 우리나라 북반부 지역의 잠자리류(Odonata) 종 구성에 대한 연구. pp. 54-57. 생물학. 평양.
홍룡태·황성린, 1999. 우리나라에서 새로 발견된 고추잠자리속(*Sympetrum* Newman, 1883)의 신종에 대하여. 과학원통보 6: 42-44.